欧洲联盟 Asia-Link 资助项目

可 持 续 建 筑 系 列 教 材
张国强　尚守平　徐　峰　主编

集成化建筑设计
Integrated Architectural Design

徐　峰　解明镜　刘　煜　张国强　等编著
李保峰　主审

中国建筑工业出版社

图书在版编目(CIP)数据

集成化建筑设计/徐峰等编著.—北京：中国建筑工业出版社，2011.6
(可持续建筑系列教材)
ISBN 978-7-112-13149-5

Ⅰ.①集… Ⅱ.①徐… Ⅲ.①建筑设计 Ⅳ.①TU2

中国版本图书馆CIP数据核字(2011)第060748号

责任编辑：姚荣华　张文胜
责任设计：赵明霞
责任校对：陈晶晶　姜小莲

可持续建筑系列教材
张国强　尚守平　徐　峰　主编
集成化建筑设计
Integrated Architectural Design
徐　峰　解明镜　刘　煜　张国强　等编著
李保峰　主审

*

中国建筑工业出版社出版、发行(北京西郊百万庄)
各地新华书店、建筑书店经销
北京天成排版公司制版
北京市兴顺印刷厂印刷

*

开本：787×1092毫米　1/16　印张：16¼　字数：374千字
2011年6月第一版　2011年6月第一次印刷
定价：32.00元
ISBN 978-7-112-13149-5
(20493)

版权所有　翻印必究
如有印装质量问题，可寄本社退换
(邮政编码　100037)

可持续建筑系列教材
指导与审查委员会

顾问专家（按姓氏笔画排序）：
马克俭　刘光栋　江　亿　汤广发　何镜堂　张锦秋　沈祖炎
沈蒲生　周绪红　周福霖　官　庆　欧进萍　钟志华　戴复东

审稿和指导专家（按姓氏笔画排序）：
王汉青　王如竹　王有为　仲德崑　刘云国　刘加平　朱　能
朱颖心　张小松　张吉礼　张　旭　张冠伦　张寅平　李安桂
李百战　李国强　李保峰　杨　旭　杨旭东　肖　岩　陈飞虎
陈焕新　孟庆林　易伟建　姚　杨　施　周　柳　肃　赵万民
赵红红　赵明华　徐　伟　黄政宇　黄　翔　曾光明　魏春雨

可持续建筑系列教材
编委会

主　编：张国强　尚守平　徐　峰
编　委（英文名按姓氏字母顺序排序，中文名按姓氏笔画排序）：
Heiselberg Per　　Henriks Brohus　　Kaushika N. D.
Koloktroli Maria　　Warren Peter
方厚辉　方　萍　王　怡　冯国会　刘宏成　刘建龙　刘泽华
刘　煜　孙振平　张　泉　李丛笑　李念平　杜运兴　邱灿红
陈友明　陈冠益　周　晋　柯水洲　赵加宁　郝小礼　黄永红
喻李葵　焦　胜　谢更新　解明镜　雷　波　谭洪卫　燕　达

可持续建筑系列教材
参加编审单位

Aalborg University	西北工业大学
Bahrati Vidyapeeth University	西安工程大学
Brunel University	西安建筑科技大学
Carcige Mellon University	西南交通大学
广东工业大学	同济大学
广州大学	沈阳建筑大学
大连理工大学	武汉大学
上海交通大学	武汉工程大学
上海建筑科学研究院	武汉科技学院
长沙理工大学	河南科技大学
中国社会科学院古代史研究所	哈尔滨工业大学
中国建筑科学研究院	贵州大学
中国建筑西北设计研究院	重庆大学
中国建筑设计研究院	南华大学
中国建筑股份有限公司	香港大学
中国联合工程公司上海设计分院	浙江理工大学
天津大学	桂林电子科技大学
中南大学	清华大学
中南林业科技大学	湖南大学
东华大学	湖南工业大学
东南大学	湖南工程学院
兰州大学	湖南科技大学
北京科技大学	湖南城市学院
华中科技大学	湖南省电力设计研究院
华中师范大学	湘潭大学
华南理工大学	

总　　序

我国城镇和农村建设持续增长，未来 15 年内城镇新建的建筑总面积将达到 100～150 亿 m²，为目前全国城镇已有建筑面积的 65%～90%。建筑物消耗全社会大约 30%～40%的能源和材料，同时对环境也产生很大的影响，这就要求我们必须选择更为有利的可持续发展模式。2004 年开始，中央领导多次强调鼓励建设"节能省地型"住宅和公共建筑；建设部颁发了"关于发展节能省地型住宅和公共建筑的指导意见"；2005 年，国家中长期科学与技术发展规划纲要目录(2006～2020 年)中，"建筑节能与绿色建筑""改善人居环境"作为优先主题列入了"城镇化与城市发展"重点领域。2007 年，"节能减排"成为国家重要策略，建筑节能是其中的重要组成部分。

巨大的建设量，是土木建筑领域技术人员面临的施展才华的机遇，但也是对传统土木建筑学科专业的极大挑战。以节能、节材、节水和节地以及减少建筑对环境的影响为主要内容的建筑可持续性能，成为新时期必须与建筑空间功能同时实现的新目标。为了实现建筑的可持续性能，需要出台新的政策和标准，需要生产新的设备材料，需要改善设计建造技术，而从长远看，这些工作都依赖于第一步——可持续建筑理念和技术的教育，即以可持续建筑相关的教育内容充实完善现有土木建筑教育体系。

随着能源危机的加剧和生态环境的急剧恶化，发达国家越来越重视可持续建筑的教育。考虑到国家建设发展现状，我国比世界上任何其他国家都更加需要进行可持续建筑教育，需要建立可持续建筑教育体系。该项工作的第一步就是编写系统的可持续建筑教材。

为此，湖南大学课题组从我本人在 2002 年获得教育部"高等学校青年教师教学科研奖励计划项目"资助开始，就锲而不舍地从事该方面的工作。2004 年，作为负责单位，联合丹麦 Aalborg 大学、英国 Brunel 大学、印度 Bharati Vidyapeeth 大学，成功申请了欧盟 Asia-Link 项目"跨学科的可持续建筑课程与教育体系"。项目最重要的成果之一就是出版一本中英文双语的"可持续建筑技术"教材，该项目为我国发展自己的可持续建筑教育体系提供了一个极好的契机。

按照项目要求，我们依次进行了社会需求调查、土木建筑教育体系现状分析、可持续建筑教育体系构建和教材编写、试验教学和完善、同行研讨和推广等步骤，于 2007 年底顺利完成项目，项目技术成果已经获得欧盟的高度评价。《可持续建筑技术》教材作为项目主要成果，经历了由薄到厚，又由厚到薄的发展过程，成为对我国和其他国家土木建筑领域学生进行可持续建筑基本知识教育的完整的教材。

对我国建筑教育现状调查发现，大部分土木建筑领域的专业技术人员和学生明白可持续建筑的基本概念和需求；通过调查 10 所高校的课程设置发现，在建筑学、城市规划、土木工程和建筑环境与设备工程 4 个专业中，与可持续建筑相关的本科生和研

总　序

究生课程平均多达20余门，其中，除土木工程专业设置的相关课程较少外，其余三个专业正在大量增设该方面的课程。被调查人员大部分认为，缺乏系统的教材和先进的教学方法是目前可持续建筑教育发展的最大障碍。

基于调查和与众多合作院校师生们的交流分析，我们对课题组三年研究压缩成一本教材中的最新技术内容，重新进行整合，编写成为12本的可持续建筑系列教材。这些教材包括新的建筑设计模式、可持续规划方法、可持续施工方法、建筑能源环境模拟技术、室内环境与健康以及可持续的结构、材料和设备系统等，从构架上基本上能够满足土木建筑相关专业学科本科生和研究生对可持续建筑教育的需求。

本套教材是来自51所国内外大学和研究院所的100余位教授和研究生3年多时间集体劳动的结晶。感谢编写教材的师生们的努力工作，感谢审阅教材的专家教授付出的辛勤劳动，感谢欧盟、国家教育部、国家科技部、国家基金委、湖南省科技厅、湖南省建设厅、湖南省教育厅给予的相关教学科研项目资助，感谢中国建筑工业出版社领导和编辑们的大力支持，感谢对我们工作给予关心和支持的前辈、领导、同事和朋友们，特别感谢湖南大学领导刘克利教授、钟志华院士、章兢教授对项目工作的大力支持和指导，感谢中国建筑工业出版社沈元勤总编和张惠珍副总编，使得这套教材在我国建设事业发展的高峰时期得以适时出版！

由于工作量浩大，作者水平有限，敬请广大读者批评指正，并提出好的建议，以利再版时完善。

张国强

2008年6月于岳麓山

前　言

　　建筑是一个复杂的系统，包括建筑功能（空间）系统、围护结构系统、建筑设备系统等。而建筑设计也是一个复杂的过程，建筑师在设计过程中必须考虑一系列复杂且相互矛盾的影响因素。传统的建筑设计过程对功能、形式和空间的考虑较多，而对诸如气候、围护结构、设备系统等影响建筑环境性能的因素考虑较少。随着绿色建筑的不断发展，传统的设计方法已难以满足绿色建筑的要求。因此，有必要针对绿色建筑提出新的设计方法与流程。

　　集成化设计是一个将建筑作为整个系统（包括技术设备和周边环境）从全寿命周期来加以考虑和优化设计的流程。它强调多种专业的协调与合作设计并将各种影响因素耦合在一起，相对于传统设计方法来说考虑问题更为全面。

　　本书作为欧盟 Asia-Link 项目"跨学科的可持续建筑课程与教育体系"的主要成果之一，试图构建集成化建筑设计的方法、流程及整体框架，同时也对设计流程所涉及的模拟软件和评价体系作了简要介绍，并结合大量国内外绿色建筑的实例表述了集成化建筑设计的必要性。

　　第一章分析了可持续建筑与集成化设计的关系，简要介绍了集成化设计的概念、目的和作用；并指出绿色建筑的设计是一项高度复杂的系统工程，不仅需要建筑师、结构师、设备工程师等设计人员具有宽泛的知识结构，还需要所有者、管理者、施工者、使用者等也具有较强的环境意识。第二章简述了设计方法发展的过程，分析和比较了传统设计方法与集成化设计方法的特点；并指出为了实现可持续建筑目标，建筑相关专业需要从传统的分专业依次进行的串联式设计模式改变到多专业同时进行的集成化设计模式。第三章从外部环境、内部环境及人文环境三个层面介绍了影响集成化设计的因素；并提出了集成化的总体原则和不同阶段的设计原则。第四章分析了集成化设计的基本流程；并针对不同设计阶段详细描述了各阶段的目标、参与者、设计的主要内容和主要成果。第五章分析了集成化设计中模拟分析软件的分类和作用，并对部分常用模拟软件进行了系统介绍。第六章简述了集成化设计相关决策评价体系的特性；并对现有的建筑整体性能评价工具作了详细介绍。第七章分国外公共建筑、国内公共建筑、国外居住建筑和国内居住建筑四个部分收录了大量可持续建筑的案例分析以供参考。

　　本书是湖南大学、中南大学、西北工业大学、中南林业科技大学、中国建筑科学研究院上海分院、中国建筑设计研究院国家住宅与居住环境工程技术研究中心、长沙绿建节能科技有限公司等单位广大师生集体劳动的成果，在此致谢。参加编写的人员包括：

　　第一章：徐峰，张国强，解明镜

前言

第二章：徐峰，张国强，解明镜

第三章：解明镜，徐峰，张国强

第四章：徐峰，金熙，解明镜

第五章：肖坚，周晋，徐峰，张国强

第六章：刘煜，徐峰，解明镜

第七章：徐峰，孙大明，王柏俊，焦燕，王贺，李菊，汤民，马素贞，田慧峰，邵文晞，解明镜，金熙，张焕，王医，邓玮，詹晓峰

全书由徐峰、解明镜、刘煜、张国强负责统稿，李保峰教授担任主审。

该书经过编写团队2年多的努力得以完成，由于可持续建筑的复杂性，其设计方法和流程尚在不断的探索和完善中。因此，集成化建筑设计作为新型的设计方法，与传统建筑设计和技术之间关系的融合是一个长期而又细致的过程。鉴于作者水平和能力的限制，本书虽然力图比较全面地将传统建筑设计和技术与可持续建筑设计和实践之间进行过渡和融合，依然难免有不周或谬误之处，我们期待着每一位关注可持续建筑设计的专家、学者、设计人员和读者们的批评指正。

作者
2010年11月

目 录

第一章 概论 ... 1
第一节 可持续建筑与集成化设计 ... 1
一、建筑与可持续发展 ... 1
二、可持续建筑与集成化设计 ... 4
第二节 集成化设计概述 ... 8
一、集成化设计的概念与起源 ... 8
二、集成化设计的动机 ... 9
三、集成化设计的目的和作用 ... 10
四、集成化设计发展的现状 ... 11
五、结语 ... 13
思考题 ... 14
参考文献 ... 14

第二章 集成化设计方法的特点 ... 16
第一节 设计方法的发展 ... 16
一、第一代设计方法 ... 16
二、第二代设计方法 ... 17
三、第三代设计方法 ... 19
四、结语 ... 23
第二节 传统设计方法的特点 ... 23
一、传统设计考虑因素的特点 ... 23
二、传统设计使用工具的特点 ... 25
三、传统设计流程的特点 ... 25
四、传统设计评价体系的缺陷 ... 26
第三节 集成化设计方法的特点 ... 27
一、集成化设计方法的基本流程 ... 27
二、集成化设计方法的原因 ... 28
三、集成化设计方法的特点 ... 30
四、集成化设计方法与传统设计方法比较 ... 31
思考题 ... 32
参考文献 ... 32

第三章 集成化设计的影响因素和设计原则 ... 33
第一节 影响集成化设计的因素 ... 33
一、外部环境因素及其影响 ... 33
二、内部环境因素及其影响 ... 39

目 录

　　三、人文环境因素及其影响 ……………………………………… 45
　第二节　集成化设计的总体原则 …………………………………… 47
　　一、设计整合的原则 ……………………………………………… 47
　　二、适应气候的原则 ……………………………………………… 48
　　三、注重能效的原则 ……………………………………………… 50
　第三节　集成化设计各阶段的设计原则 …………………………… 50
　　一、场地设计阶段 ………………………………………………… 51
　　二、建筑设计阶段 ………………………………………………… 54
　　三、设备设计阶段 ………………………………………………… 63
　第四节　住宅和公共建筑的集成化设计指导原则 ………………… 67
　　一、居住建筑 ……………………………………………………… 67
　　二、公共建筑 ……………………………………………………… 68
　思考题 …………………………………………………………………… 69
　参考文献 ………………………………………………………………… 69

第四章　集成化设计的基本流程及主要阶段 ……………………… 71
　第一节　集成化设计流程介绍 ……………………………………… 71
　　一、集成化设计流程的描述 ……………………………………… 71
　　二、集成化设计流程的特点 ……………………………………… 71
　　三、集成化设计团队的构成与特点 ……………………………… 72
　　四、集成化设计流程的关键问题 ………………………………… 73
　第二节　集成化设计的不同阶段 …………………………………… 78
　　一、集成化设计的目标 …………………………………………… 78
　　二、集成化设计的策略 …………………………………………… 79
　第三节　集成化设计流程综述 ……………………………………… 84
　　一、设计开发要点 ………………………………………………… 85
　　二、设计前期阶段 ………………………………………………… 86
　　三、方案设计阶段 ………………………………………………… 87
　　四、初步设计阶段 ………………………………………………… 88
　　五、施工图设计阶段 ……………………………………………… 90
　　六、集成化设计对建造过程的影响 ……………………………… 91
　　七、集成化设计对试运行的影响 ………………………………… 92
　　八、集成化设计对运行与维护的影响 …………………………… 93
　思考题 …………………………………………………………………… 94
　参考文献 ………………………………………………………………… 94

第五章　集成化设计中的模拟分析软件 …………………………… 96
　第一节　软件模拟概述 ……………………………………………… 96
　　一、模拟软件的分类 ……………………………………………… 97
　　二、软件模拟的作用 ……………………………………………… 98
　　三、软件模拟工具的适用对象 …………………………………… 100
　　四、软件模拟的现状和展望 ……………………………………… 100
　第二节　建筑模拟分析软件及工具 ………………………………… 101

  一、建筑能耗模拟软件 ………………………………………………… 101
  二、建筑光环境模拟软件 ………………………………………………… 107
  三、建筑声环境模拟软件 ………………………………………………… 111
  四、风环境模拟软件 …………………………………………………… 114
  五、综合模拟软件 ……………………………………………………… 117
 思考题 ……………………………………………………………………… 125
 参考文献 …………………………………………………………………… 125

第六章　集成化设计与决策评价体系 …………………………………… 126
 第一节　集成化设计决策评价体系简介及特性 ……………………… 126
  一、建筑整体性能评价的发展概况 …………………………………… 126
  二、建筑整体性能评价的特性 ………………………………………… 128
 第二节　现有建筑整体性能评价工具 ………………………………… 128
  一、整体性能评价的基本模式 ………………………………………… 129
  二、现有整体性能评价工具介绍 ……………………………………… 130
  三、小结 ………………………………………………………………… 140
 思考题 ……………………………………………………………………… 140
 参考文献 …………………………………………………………………… 140

第七章　集成化设计案例分析 …………………………………………… 142
 第一节　国内可持续公共建筑案例分析 ……………………………… 142
  一、上海建筑科学研究院生态示范楼 ………………………………… 142
  二、山东交通学院图书馆 ……………………………………………… 146
  三、浙江大学医学院附属妇产科医院科教综合楼 …………………… 149
  四、绿地集团总部大楼 ………………………………………………… 151
  五、科技部示范楼 ……………………………………………………… 155
  六、清华大学节能示范楼 ……………………………………………… 157
  七、武汉中心 …………………………………………………………… 161
  八、慈溪香格国际广场二期 …………………………………………… 163
  九、珠江新城 B2-10 …………………………………………………… 165
  十、上海博文学校 ……………………………………………………… 167
  十一、北京建工大厦 …………………………………………………… 170
  十二、杭州绿色建筑科技馆 …………………………………………… 173
  十三、张江集电港总部办公中心改造 ………………………………… 177
 第二节　国外可持续公共建筑案例分析 ……………………………… 180
  一、德国法兰克福商业银行 …………………………………………… 180
  二、RES 总部办公大楼 ………………………………………………… 183
  三、英国巴克莱卡公司总部 …………………………………………… 187
  四、英国 BRE 未来办公大楼 ………………………………………… 189
  五、伦敦市政厅 ………………………………………………………… 191
  六、德国新国会大厦 …………………………………………………… 193
  七、温哥华会展中心 …………………………………………………… 195
  八、梅纳拉大厦 ………………………………………………………… 197

目录

　　九、爱知县世博会日本馆 …………………………………………… 198
第三节　国内可持续住宅、居住区案例分析 ………………………………… 200
　　一、苏州万科金域缇香小区 ………………………………………… 200
　　二、昆山康居住宅小区三期 ………………………………………… 203
　　三、北京当代万国城·MOMA ……………………………………… 205
　　四、北京锋尚国际公寓 ……………………………………………… 208
　　五、北京奥林匹克花园一期 ………………………………………… 209
　　六、北京金地格林小镇 ……………………………………………… 211
　　七、武汉蓝湾俊园 …………………………………………………… 214
　　八、重庆天奇花园 …………………………………………………… 217
　　九、南京万科金色家园 ……………………………………………… 218
　　十、保利·麓谷林语 ………………………………………………… 220
　　十一、宁波湾头城中村安置房 ……………………………………… 223
　　十二、苏州郎诗国际街区 …………………………………………… 225
　　十三、扬州京华城中城 ……………………………………………… 227
第四节　国外可持续住宅、居住区案例分析 ………………………………… 229
　　一、英国贝丁顿零能耗项目(BedZED) …………………………… 229
　　二、瑞士 AFFOLTERN AM ALBIS 联排住宅 …………………… 232
　　三、奥地利 DORNBIRN 住宅楼 …………………………………… 235
　　四、德国弗赖堡居住及办公大楼 …………………………………… 237
　　五、芬兰赫尔辛基 VIIKKI 住宅群 ………………………………… 239
　　六、法国雷恩 Salvatierra 住宅楼 …………………………………… 242
　　七、日本 NEXT 21 大阪煤气实验集合住宅 ……………………… 244
　　八、美国 The Solaire ………………………………………………… 246

第一章 概 论

　　从20世纪90年代开始，可持续发展成为世界上许多国家的发展战略。随着全球变暖和能源、资源紧张问题的日趋严重，建筑业已深刻意识到可持续发展的重要性。建筑物对环境产生重大的影响，消耗整个世界1/6的淡水、1/4的木材、2/5的原材料和1/3的能源。此外，建筑还影响远离其所在地的其他区域，包括河流水体、空气质量和社会交通模式。因此，关于建筑可持续发展理论成为人们研究的主要议题之一，它不是单纯地适用于某一类建筑，而是丰富和完善了世界范围内的建筑设计与城市规划。

　　建筑的地理气候、文化、社会等复杂因素，不可能脱离可持续发展的国际化进程。一个成功的绿色设计应该既有地方特点，又具有可持续发展的特点。可持续发展的概念给绿色建筑的综合评价提供了框架。这些可持续发展的观念引发了一些新的建筑设计方法和一些新的建筑语汇并应用在城市设计、建筑设计、构造设计、建筑材料和建筑设备当中。新的可持续发展规则并不是通用的，就像古典主义一样，都要经过地方环境的修饰而各具特色。它只是一种思想和设计过程的规则，其结果必须经过地方环境的必要调整，以达到适宜的可持续性。文化渊源、宗教信仰都会使其具有个性。可持续建筑必须与文化传统、政治生活、手工艺水平、地方技术等因素结合，以形成21世纪丰富多彩的世界性建筑。

第一节　可持续建筑与集成化设计

一、建筑与可持续发展

1. 可持续发展的观念

　　可持续发展是20世纪80年代随着人们对全球环境与发展问题的广泛讨论，检讨过去不正确的发展观，而提出的一个全新概念。可持续发展观是人类对传统发展模式的一种批判和对人类发展模式的一种全新认识。1980年，世界自然保护联盟（IUCN）在《世界保护策略》中首次使用了"可持续发展"的概念。1987年，以挪威首相布伦特兰夫人（Gro Harlem Brundtland）为主席的世界环境与发展委员会（WCED）公布了里程碑式的报告——《我们共同的未来》（Our Common Future），向全世界正式提出了可持续发展战略。1992年在里约热内卢召开的联合国环境和发展大会把可持续发展作为人类迈向21世纪的共同发展战略。

　　可持续发展的经典定义是由布伦特兰夫人主持的《我们共同的未来》报告所下的定义："可持续发展是既满足当代人的需要，又不对后代人满足其需要的能力构成危害的发展。"它包括两个重要的概念:"需要"的概念和"限制"的概念。

(1) 需要的概念包含维持一种对所有人来说可接受的生活标准的基本条件;

(2) 限制的概念包含由技术状况和社会机构决定的环境能满足现在和将来需要的能力。

当代人类和未来人类的基本需要的满足,是可持续发展的主要目标。离开这个目标的"持续性"是没有意义的。但是社会经济发展必须限制在"生态可能的范围内",即地球资源与环境的承载能力之内。超越生态环境"限制"就不可能持续发展。可持续发展是一个追求经济、社会和环境协调共进的过程。因此,"从广义上说,可持续发展战略旨在促进人类之间以及人类与自然之间的和谐"(见图1-1)。

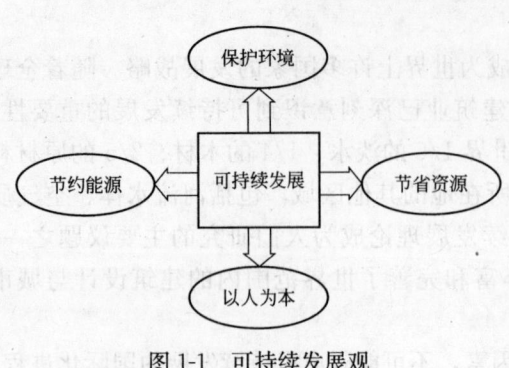

图1-1 可持续发展观

2. 可持续建筑的特点

"可持续建筑"和"绿色建筑"等是近年来针对全球环境及可持续发展等问题所提出的新概念。可持续建筑是人类社会实现可持续发展的重要一环,可持续建筑的特点如图1-2所示。

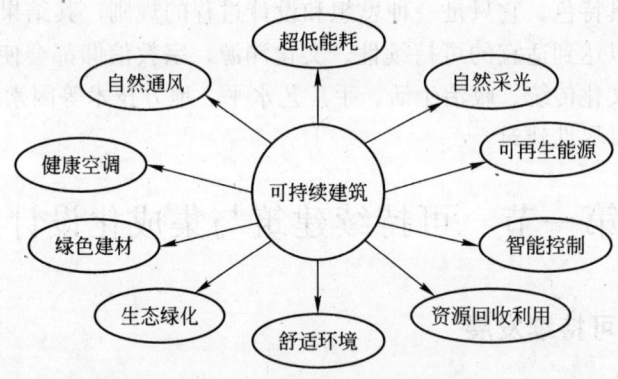

图1-2 可持续建筑的特点

可持续建筑是可持续发展的重要组成部分,与一般建筑不同,它更强调以下几个方面:

(1) 现代主义国际式风格的流行和建筑设计、生产和用材的标准化、批量化,给建筑的设计和建造过程带来了便利,但同时也造成建筑形式的一律化、单调化。同时,大量采用非本地材料使得建筑材料在运输过程中消耗的能源也越来越多。而可持续建筑一方面积极推行本地材料的使用,节省建筑材料运输过程中的能耗;另一方面尊重地方历史文化传统,有助于汲取先人与大自然和谐共处的智慧,使得建筑随着气候、资源和地区文化的差异而重新呈现不同的风貌。

(2) 建筑既是一种文化,也是一种商品。受市场经济的影响,现有建筑往往不顾环境资源的限制，片面追求短期经济效益，这与资源节约和环境友好是背道而驰的。而可持续建筑则是一种全面资源节约型的建筑，最大限度地减少不可再生的能源、土地、水和材料的消耗，产生最小的直接环境负荷（即温室气体排放、空气污染、污水、固体废物及对周边的影响），产生长期的经济效益。

（3）同一般建筑相比，除了采取节能设计，可持续建筑还重视自身产生和利用可再生能源，在满足低能耗要求的基础上，甚至有可能做到"零能耗"（广泛利用太阳能、风能、地热能、生物质能等可再生能源）和"零排放"。

（4）仅仅在建造过程或者是使用过程中对环境负责，是狭义的和谐。而可持续建筑的目的是在建筑的全寿命周期内，为人类提供健康、适用和高效的使用空间，最终实现与自然的和谐共存。

（5）可持续建筑是可持续发展观的一种体现，是人类社会可持续发展的一个重要方向。可持续建筑的一个显著特点就是低能耗。要实现建筑运行的低能耗，可以从搞好建筑设计、提高围护结构热工性能、提高建筑设备系统的能效、注重可再生能源在建筑中的应用、采用集成化的设计方法以及加强建筑系统的控制和能源管理等方面，采取相应的建筑节能措施，从而实现建筑的可持续发展。

3. 节能在可持续建筑中的重要性

能源是经济社会发展的原动力，能源问题已成为制约我国崛起和全面建设小康社会的重要因素，能源问题也成为世界军事冲突的主要原因之一。现代建筑是一种过分依赖常规能源的建筑，而高能耗、低效率的建筑，不仅是导致能源紧张的重要因素，并且是使之成为制造大气污染的元凶。据统计，全球能量的35%消耗用于建筑的建造和使用过程。

随着我国城市化的飞速发展和人们生活水平的提高，建筑能耗所占社会商品能源总消耗量的比例也持续增加，目前的比例已从1978年的10%上升到了近年来的26.7%左右，而且此数值仅为建筑运行过程所消耗的能源，不包括建筑材料制造用能及建筑施工过程能耗。目前我国空调高峰负荷已经超过4500万kW，相当于三峡电站满负荷发电量的2.5倍。从发达国家的建筑能耗状况来看，建筑运行能耗的比例将会随着经济、社会的发展而逐渐增加，并最终达到1/3左右，居社会各行业中能源消耗的首位。根据近30年来能源的研究和实践，目前普遍认为我国建筑节能是各种节能途径中潜力最大、最为直接有效的方式，是缓解能源紧张、解决社会经济发展与能源供应不足这对矛盾的最有效措施之一。

我国政府非常重视建筑节能工作，从20世纪80年代起，开始陆续制定了一系列的建筑节能政策法规。进入21世纪后，这方面的工作进一步地得到加快，一批新的更合适的节能标准法规相继颁布和实施。

（1）我国建筑节能工作开展的四个阶段时期：
1）技术研究与技术标准研究制定阶段（1980～1987年）；
2）开展建筑节能工程试点试验和扩大示范阶段（1988～1994年）；
3）有组织地制定建筑节能政策并组织实施工作阶段（1994～1996年）；
4）全面实施节能50%第二步目标的实施工作阶段（1996～）。

(2) 我国建筑节能政策、法规和标准的发展过程：

1) 1986年3月，颁布了我国第一部民用建筑节能行业标准《民用建筑节能设计标准（采暖居住建筑部分）》JGJ 26—86，要求节能率为30%；

2) 1995年12月修订颁发了新的《民用建筑节能设计标准（采暖居住建筑部分）》JGJ 26—95，要求节能率为50%；

3) 1996年建设部制定了《建筑节能"九五"计划和2010年规划》；

4) 1998年1月建设部颁布了《城市建设节约能源管理实施细则》；

5) 1998年2月多部委联合发布了《关于发展热电联产的若干规定》；

6) 2000年2月18日，建设部发布了76号部长令《民用建筑节能管理规定》；

7) 2000年10月，建设部颁布了《既有采暖居住建筑节能改造技术规程》JGJ 129—2000；

8) 2001年2月，制定了《采暖居住建筑节能检验标准》JGJ 132—2001；

9) 2001年7月，制定了《夏热冬冷地区居住建筑节能设计标准》JGJ 134—2001；

10) 2002年6月，建设部颁布了《建筑节能"十五"规划纲要》；

11) 2003年10月1日，颁布了《夏热冬暖地区居住建筑节能设计标准》JGJ 75—2003；

12) 2005年4月，颁发了《公共建筑节能设计标准》GB 50189—2005；

13) 2006年，建设部制定了最新的《居住建筑节能设计标准》（征求意见稿）。

目前我国很多省、直辖市也相继制定和颁布了适用于各自地区的居住建筑和公共建筑节能设计标准。

二、可持续建筑与集成化设计

1. 实现可持续建筑涉及的角色

可持续建筑是一项复杂的系统工程，牵涉到诸多方面的人员，只有通过各个方面人员的共同努力，才能实现建筑的可持续发展。

(1) 研究和教育人员

随着可持续建筑观点的提出与发展，传统的设计模式已很难适应可持续建筑技术的要求；同时，传统教育模式也导致建筑领域技术人员的知识结构欠缺，不能适应可持续建筑所要求新型设计模式的需求。因此，研究和教育人员对于可持续建筑的实现起着至关重要的作用。通过国际交流和大量分析研究工作，部分科研人员比常规设计人员对可持续建筑更有认识，因此科研人员应不断研究开发新的技术以适应建筑的可持续发展。而教育人员应完善现有教育体系，使专业技术人员拓宽知识结构并从传统的建筑设计和可持续性能两方面理解建筑，促进传统意义上的各专业的理解和融合，从而实现建筑可持续发展。

(2) 设计人员、施工企业、设备材料生产公司和房地产开发公司

设计人员、施工企业、设备材料生产公司和房地产开发公司是可持续建筑的创造和实施者。但现有的设计人员缺乏创造可持续建筑的驱动力，一方面，设计人员缺乏客观驱动力：企业承受的压力暂时还没有传递到设计施工市场；另一方面，设计人员

缺乏主观驱动力：设计和技术人员没有足够的知识结构和对全局的了解。对于企业来说，来自市场的压力使得大部分企业不得不努力尝试新的东西，但大部分只是借用一些概念进行炒作；部分企业面临竞争压力愿意付出努力并以此为特色获得市场，但缺乏成熟的设计体系和相关技术人员；只有小部分成熟的大型企业既愿意承担自己的社会责任，又拥有掌握实现可持续建筑的技术人员。因此，要实现建筑的可持续发展还任重道远，既要求现有设计技术人员提高自身素质，掌握可持续建筑的技术，又要求大部分企业提高认识，敢于承担应付的社会责任。

（3）业主和用户（公众）

业主和用户是建筑的使用者，也是可持续建筑的受益者。随着社会经济的发展和人们生活水平的提高，公众对建筑的要求也逐步提高，但对建筑的要求还停留在主要关注功能和面积上。因此，应该对公众加大关于建筑可持续发展的宣传和相关知识的培训，提高公众对节能和室内环境品质的认识和需求。

（4）政府机构

中国政府面临着来自国际社会和社会发展的双重压力。一方面，自从20世纪80年代以来，中国政府参与并签订了一系列有关环境保护和可持续发展的多边国际会议、协议和公约等。包括：1985年3月22日签署的保护臭氧层《维也纳公约》、1987年9月16日签署的关于消耗臭氧层物质的《蒙特利尔议定书》、1992年6月签署的《里约环境与发展宣言》、1997年12月10日签署的《联合国气候变化框架公约》（又称京都议定书）等。这些都要求中国政府对国际社会担负应尽的责任。另一方面，随着经济的发展，能源短缺逐渐成为社会发展的瓶颈，我国现有的外交着重于能源外交。对此，政府鼓励发展节能省地型住宅与公共建筑，制定并强行推行了一系列节能标准。然而，仅提出标准是远远不够的，目前建筑节能标准推广中出现的很多问题表明，在建筑寿命周期的各个阶段都存在巨大的需要改变的观念、手段、技术和产品等方面的问题。因此，政府应该推行更为严格的节能标准并加强对从业人员和管理人员的培训，同时对有利于可持续建筑的新技术和新产品的设计与研发提供鼓励和优惠措施。

2. 可持续建筑技术实现途径的关键

可持续建筑是一个将建筑作为整个系统（包括技术设备和周边环境），从全生命周期来加以考虑和优化的流程。它的成功有赖于项目设计与建造过程中所有参与者跨学科的合作，并在项目最开始即做出深远的决策。

（1）实现过程的特点

可持续建筑的实现过程具有以下特点：

1）主动/被动技术全面交叉融合。虽然高技术建筑能够降低建筑能耗，但单纯采用高新技术的建筑由于其高昂的造价往往使得开发商和业主望而却步。成功的可持续建筑并不一定具有很高的造价，它往往在大幅度提高建筑性能的同时带来的只是很少的造价增加甚至是零增加，这就要求设计过程中主动式技术和被动式建筑的全面交叉融合。

2）各相关专业的紧密合作。可持续建筑并不是产品和技术的简单堆砌，它涉及不同专业的各种技术的集成。事实上没有一个专业能够单独实现可持续建筑，它既要求相关专业人员具有宽泛的知识结构，又需要设计和施工过程中不同专业的人员跨学科的紧密合作。图1-3中可持续发展的社会因素和设计因素的复杂性体现了设计团队合作的必要性。

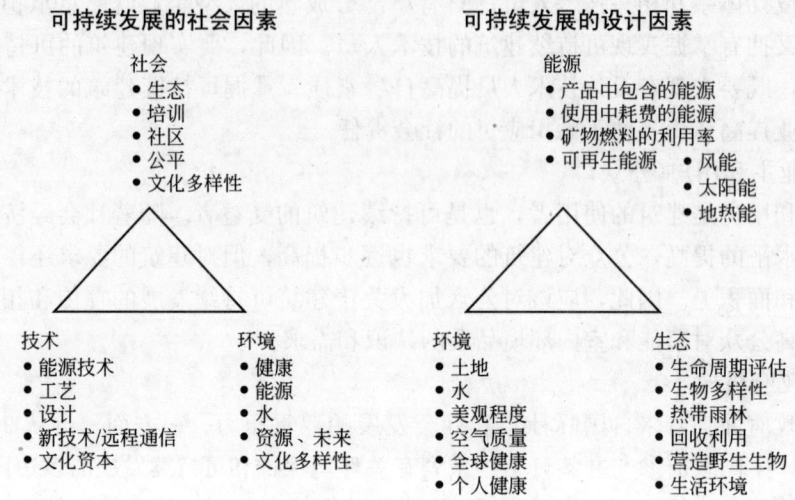

图1-3 可持续发展的社会因素和设计因素

（2）实现过程的关键

可持续建筑的实现过程中关键在于：

1）可持续建筑涉及的各方，政府、公众、企业、设计及技术人员、研究与教育传播人员，对可持续建筑的正确认识和在建筑生命周期内的共同努力。

2）设计阶段建筑师和工程师协同工作特别重要。设计是实现任何建筑的起始阶段，由于可持续建筑具有区别于传统建筑的目标，而传统的设计方法与过程很难适应可持续建筑的要求，因此采用集成化设计——为实现可持续建筑的目标而进行的设计极其重要。

3. 设计在可持续建筑中的重要性

（1）在各个环节的关系中，设计环节是纽带作用

可持续建筑的设计是将各种适用的设备材料和技术集成的过程，是可持续建筑技术实现途径的关键。在实现可持续建筑涉及的角色中：对于施工企业来说只是简单的按图施工；对于房地产开发商来说必须通过设计系统地实现自己并不具体的目标，而部分实力小的开发商更是将设计人员认为是自己应用新技术的主要咨询者；对于设备材料企业来说开发和生产出来的新型材料和设备也必须通过设计人员的选用才能应用到实际工程中去；对于公众和用户来说设计人员是专家；而对于政府来说设计文件是最终控制建筑性能的最重要文件。因此，在涉及实现可持续建筑的各个环节中设计环节是最为重要的环节，同时也是各个环节的纽带。

（2）决策的有效性——设计阶段的决策对比于后续阶段决策更加重要

对于实现可持续建筑来说，决策的有效性在是随着建筑物生命周期的进行而不断衰减的。在这里，决策的有效性可以定义为决策对于最终建筑物性能的影响与实现决

策所需的行动二者之间的关系。
对于一栋寿命为 50 年或 100 年的
建筑物来说，制定决策的早晚对
建筑物的性能与使用效率有着重
要的影响。通常来说，决策越早，
成本越低，性能越高。图 1-4 显
示了在实现建筑可持续发展过程
中，不同阶段的参与者对建筑性
能所起到的作用。

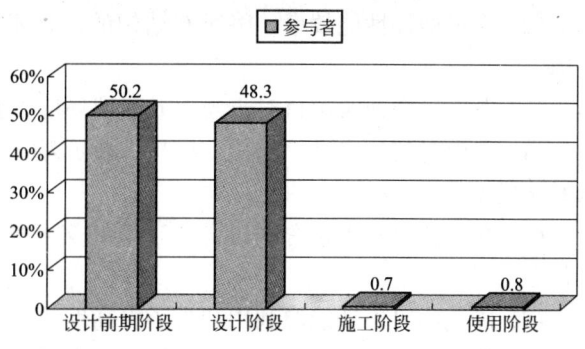

图 1-4　不同阶段的参与者对建筑性能的影响

在我国，设计环节最缺乏实施绿色建筑的驱动力。必须认识到的事实是：要改变传统的设计模式，难度很大，但我们必须去做。

4. 可持续建筑与集成化设计

在全球可持续发展的驱动下，建筑开发商和设计人员承受着不断增加的压力来创造具有高环境性能的建筑。虽然不同的专家对此的解释有些微区别，但是一个共识就是可持续建筑在整个生命周期内应表现出可见并可量化的环境特征，具体表现在以下几方面：

(1) 减少不可再生资源的利用，包括土地、水、材料、矿石燃料；
(2) 减少 GHG 和酸化的大气排放；
(3) 减少废水和固体废弃物；
(4) 减少对场地生态系统的消极影响；
(5) 提高室内环境品质，包括空气质量、热环境、光环境和声环境。

在这个快速发展的领域，还包括一些重要因素，包括：适应性、复杂性、最初和全生命周期的成本等。

除上述一系列有关性能的问题，当代的开发商和设计人员还面对由市场和规范带来的更加严格的性能需求。这中间最主要的是能源性能。当前对这个领域的预期给设计人员带来了明确的挑战：既要考虑能源消耗的不断降低和太阳能技术的应用，同时又受到减少开支和时间压力的约束。

这就要求设计者通过仔细的朝向设计和入口及窗户的设置，很好地利用晴朗天气并免受恶劣天气的影响。同样还要利用多种建筑元素，诸如中庭、采光廊或较小的建筑进深，将自然光引入室内。其他的技术也被用于维持建筑物夏季的舒适感，例如建筑的浅色外表可以减少建筑物围护结构的辐射得热。很明显，建筑师与设备工程师需要在能源利用的层面上考虑建筑设计的含意。这就需要最终发展一种设计流程——集成化设计，它强调通过被动式(综合考虑气候)与主动式(机械装置)技术满足所有舒适感的要求。

一个高效成功的可持续建筑需要在建筑设计过程中考虑一系列问题，包括：

(1) 业主、设计人员、用户、承包商、协调人在互相分享的团队氛围下开展建设性的合作。

(2) 为了增加性能效率，将所有结构的、技术的概念和系统作为一个整体来加以考虑。

(3) 考虑一个建筑项目对于当地或区域环境以及邻居的"真实的影响"。

(4) 考虑与建筑产品、应用、维护、废弃物处理相关的建筑全生命周期成本和技术系统成本。

(5) 在设计概念中包含周边自然环境的交互作用并结合包括气候在内的各种环境条件。

(6) 优化的可更新能源利用和为了提高性能而优化的建筑技术设备。

(7) 向用户宣传基本原理、控制策略和设备功能。

第二节 集成化设计概述

一、集成化设计的概念与起源

1. 集成化设计的概念

集成建筑设计是一种多专业配合的设计方法。集成建筑设计是把看上去与建筑设计毫无关系的方面集合到一起以实现共同的利益，其最终目的是以较低的成本获得高性能和多方面的效益。这种设计方法通常在形式、功能、性能和成本上把绿色建筑设计策略与常规建筑设计标准紧密结合起来。成功的集成建筑设计的关键在于来自不同专业的设计人员的紧密配合：建筑主体设计、采暖通风和空调、采光和电气、室内设计以及景观设计。通过在设计过程中关键问题上的协同工作，这些参与者可以找到非常好的解决办法来满足设计需求。在集成建筑设计的探讨过程中，设备工程师将在设计初期就计算出能源的开支和使用状况，告知建筑师各种设备的能耗、配置，采光照明系统的选择，建筑的朝向、布局、门窗开启形式所带来的影响等等。

集成化建筑设计是所有可持续建筑设计工程的一部分，但它也适用于重要的更新改建工程。在早期的规划和建筑设计过程中，集成化建筑设计对于重大决策的作出都是有所帮助的。在一个开放式讨论会中，可以很容易把低能耗与其他绿色策略相结合从而达到最佳效果。

2. 集成化设计发展的历史

建筑集成化设计程序是在加拿大的一个小型、高性能示范项目——"C2000 项目"的经验之上得以发展的。此项目是 1993 年开始的，作为一个小型的超高建筑性能示范项目，它涉及能源利用、环境影响、室内环境、使用功能等一系列的技术要求方面的相关参数。其目的旨在通过具体的设计手段，利用现有建筑技术来建造高水平的生态节能建筑。项目很高的性能目标使得管理者们相信设计以及施工费用增加都是实在的，并且也在设计和施工阶段作了相应的投资增加。

但是，6 个设计项目的两个完成之后，费用增加比预计的要少，这是由于设计人员实际上采用了简化设计、低造价的技术。尽管如此，建筑完全达到了性能设计目标。所有设计人员都认为，应用"C2000 项目"的设计程序是能够实现高性能的主要原因。

另外，在设计过程初期，大部分的建议与目标都得以实现并改进了建筑性能。

C-2000流程现在被称作建筑集成化设计流程，它使得现今大多数的建筑项目成本控制都集中在设计初期对于设计过程提出建议。有8个项目是基于此流程完成的，都接近或完全达到了C-2000建筑的性能水平；并且，基建费用都在比较符合预算，仅稍有出入。最令人鼓舞的是一些建造商们随后完全依照采用建筑集成化设计流程方法进行设计和建造。

集成化设计的发展有赖于国际能源机构(IEA)主持的太阳能采暖制冷建筑项目Task 23。在"Task 23——在大型建筑中优化太阳能的利用"的研究过程中，研究人员发现：简单的使用新技术和新设备很难真正有效地提高建筑物的性能，必须对现有的设计方法和流程进行改进。因此，其子项目B着重致力于探究集成化设计的特性。在这个项目开展的5年时间内，共有12个国家参与。通过整理包括建筑师、科研人员、顾问在内的专家意见，获得了实用的建筑集成化设计方法。

二、集成化设计的动机

从图1-5可以看出，设计的集成越早进入设计过程，它的有效性就越高。相反，如果一个建筑是按照"常规"进行设计，可持续建筑技术只作为事后的一种弥补，那么整个设计目标就很难实现，而且实施绿色策略会造成很昂贵的开支。有效性界定为决策对于最终建筑物性能的影响与实现决策行动所需的投资之间的关系。决策对

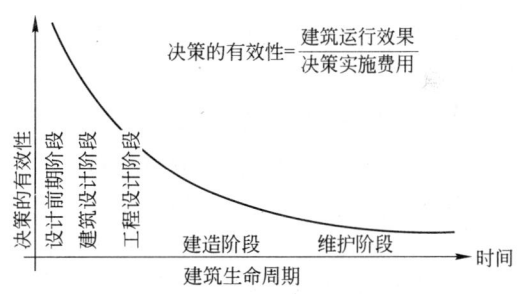

图1-5　建筑物寿命周期不同阶段的决策效力

于一栋寿命为50年或100年的建筑物的性能与使用效率有着重要的影响，越早做出决策，其成本通常越低。

在线性设计过程中，工程师很难使设计后期的效果与建筑师概念设计阶段的效果保持一致，这大大增加了粗糙设计理念的出现几率。

如果在概念设计阶段不能做出正确决策，就会带来许多严重的问题。建筑物的建造成本与维护成本(比如经常利用大型空调设备与更多的能源来弥补由于朝向和窗户摆放的不正确带来的额外能耗)会增加，既耗费金钱，还消耗了不可再生资源，破坏环境，降低建筑物的舒适度。效率低下的建筑物会极大地助长对地球带来负面影响的污染与温室效应。

集成化设计流程保证了通过对设计分析能获得必要的知识与实践经验，并将其融入设计实践中。在集成化设计过程中，工程师可以在设计最初阶段就运用专业知识，随着设计概念的形成，建筑与暖通空调设计可以同步实现最优化，这就使设计参与人员能更早、更全面地贡献出他们的想法与技术知识。能源观念与建筑设备设计不再只是建筑设计的补充，而是一开始就成为了建筑的集成部分。

在旧建筑中，只要建筑的某个部分或者系统需要修复更新的时候，就有可能采用

集成化的建筑设计。比如，当一个大的制冷系统需要被更换的时候，可以通过采取正确的自然采光、改良玻璃窗和更高效的人工采光等措施来降低制冷负荷，从而大大减小制冷机的型号和运行费用。在某些案例中，新制冷器节省下来的费用比降低冷负荷的投入要大，这样改良人工采光和降低能耗带来的额外开支就可以达到零——甚至是负值。

三、集成化设计的目的和作用

1. 集成化设计的目的

在建筑建造、使用过程中需要消耗大量的能源、资源。如何节约能源、提高能效比、减缓能源消耗增长的幅度，是全社会，特别是建筑领域技术人员的任务。随着城市化进程的加快，我国正成为世界上最大的"建筑工地"，预计到2020年将新增建筑面积达300亿 m^2。但是，我们不得不正视我国能源、土地、水、原材料等资源严重短缺而实际利用效率低的事实，我国要走可持续发展道路，加强节能技术的研究刻不容缓。对此，我国政府提出调整经济结构，转变经济增长方式，鼓励发展节能省地型住宅与公共建筑，制定并强行推行更为严格的节能、节地、节材、节水的标准。

然而，仅仅提出严格的标准是远远不够的，建筑节能技术的推广和使用离不开设计这一环节，而传统的设计模式很难真正高效地利用各种节能建筑技术。因此，必须采用以建筑可持续发展为目标的集成设计模式，加强相关的建筑、结构、材料、设备、电气等传统意义上的"专业"合作甚至融合的过程。

2. 集成化设计的作用

以建筑可持续发展为目标的集成化设计流程和传统的设计流程存在着较大差异，传统的设计模式（流程）是线性化的工作模式，以便实现建筑功能。而可持续建筑的实现需要各个专业的设计人员同时工作，或者说必须采用环状，而不是线性的协同工作模式。这种工作模式与传统模式具有本质上的差别。新的设计模式将以传统的建筑目标和建筑的可持续发展为同等重要的双重目标，以集成设计思想为手段，保证不同专业设计人员紧密的合作。

建筑集成化设计模式是一种全新的模式，习惯于使用传统设计模式的设计人员很难掌握和使用。国内外已经研究开发了不同专业的辅助设计软件、各种建筑能源环境模拟评估软件和各类数据库等，这些软件可能已经能够满足建筑集成化设计需要的各个环节的模拟和制图需求，但设计团队何时利用这些软件，以及如何保证各个专业设计师有效利用这些软件并未明确，同时也缺乏以集成化设计为手段的设计软件。建筑集成设计方法与流程将保证各专业设计人员有一个指导性的设计流程，实现新的设计目标。

当然，仅仅通过提高建筑设计水平来促进可持续、高效率用能和太阳能优化是不够的，还需要确信对未来的责任会给所有参与者带来好处——即所有当事人必须确信这会是有益的。如果这是一个机会来降低投资和运行费用，并能在不损害建筑质量的同时提高利用质量，那么投入的时间和努力在集成化设计上会给所有人带来最佳收益。

最近十来年建筑师和工程师的需求经历了根本的改变。业主需要一个综合的解决方案，这个方案必须在尽可能短的时间内给所有当事人一个清晰的回答，并能满足他们各自的需要。此外，由房地产业的变化所造成的建筑建造原则和品质的经济可行性、建筑运行的成本效率、使用品质和舒适的改变，也扮演着重要角色。

俗话说："只有租出去的建筑才是好建筑"。这反映出使用品质和成本效率之间简化的相互关系，又或与未来社会责任相对，反映出经济与生态的联系。环境意识下的非居住建筑项目的设计、建造经验表明集成化设计程序是得到可持续建筑的必要条件。

今天，一个跨学科的设计团队作为业主的有资格和有能力的伙伴是解决客户需要、环境以及建筑之间关系的先决条件。

四、集成化设计发展的现状

1. 国外集成化设计的发展

建筑集成设计软件的研究和开发一直是国外绿色建筑领域的一个热门课题，集成是建筑设计软件的发展趋势。在集成设计流程方面，国际能源组织相继资助完成了"Annex 23：Solar Low Energy Buildings and Integrated Design Process"，"Annex 32：Integral Building Envelope Performance Assessment"等一系列的关于建筑集成设计及相关技术的研究项目。这些项目研究了集成设计技术以及整体设计流程，研究了集成化辅助设计的程序框架。

加拿大研制了建筑集成设计软件。软件是在一个小型、高性能示范项目——"C2000项目"的经验之上得以发展的。该项目开始于1993年，作为一个小型的超高建筑性能示范项目，它涉及能源利用、环境影响、室内环境、使用功能等一系列的技术要求方面的相关参数。虽然在设计和施工阶段作了相应的投资增加，但项目实现了很高的可持续性能指标。C-2000程序现在被称作建筑集成设计程序，它使大多数的建筑项目成本控制和技术方案的选择都集中在设计初期。随后有多个项目是采用了同样的方法和程序进行设计，都接近或完全达到了C-2000建筑的性能水平。设计程序本身按照以下程序指导设计人员进行设计，实现建筑的功能和可持续性能：

（1）对涉及建筑能耗范围内的所有参数确定设计目标值，并为完成这些目标提供基本策略；

（2）通过朝向、建筑形式、高性能的围护结构以及选择适当数目、合适类型、位置的门窗结构以最小化供热/制冷负荷，最大化采光潜力；

（3）在保证室内空气品质、热舒适性能、照明水平、质量以及噪声控制的同时，通过利用太阳能等其他可持续的建筑技术、利用高效的HVAC系统达到保证供热/制冷负荷；

（4）反复进行以上的过程进行设计选择，确定至少两种，甚至是三种概念设计供选择的方案；然后，再利用能源模拟评估测试所有方案，从而选定最佳方案。

2. 国内集成化设计的发展

集成化设计是将工程学的相关知识与建筑设计过程交织整合的整体设计方法，从而对优化建筑性能形成全新的、综合的策略。它意味着通常要将无法相互比较的建筑物的性能与特点进行评估与衡量，这就要求所有参与人员要自愿达成共识。

当建筑学专业和工程专业相互交织，就会产生许多问题。对于参与设计的人员和团队而言，设计过程充满了挑战。建筑师传统上秉承的是人文艺术，而工程师传统上秉承的是自然技术科学。二者共处一个团队时，就会经常产生问题。因为不同团队间的交流要依赖于一门共同的专业语言，而现在从一开始专业语言就截然不同。

集成化设计的目的是优化与提高建筑物性能，为居民和业主带来方便与好处。设计流程的变革需要教育投资以及通常较为昂贵的初期设计费用。因此，除非业主与客户意识到集成化设计带来的好处，从而自愿进行投资来实现这些变革，否则无法指望建筑师和工程师们能成为这些变革的主要推动人。

目前，国内的能耗模拟软件虽然已经达到相当的成熟程度，但还没有以传统的建筑目标和建筑可持续发展为双重目标，贯串整个设计流程并面向各专业人员的集成化设计方法与系统。因此，集成化设计出现虽然已经有一段时间了，在欧洲和美国都开始进行了广泛的研究并取得了一些成果，但在中国却得不到足够的重视。在国内，绝大部分的建筑设计仍然是和其他专业的设计分离进行的。设计的过程还是遵循先建筑、后结构和设备的老模式。

这种状况的产生是由以下原因造成的：

(1) 对集成化设计的认识不够(尤其是建筑设计人员)

长期以来，建筑设计人员的工作都是与其他工程师分离进行的，参与设计的人员逐次参与、完成各部分的设计任务，故而可以说是"线性化"的程序。建筑师考虑整体布局、空间与功能设计和外观设计，以及由此确定基本的建筑材料。设备工程师在此基础上确定合适的系统。建筑师认为自己是行业的"老大"，只要考虑建筑的功能和形式就可以了，而节能和建筑的可持续发展是设备工程师的事情。这样使得后阶段的优化非常困难甚至难于实现，同时带来的只是"边缘性"的建筑性能提高，另外还有相当的建设成本增加。也因此，建筑性能被限定在常规水平上，很难实现真正的以建筑可持续性能为目标的优化。事实上，要实现建筑的可持续发展，必须依靠不同专业设计人员的共同努力。而且在整个建筑的生命周期中，对于建筑性能来说，越早考虑效果越好。

(2) 缺乏对集成建筑设计的教育体系的支持

在教育体系上，我们的教育也是与节能和建筑的可持续发展脱节的。我国传统的土木建筑教育专业划分过细，各专业过分侧重于自身的基础，新的社会需求和技术发展趋势没有及时加入到土木建筑教育体系中，同时各专业之间也缺乏必要的联系。由于教育模式的不合理，也就造成了目前土木建筑领域的从业人员、专业教师、学生的知识结构的不合理。例如：建筑设计的教育强调是建筑的空间、形式及美学方面的课程，而忽略了技术方面对建筑的要求和支撑作用。因此，建筑领域技术人员传统的知识结构与我国的教育模式不能适应新型的设计模式和技术推广的需求。

国际上土木建筑教育的现状特点是：强调工程技术与社会人文科学教育的结合；强调教育和实践与科研的结合；强调分析—设计—解决问题的过程教育；强调教育与

应用的改革；强调提供从初级到专业级的多层次教育。特别是近年来，随着能源危机的加剧和生态环境的急剧恶化，发达国家越来越重视建筑的可持续发展，也越来越重视可持续建筑的教育，表现在各专业教育中增加了大量的可持续建筑相关技术的课程，近年更有各专业以可持续发展为目标的融合趋势，建筑教育正在从单纯的设计教育转向跨学科的应用科学教育。

与发达国家相比，我国明显缺乏准确、全面的可持续建筑(环境)教育。学生不知道可持续建筑环境是一个系统工程并包含许多要素，也不知道可持续性能正在成为建筑设计的目标之一。由于可持续建筑环境的教育在我国是新兴的内容，因此大部分相关专业存在对可持续建筑环境理解程度的不同和重视程度不够的问题。同时也缺乏完善的教育体系和系统的教材来进行专业人才的培养以适应新形势的发展。

(3) 缺乏对可持续建筑性能的评价标准

国际上已经出现了一批绿色建筑的评价体系，如美国的 LEED，英国的 BREEAM，国际组织的 GBTOOL。这些标准越来越多地被应用到集成建筑设计体系中。我国的绿色建筑评价体系起步较晚，2006 年建设部颁布了《绿色建筑评价标准》GB/T 50378—2006。但由于我国国土面积较大，气候差异明显，同时各地区适用的技术、工艺和材料存在较大差别，因此单纯套用国家标准或者国外标准将使评价结果不够精确。目前，国内部分省市已开展地区性绿色建筑评价标准的编制工作，但各地区绿色建筑评价体系的建立与完善仍有很长的路要走。

(4) 片面追求短期经济利益

当今中国，经济的发展是首要的，但是大部分开发商都只注重短期经济利益。他们只关注开发的成本与销售，而对建筑对环境造成的破坏和能源的消耗漠不关心，从而导致能源的消耗日益扩大，对生态和环境的危害也日趋严重。他们没有认识到所取得的经济利益是以牺牲环境和能源作为代价的。

五、结语

建筑设计是一系列审美选择的过程，其个体在很大程度上取决于其他(有时是多重的)因素——光照、空间、功能安排、社会组织、结构、气候——最起码也要考虑天气、环境、技术和经济。在这些创造过程中，产生了建筑不同成分间的关系或者空间，以及与周边环境相处的方式，这些环节都不能被设计人员忽略。试想，如果建筑师只是给建筑选选颜色，工程师只是用计算器算算数，那么谁在做真正的设计？

随着技术的进步，建筑设计在形式创造上可以越来越自由，然而这种自由具有一定的"危险性"。建筑应受基本条件的限制，要遮风避雨，具有坚固性和防护性，还要考虑能源的消耗和对环境的影响。自由创造的形式改变了人们对建筑的期待和设想，也带给人们意想不到的新奇感，但它还有另外一面，正如英国建筑师奇普菲尔德(David Chipperfield)所认为"一种我们必须很小心面对的危险，一旦你有了这自由，你就有责任重新定义你所真正需要的是什么"。那种只注重外部包装而不注重建筑内容和性能的态度就是新的自由的危险之一。因此，在新的自由中我们必须要做的第一件事，

第一章 概 论

就是要发展一种新的约束性和社会责任感。而且要提醒自己,什么是设计必须要做的。

今天,新建筑灵活多变,充满动感。年轻的设计人员伸手可得的多种方法和资源,可以把一切相关的设计环节推向极致。然而,他们如何在团队的框架内,既作为整体又不埋没个体,具备越来越多的知识,进而实现共同的理想——可持续发展,却值得所有的设计人员仔细思考。

思考题

1. 可持续建筑的特点有哪些?
2. 为什么说节能在可持续建筑中最重要?
3. 可持续建筑技术实现途径的关键是什么?
4. 为什么设计在可持续建筑中非常重要?
5. 什么是集成化设计?其优点是什么?
6. 集成化设计的作用是什么?

参考文献

[1] Rodman D, Lenssen N. A Building Revolution: How Ecology and Health Concerns Are Transforming Construction (Worldwatch Paper 124) [M]. Worldwatch Institute, 1996.

[2] World Commission on Environment and Development, Our Common Future [M]. New York: Oxford University Press, 1987.

[3] 中国科学院可持续发展战略研究组. 2003 中国可持续发展战略报告 [M]. 北京:科技出版社, 2003.

[4] 张国强,徐峰,周晋. 可持续建筑技术 [M]. 北京:中国建筑工业出版社, 2009.

[5] (英)T·A·马克斯,E·N·莫里斯. 建筑物·气候·能量 [M]. 陈士骥译. 北京:中国建筑工业出版社, 1990.

[6] IEA Task 23. Integrated Design Process-a Guideline for Sustainable and Solar-Optimised Building Design [OL]. http://www.iea-shc.org/task23/outcomes.htm. 2003.

[7] Bachmann L R. Integrated Buildings: The system basis of architecture [M]. America: John Wiley & Sons, 2003.

[8] 刘先觉. 现代建筑理论 [M]. 北京:中国建筑工业出版社, 1999.

[9] (英)布赖恩·爱德华兹. 可持续建筑. 第二版 [M]. 周玉鹏等译. 北京:中国建筑工业出版社, 2003.

[10] 林宪德. 绿色建筑 [M]. 北京:中国建筑工业出版社, 2007.

[11] Larsson N, Poel B. Solar Low Energy Buildings and the Integrated Design Process-An Introduction [OL]. http://www.iea-shc.org/task23/. 2003.

[12] 徐峰,张国强,解明镜. 以建筑节能为目标的集成化设计方法与流程 [J]. 建筑学报. 2009, (11): 55-57.

[13] Hanne Tine Ring Hansen. The Integrated Design Process (IDP)-A More Holistic Approach to Sustainable Architecture. Proceedings of the SB05 Tokyo [C]. Tokyo, 2005.

[14] (英)大卫·劳埃德·琼斯. 建筑与环境——生态气候学建筑设计[M]. 王茹等译. 北京：中国建筑工业出版社，2005.

[15] 张国强，解明镜，徐峰. 中国可持续建筑领域教育的分析与改革[J]. 建筑学报. 2009,（9）：56-59.

[16] 杨豪中，张鸽娟. 大卫·奇普菲尔德的多样性建筑设计[J]. 世界建筑. 2006,（05）：112-116.

第二章　集成化设计方法的特点

为了找到一种非常适合可持续建筑设计流程的方法论，理解设计方法论和相应的规则将是非常有益的。尽管近40年来曾有众多的理论和尝试来试图描述设计的过程，但对于设计是如何处理的(操作的)仍然没有一致意见或全面的理论。

第一节　设计方法的发展

古代人类为谋求生存经历穴居、巢居之后依照巢、穴的原理开始原始建造活动，依靠直觉的观察、自身的体验、总结出建造房屋的方法，使用石材、木材建构生存空间。

随着科学的发展，人类从传统的建筑活动总结出适用各类建筑的规范化做法，如维特鲁威总结了西方建筑的柱式，成为五柱规范，用柱径作为基本模数(母度)衡量建筑各部分的尺度。中国建筑从规范建筑的开间、进深的关系到采用斗栱斗口规定建筑各部分的尺寸，形成不同类别建筑的型制，使设计形成规范性的方法。

现代设计方法论的研究始于20世纪50年代末60年代初，1962年西方理论界在英国伦敦皇家学院召开第一次设计方法研究会议，并相继出版一批有关设计方法的著作，其中有代表性的是莫里斯·爱斯莫(Moils Asimow)的《设计入门》，他提出的设计方法主题来自系统工程，他所概括的设计过程包括分析、综合、评价和决策、优化、修改、补充等环节。这些基本观点成为以后设计方法研究的基础。

一、第一代设计方法

第一代设计源于20世纪60年代早期，其特点是认为设计是一个解决问题的过程，这里的问题可以通过将其分解为子问题来解决。设计过程本身被分成三个单独步骤：分析—综合—评价(此后被称为阿舍尔模型，见图2-1)。这些步骤在设计过程中不断重复。第一代设计方法把系统论方法直接引入设计领域，试图以解决问题的新方法以及20世纪50年代发展起来的运筹学为基础，重新组织设计过程。这一阶段主要以琼斯(J.C. Jones)和拉克曼(J. Luckman)的探讨为主。

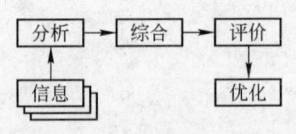

图2-1　阿舍尔的设计过程模型

1. 琼斯的系统论方法

琼斯(J.C. Jones)认为系统设计方法主要是一种把逻辑推理与想象活动用外在手段分开进行的方式，它的目的是：其一，使设计者的心智不受实际限制所束缚，不被分析推理步骤所混淆而自由产生想法、猜想、解答等；其二，给设计者提供一种记忆之外的对信息的系统记录，使设计者可专心于创造并随时给他提供所需要的帮助。

琼斯的系统设计方法有如下阶段：

(1) 分析阶段

这一阶段是把所有设计要求列表并且精简归类为完整详细的设计要求书。这一阶段分下列步骤：1)设计因素罗列；2)设计因素分类；3)进一步收集信息；4)分析设计因素的相互关系；5)制定设计要求书。

(2) 综合阶段

该阶段的任务是为每项性能说明找到解答，并将这些解答尽可能不折中地综合成一个总的解答。综合阶段主要有下列步骤：1)创造性思维；2)寻找部分解答；3)部分解答的综合。

(3) 评价阶段

评价所有设计解答满足设计要求的程度，并最后选定设计方案。

琼斯认为，传统的、凭经验判断的评价方法不适应复杂的设计问题，提议要引入更为科学的方法。如统计学的方法、运筹学的方法以及一些新手段如模拟、模型、计算机技术等。

2. 拉克曼的相关决策域分析法

拉克曼(J. Luckman)的方法基于运筹学的理论，把设计过程定义为一种决策的过程并分几个过程等级，而设计过程的基本模式也是分析、综合和评价三阶段。但是，拉克曼认为设计并不是一个简单的、完整的、线性的过程，设计者要不断通过分析、综合和评价的循环，从一般的问题层次上升到更特殊的层次。拉克曼提出的系统设计程序称为 AIDA——相关决策域分析法。

拉克曼将任何等级中的每个有选择范围的设计因素定义为一个决策域。在建筑设计问题中，一个决策域可以是建筑物整体或部分的状态如高度、位置等。多数决策域将与别的决策域有关；而且，如果整个问题结构已经正确地认识到了的话，决策域间的联系大多是发生在同一个问题等级之内的。

3. 第一代设计方法的特点及意义

分析阶段包含无限制的信息收集，将这些信息再形成标准，将这些标准再分解为子标准。综合阶段包含子项解决方案的创造，每个形成的解决方案都对应某些子标准。评价阶段就是一个测试以使被选择的子系统和解决方案能更好地匹配不同的标准。评价阶段也包括是否继续进行的决策。第一代设计理论是一个具有逻辑数学的、系统的、理性等特点的设计。尽管这个设计理论受到了有力的批判，但是这个理论中的一部分仍然成为现代建筑学和建造教育中的基础，同时设计方法研究在相当一段时间内都是在这些方法论研究初期成果的基础上进行的。

二、第二代设计方法

第二代设计理论的探讨集中于1966~1973年这段时间里，第二代设计理论的研究焦点集中于设计问题是怎样的，什么是它的特殊结构与特殊本质，并批评了第一代的信念——不通过任何假定即可能对信息进行收集和分类。当然，第二代设计理论也没有完全拒绝阿舍尔模型。他们认为阿舍尔模型对于实际的设计所给出的图像过于简单化，并且认为设计是一个辩证的流程。为了得到好的解决方案，根据一系列标准提出了一个假设，同时，假设和标准在设计流程中也被改变并增强。这一阶段以亚历山大和雷特尔与韦伯的探讨为主。

1. 亚历山大的《建筑模式语言》

亚历山大(C. Alexander)的见解是颇为新颖别致的，他对早期方法学家把使用者需要的阐明(如琼斯的性能说明书、阿舍尔的设计目标等)，作为设计的起点表示异议。他认为使用者的真正需要是不可能肯定的，因此提议用一种"倾向"的概念来取而代之。亚历山大认为倾向的说明像一种假说，它能被测试、修正和证实。其著作《建筑模式语言》别出心裁、有根有据地描述了城镇、邻里、住宅、花园和房间等共253个模式，从而以"倾向"的方式为设计、规划和施工等方面提供了一幅幅崭新的蓝图。

按照这样的概念，亚历山大把设计问题的出现归结为倾向发生冲突，环境设计的问题成了安排环境中的诸要素以便消除冲突。从而，亚历山大的设计问题结构是由一些可能发生在所考虑的特定环境下的倾向之间的冲突所构成。

2. 雷特尔和韦伯总结的七条特征

亚历山大从其特殊的哲学态度出发提出了对设计问题的独到见解；而雷特尔(W. J. Rittel)和韦伯(M. Webber)则是在对现实规划设计问题进行考察后总结出设计问题的特性。这也是探讨设计问题本质的一种方式。

雷特尔与韦伯认为规划设计问题是"软"问题，其特征如下：

(1) 问题没有最终明确的结论，理解问题与解决问题是相互伴随的，理解问题所需要的信息取决于对问题解答的构思；

(2) 不存在找到解答的标准，因为各种关联相作用的开放系统的因果锁链是无终止的；

(3) 它的解答不是用对错而是用好坏来评价；

(4) 对于它的解答不存在一种中间的或最终的测试；

(5) 问题的每个解答都是一种"一次性操作"，每一次尝试都很重要；

(6) 没有一种详尽的解答体系；

(7) 每个问题本质上都是惟一的。没有解答原则能适合于一类问题的所有建筑；

(8) 每个问题都能看成是另一个问题的征候；

(9) 可以多种方式解释问题。解释的选择决定了问题解答的性质；

(10) 规划设计问题的目的不是找到真理，而是改进人类生存环境的某些特性。

雷特尔和韦伯较为全面深入地总结了当代规划设计问题的特殊本质，为设计方法的新一代的诞生作了准备，而这种新一代的方法——第二代设计方法却并不是像第一代方法那样是具体的、条条框框的设计程序，它仅仅是解决当代规划设计问题方法的一般准则。

3. 第二代设计方法的特点及意义

第二代设计方法最强调的是设计过程建立在一种"辩论的"模型基础上，并认为评价和相关的知识分布于大范围的参与者中。这样，第二代方法成为一种提供更多参与机会的探讨。其中规划师或设计师的作用是"助产士或教师的作用，不再是一个为别人作规划的专家的作用。"当然，雷特尔所谓的第二代方法的七条原则没有说明具体设计过程的方法；因此他认为设计方法论下一步的工作需要强调两个方面：一是进一步发展和修正设计过程的辩论模型，并研究设计者的推理逻辑；另一方面应该致力于补充辩论性模型的实用程序。

第二代设方法的提出是20世纪70年代初设计方法论走向更广泛的研究的重要成果之一，它对设计过程的共识性、辩论性的强调对西方建筑实践产生了广泛深远的影响。20世纪70年代初，西方建筑界广泛地走向开放的规划和设计过程，公众参与成为颇为流行的做法，这种现象的出现无不受到第二代设计方法的启发与影响。并且，公众参与规划设计过程的方法至今仍不失为一种可行的设计方法。

三、第三代设计方法

第三代设计理论始于20世纪70年代末期，并承认了在设计中有惯例的、文脉的知识。设计思考被认为是设计师智力技能中的明显的部分，其重要性、基础性等同于语言。"设计是一个特殊的思考方法"成为口号。从这一时期开始，设计方法的研究从单一化走向多元化。

1. 希力尔等人的新见解

B·希力尔(B. Hillier)等人提出：设计方法研究与设计实践之间已存在着"应用差距"，也就是说设计方法论研究的成果在实践中运用有一定的困难。为什么会造成这种局面呢？其原因是设计方法研究的整个思想系统就建立在这样的观念基础之上：设计研究的作用是产生一种能作为信息吸收设计中的"知识"，能吸收这样的"知识"的设计过程是个理性化的逻辑推导过程，它通过把问题分解到其基本构成因素，再给每个因素注入信息内容并借助于一系列逻辑或"程序法则"可以"综合归纳"出解答。

为了说明人与环境的关系的层次。希力尔等人认为建筑可定义为伴随生态替代效果的一系列社会功能的实现，并给建筑下了四个方面的描述性定义：

(1) 建筑是一种气候调节器

在广义上，它的作用是内与外之间综合的环境过滤器；它既有一种作用于外部气候与生态的替代效果，并且它又通过增加或减少特定的约束来调节人类有机体的感觉输入。

(2) 建筑是活动的容器

它禁止或便于人的活动，并可能促使和决定活动，或分配行为。在此意义上，它可看成是一种社会的整个行为的调节。

(3) 建筑是一种象征的和文化的客体

这不仅仅是从设计者的意图方面而言，也从遇到它的那些人的认识系统而言，它同样有一种社会的、文化的替代作用。

(4) 建筑是对未加工材料的一种价值附加

像所有的生产过程一样，在生态环境上，建筑可视为一种能源调节器。

建筑在这四方面中，每一方都可反映人-环境的一种关系，都可构成一种看待建筑问题的观点,而每一种观点又都可发展为人与建筑环境关系的理论。

希力尔等人依据现代哲学和科学认识论的新见解,对建筑的涵义、设计者的认识问题及设计方法研究方向等都提出了很有价值的观点。他们从思想理论基础上揭示了设计方法论初期研究的问题,这比以前对第一代方法的批评更为深刻,更为重要的是拓展了建筑的内涵、提出了设计过程的新模型,并且意指了设计方法研究的新取向。他们的研究是西方设计方法论从较具体的研究层次向具有理论高度的层次所迈进的重要一步,其种种新见解对今后设计方法论的研究都产生了广泛影响。

2. 马丘的设计过程新模型

马丘(L. March)的观点与希力尔等人的见解又有不同,他提出另一种设计过程模型。马丘强调波普尔的科学观与设计是矛盾的,这并不是对波普尔科学哲学的批评,而是认为把设计建立在不适当的逻辑和科学示例中就是犯了严重的错误;应该和波普尔区分逻辑与经验科学一样,把设计与这两者区分开来。

理性的设计活动任务有:

(1) 一种新颖构图的产生——这是由产生性推理完成的;
(2) 特性的预测——它由演绎完成;
(3) 惯常的概念和已建立的价值的积累——一种进化的类型学,它由归纳完成。

由此,马丘提出了一个理性的"外展式"设计过程模型:"产生—演绎—归纳"这一过程的重复的程序(简称 PDI 模型)。这里第一阶段是设计提议的产生,这样的推测性的设计提议不能逻辑地产生,它所包括的推理模式是外展的;第二阶段是演绎地预测所提议的设计的特性;第三阶段是归纳地评价所提出的设计以及对它的预测,并且为下一步提出新的或加以调整了的设计提议做准备。

马丘认为,如果设计仍然依赖于个人内在判断、经验和直觉,那么设计仍然或多或少地是个性和观点的问题。这样的话,外展式(PDI)模型就会变成三种推理方式的解不开的相互纠缠,并且科学知识将不能得以强有力而持久的运用。设计过程应该走向小组合作,而为使这样的设计方式有效,又必须使设计过程走向外在化、公开化。这样,外展式(PDI)模型的三阶段将能运用,并由此把尽可能多的科学知识引入设计问题中。

马丘所提出的 PDI 模型是一种理性化的设计过程模型,但是他没有把设计的推理简单地等同于科学的推理方法,而是引用了一种新的推理概念——外展,即产生性推理作为设计活动中的一种特殊推理形式。这样的设计模型颇有新意,但马丘并未具体论及在设计中如何进行产生性过程;再者设计提议的产生也是在对设计要求的最初理解和一种预想之上,因此,如果把 PDI 模型的第一步与希力尔等人的预先构想的概念相比的话,不难发现它们有共同之处,只是希力尔等人更强调设计者预先构想的能力,更强调设计者的认知图式的重要性,而马丘则更强调一种理性化的设计过程。

3. 肖恩等人的价值冲突理论

在 20 世纪 80 年代,设计理论继续发展,主要是通过肖恩(Donald Schön)采用西蒙(Simon)关于模拟的理念,将其作为所有设计工作的中心活动。西蒙将设计视为建造,并使用模型来为业主的决策打下一个基础。他认为设计师应该首先总结出一系列的备选方案，然后感觉一系列标准测试这些方案。在《行动的冲突》一书中，肖恩将设计工作视为理性技术思考和直觉的辩证关系。设计师被假定掌握了所有这些思维和知识形式。肖恩将设计描述为"处理问题的情况"而不是"解决问题"。他认为设计师通过一个模型来模拟备选方案的性能从而收集关于方案的信息。问题的处理包括惟一性、不确定性、不稳定性和价值冲突；还包括评价、从经验中学习、超过已建立常规程序为新的问题寻找新的解决方案。

瑞典的朗德奎斯特教授(Jerker Lundequist)同样将设计视为处理价值冲突：设计流程的结果是一个产品，产品的道具由人类决定，被包括在项目中。设计因此包括价值冲突。一个价值的陈述可能会被争论或通过使用一个标准的理性系统来反对。

英国的设计师和心理学家罗森(Bryan Lawson)出版了一系列关于设计方法论的书。他对设计流程做出了众多的观察和描述，主要包括：

(1) 设计问题不能被全面的规定，在设计流程中目标和优先权常常会发生改变。

(2) 设计问题趋向于按等级被组织(例如：门把手—门—墙—房间—建筑—城镇—国家—社会)。没有目标和逻辑的方法来决定正确的程度从而处理这样的问题。决策取决于设计师的权力、时间和资源，但是提高其合理的、实践中的层级，看起来似乎是明智的。

(3) 可能的解决方案是无穷无尽的。

(4) 对于设计问题没有最优化的解决方案。设计几乎永远包括妥协。

(5) 设计必然包括主观的价值调整。

(6) 设计师在决策过程中必须要能够平衡定量的和定性的标准。

4. 帕帕米切尔和普罗真的多标准设计工具

最近，帕帕米切尔(Papamichael)和普罗真(Prozen)提出了一个设计理论——以电脑为基础具有多标准(能源、舒适、环境等话题)的设计工具。在其论文《设计中的智力限制》中，他们沿着肖恩的思路提出了一个设计理论，提出设计包括"行动时的感觉和思考"，支持设计只有部分是理性的这一立场。他们认为设计决策不是完全的推理产品，它们是基于调整并需要各种由感觉引起的好的或坏的想法，而不是思考。

设计师并不知道各种设计标准的相对重要性，他们感觉在设计流程中它是连续不断的，重新表述它就如同设计师在期望和现实之间获得妥协。这个设计理论非常好地定义了设计中智力所扮演的角色的限制，并开始约束了电脑使用的可能。进一步，他们认为当前在基于电脑的设计工具方面的努力和成就通过使用多标准评价技术、冲突决定方法和优化运算规则，从而妨碍了这些约束。作者认为，这类模型(需要设计师对期望的性能有清楚的、推测的知识)对于设计是不恰当的，这是因为这会强迫设计师作出一个不成熟的判断。基于这个新的设计理论，帕帕米切尔和普罗真建议研究和发展的重点应该集中在基于电脑的性能模拟和实际的数据库以及最重要的是合适的用户界面。基于电脑设计的新观念是基于一个理论——设计可以用下列几个阶段来表征：

(1) 总结观点和解决方案(策略和技术)；

(2) 可能的解决方案的性能预测；

(3) 可能的解决方案的评价。

通过分配"优势"或"适当性"给预测的性能，他们强调关注决策与评价同样重要。当至少有"好"和"坏"两种感觉时，电脑工具通过并行的备选方案比较来提供性能评估。

为了更好地理解建筑设计是如何进行的，一些描述性的研究也被开展。英国约克郡的高级建筑研究机构中的一个研究小组归纳了建筑师工作时的9种方法：

（1）主观的选择；
（2）基于测试信息的有效性进行选择；
（3）基于功能分析的选择；
（4）基于反馈的选择；
（5）基于对用户需求研究的选择；
（6）基于经验和习惯的选择；
（7）标准的规范；
（8）性能的规范；
（9）电脑半自动设计。

研究者发现主观的选择特别普遍。这可能包括对标准的系统化列表，但更依赖于基于个体或团队的知识与经验所做出的最终选择。研究发现，以前的经验比其他因素能更多地影响选择。在所有的事务所中，发展一个特别喜爱产品的列表是一个强力的倾向。

通过一系列的与英国著名建筑师的访谈，达克(Darke)发现建筑师在设计流程的早期试图获得一个相对简单的想法。这个想法或者初期的发生器被用于缩小可能的解决方案的范围，然后设计师能快速地构建和分析出一个方案。当然，她观察到建筑师不是从一个概要出发，然后根据其进行设计。而是同时开始设计和概要，两个行动完全相互关联。劳尔(Rowe)提供了进一步的证据来支持达克的关于初期发生器的观点。当报告他对设计者行动的研究时，他写到"几条清晰的推理线可以被辨认，通常包括对整理组织的原则或模型先验的使用来知道决策流程"。

在《设计的成功管理——建筑设计管理手册》一书中，格雷(Gray)等提出了下述的观察结果："常用的策略是聚焦于辨别几个可能的解决方案和假定。这些方案都被评价，每一个评价都被用于精炼推荐的解决方案直到得到一个可接受的解答。看起来对于设计而言，设计师针对问题在早期阶段提出一个或几个可能的解决方案是最基本的，甚至只被用来获得对于业主需求的一个更清晰的理解。本质上，设计是做出一个解决方案或批评评价的累积的策略，用来看看是否满足业主的标准。"它们还包括：

（1）寻求一个完美的方案可能是无穷无尽的；
（2）不存在无错误的流程或解决方案；
（3）流程包括寻找，与解决问题一样；
（4）设计不可避免地包括主观的价值判断；
（5）不存在简单的科学方法来解决设计问题。

5. 第三代设计方法的特点及意义

第三代方法的探讨代表了设计方法论在20世纪70年代以后的新领域——设计方

法的哲学研究。我们看到，这些研究者都凭借了现代科学哲学的新发展、新见解为有力的理论依据，从认识论层次上把设计看成一种认知与思考方式来研究，并将它与人类的科学研究活动作了类比或区分；他们还分析了设计与设计理论，探讨设计方法理论研究的新方向及其对设计的影响，从而提出新的设计活动的模型。以上这些研究者们提出的见解虽然各不相同，但都起到了把设计方法论从任何天真地附属于科学方法论的状态中解放出来的作用，并且把设计方法论研究提高到一种哲学理论层次上来，建立了设计方法论研究的新原则、新内容。

四、结语

通过上述各个阶段中具有代表性的研究倾向的述评，追踪了西方建筑设计方法论20多年来所走过的历史足迹。如果再回顾一下设计方法论的发展历程，很容易看到：它逐渐从较单一的趋向走向多元的趋向，多种观点、多种流派的涌现使方法论的横向结构不断扩展；同时它又从研究具体的"设计程序"逐渐走向对设计问题结构、设计主体及其认识能力、思维方式的思考，走向设计的知识、理论、设计方法的哲学思考。深度和广度两个方向的不断发展使设计方法论逐渐成为一门专门的建筑理论学科，而且它像现代科学走向互相渗透、互相交叠一样，也在与越来越多的学科相互联系。

第二节 传统设计方法的特点

20世纪上半叶，随着人们生活水平的提高和科技的发展，暖通空调系统（HVAC）和人工照明系统得到了长足的发展，以满足室内舒适感的需求。在这些机械系统引入建筑之前，气候（而不仅仅是建筑的风格或形式）是决定建筑外表的主要因素之一。通过设计过程中采用被动式方法来获取舒适感。然而，随着新技术的产生，建筑师不再受到建筑需满足充足的日照、冬暖夏凉需求的限制。由于暖通空调系统与人工照明系统能满足舒适感的需求，建筑师可以抛开建筑设计中舒适感的要求去追求更加自由开放的设计。

这些革新带来了一场设计革命。由于设计师可以将建筑设计当成纯艺术形式来自由追求，他们将设计交给结构与HVAC设计人员，让他们配以合适的设备来满足舒适感的需求。将所有设计学科同时集中统一的设计过程发展成为可以在各自学科领域实施的线性设计流程。建筑师与HVAC设计人员通常不再有交流，这严重削弱了各学科对于整个设计的贡献。其结果就是设计出来的房屋无法与周边气候协调共生，还导致了粗糙的概念设计的滋生，因此无法进行最优化配置，房屋由于能量密集，维护成本昂贵，对环境产生了重要的影响。

一、传统设计考虑因素的特点

传统设计模式以建筑师和建造商对于设计概念的一致理解开始，包含了整体布局规划、朝向、门窗布局设计、整体外观设计等，以及由此确定基本的建筑材料。设备工程师在此基础上确定合适的系统。按照我国现有的传统设计流程，参与设计的人员

第二章 集成化设计方法的特点

逐次参与、完成各部分的设计任务，故而可以说是"线性化"的程序，这样使得后阶段的优化非常困难甚至难于实现，也因此，建筑性能被限定在常规水平上，很难实现真正的以建筑可持续性能为目标的优化。

1. 传统设计过程中考虑因素具有单一性、缺乏交流的特点

传统建筑设计过程中的问题包括知识专业的多元化，在多方面使建筑队伍分散化，其中最重要的是知识的分散化。建筑师不欣赏机械工程师的杰作，反过来也是一样。设计专业就像有几个行星的宇宙，每个都在它自己的轨道上愉快地生存着。这种分散性的最坏结局是各专业各自考虑自己的问题而很少进行交流。正如我们所知，交流是任何社会单体的凝聚力，也是建筑设计或施工的凝聚力。没有交流和专业间的交往，各专业就不能集成一体。

缺乏交流，设计就不会彻底优化。因此，具有最好的建筑外观设计的方案可能具有较差的建筑性能。此外，按初始造价制订的方案也可能从运行成本看是不可行的。对优化建筑设计来说，交流比线性流程更重要。缺少交流的最终结果是昂贵的重复劳动，设计过程中同一信息由不同人反复处理。同时，由于负责前期设计的建筑师对节能、环境等性能和措施没有深入系统的理解，参与后阶段设计的设备、电气工程师虽然可以积极利用新技术，并为建筑添加先进的、高性能的供热、制冷、照明系统；但是他们是在设计过程的后阶段的参与，带来的是"边缘性"的建筑性能提高，同时还有相当的建设成本增加。出现这种结果的根本原因在于，在设计后阶段引入高性能的系统无法消除在设计初期的不协调设计或者一些较差的决策所引起的缺陷。因此，传统的设计模式不能真正高效地利用各种可持续建筑技术。

2. 传统设计过程中考虑因素具有重视艺术、忽视技术的特点

传统的设计过程中，各专业之间的惟一共同考虑的因素是"建筑功能"，互相之间只需要简单的配合和沟通。由于建筑师几乎是设计过程中惟一的决策者，而在相当长的历史时期内(直到今天)，建筑仍主要被视为一种艺术，从而使得设计过程也是服从与艺术准则的支配，如图2-2所示。这种重视艺术和构图的方法既有优势又有局限性，其优点在于设计过程有很大的自由，并且使得设计过程更容易作出根本性的变化与创新。但是，这种设计方法也存在缺陷，它可能使设计者的注意力集中于建筑外观的处理和构图手法，通常集中于空间关系与实体关系的组合，从而忽视了不能由视觉显现的设计因素(比如社会因素和技术因素)。因此，当新的建筑类型、新的材料和技术手段以及新的社会需求和团体及业主利益日益改变和增加的时候，传统设计方法的局限性也逐渐突出。

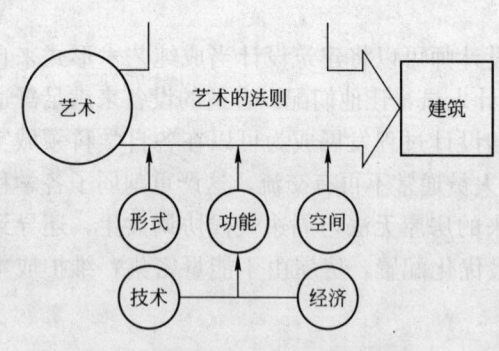

图 2-2 建筑由艺术原则支配的过程

如果把建筑产业同其他自动化工业相比(如汽车或电视制造业)，问题是很明显的。建筑工业很少达到大规模生产的水平。由于缺乏有组织的研究、过时的建筑法规、保守的协会,很大程度上它仍停留在工业化前的工艺,建筑产业的技术进步速度远低于其他工业。而要实现建筑的可持续发展,在很大程度上有赖于建筑新技术、新材料的发展与应用。

二、传统设计使用工具的特点

电子计算机的发明和发展,极大地推动了社会和科学技术的发展。它在建筑设计领域的应用主要体现在计算机辅助建筑设计、建筑环境模拟两个方面。计算机辅助建筑设计技术,即CAAD(Computer Aided Architectural Design)能帮助设计人员进行设计、综合和优化,并能绘制工程设计图纸。CAAD技术帮助或代替建筑师在设计过程中处理大量的图像、数值和文字信息,从而提高了设计质量、缩短了设计周期、降低了工程成本。建筑环境模拟技术,即BES(Building Environment Simulation)能帮助设计人员进行工程设计的计算、分析、综合、设计和优化,并编制各种技术文件。

与其他专业相比,由于建筑学专业本身的特殊性,CAAD的发展相对比较缓慢,技术的开发和应用水平都落后于其他专业。建筑学是一门古老的学科,世界人类的文明史是与建筑学的发展分不开的。随着社会生产的发展和科学技术的进步,建筑学丰富了新材料、新结构、新设备、新技术和新理论的内容,但是建筑设计方法本身并没有质的变化。建筑师多少年来一直沿用着传统的、经验型的、手工作坊式的设计方法。建筑设计工作中缺乏对某些工程技术指标的定性、定量的分析和评价手段,缺乏对建筑设计的宏大的设计信息的获取和处理的手段,设计工作具有较大的随机性和经验性。而设计人员往往又要把主要的精力和时间花在工程图的绘制上,凡此种种影响着建筑设计方案的质量。

总的来说,按照传统的设计方法,现有计算机技术工具的使用具有信息化特点,但同时存在着不系统、目的单一的缺陷。同时,不同专业之间工具软件的使用也缺乏必要的联系,造成不同专业间的信息数据和分析的结果不能完全共享并优化设计。

三、传统设计流程的特点

传统设计过程可以理解为一种线性流程,如图2-3所示,它有着显著的特点,由一系列的未完成的阶段组成。按时序组织的传统设计流程在过程组织、任务分配及提高工作效率方面还是有优势的。但是有顺序的工作程序不能在单独的阶段给予设计优化足够的支持,这将导致建筑运行成本的增加。尽管对此有许多不同观点,但我们可以认为传统设计流程具有下列特征:

(1)建筑师与业主有同样的设计理念,即建筑设计根据业主的要求对建筑的形式、功能与空间进行设计。

(2)结构和设备工程师按要求深化设计,并提出适当的系统。

虽然这是一种极度简化的概述,但这种设计流程仍然被绝大多数设计公司所追随,这种做法阻止了建筑在常规水平下的性能提升。由这种流程所带来的设计缺陷为:

第二章 集成化设计方法的特点

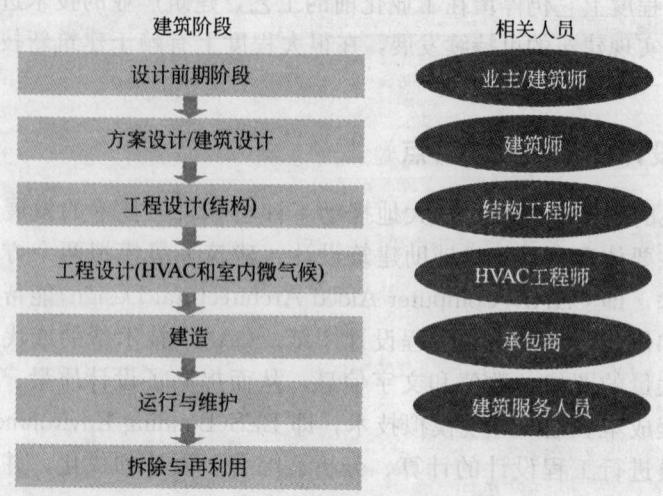

图 2-3 传统设计流程

（1）缺乏对于冬季获取太阳能的措施，导致冬季采暖需求的增加。

（2）缺乏对于夏季减少太阳辐射的措施，导致夏季制冷需求的增加。

（3）缺乏合理设置的玻璃窗和引导自然光进入建筑内部的设计，导致建筑自然采光的应用不佳。

（4）缺乏合理组织自然通风的措施，造成使用者的不适或能耗增加。

所有这些缺陷都是由设计流程所带来的。这种流程在最初显得快速而简单，但导致高运行费用和不合格的室内环境。显然，由于传统设计流程不包括能源性能的计算机模拟，这将会给业主、使用者、工作者带来一个"惊喜"——低下的性能和高运行费用。

如果包含在这个流程中的工程师足够聪明，他们可以结合值得考虑的基建费的增加来提出一些非常先进的采暖、制冷、照明系统，但这只能获得边缘性能的增加。后加的高性能系统和部件不能克服由不良的方案设计所带来的障碍。这些因素还可能显著提高建筑的长期运行费用。当然，上面所提及的问题只是代表了由传统设计流程所带来的建筑缺陷中最明显的部分。

四、传统设计评价体系的缺陷

近年来，随着绿色建筑的迅速发展，建筑系统环境性能评价逐步被人们重视。绿色建筑实践是一项高度复杂的系统工程，这不仅需要建筑师、结构师、设备工程师等设计人员具有环境的概念，还需要所有者、管理者、施工者、使用者等也具有较强的环境意识。这种多专业、多层次、多阶段合作关系的介入，需要在整个绿色建筑的实践过程中（包括规划、设计、施工、调试、运行和拆除等阶段）建立明确的评价体系，以定量的方式来衡量建筑系统的环境性能。这就是建筑系统环境性能评价，即采用数量化或等级化的手段对建筑系统的环境性能进行定量的描述。

然而，长久以来传统设计过程中考虑的因素以强调艺术为主、缺乏技术方面的考虑。同时，也缺乏对诸多设计因素的综合性考虑。此外，也很少从整个建筑生命周期来考虑问题，造成了传统的建筑评价集中于艺术、空间、功能和形式，存在着很大的片面性和局限性。

当然，建筑系统的环境性能应该建立在建筑系统的基本性能和经济性能的基础上，如果只片面地强调建筑系统的环境性能，而忽视了建筑的基本要求和性能，也不可能达到可持续发展的目的。因此，建筑系统环境性能的评价首先应该满足使用功能、美学表现、社会性、文化性和经济性等基本性能，即满足建筑系统社会性能和经济性能的需要，在此基础上再对建筑系统的环境性能进行强调。

第三节　集成化设计方法的特点

集成化设计是一个将建筑作为整个系统（包括技术设备和周边环境）从全生命周期来加以考虑和优化的流程。它的成功有赖于项目所有参与者跨学科的合作，并在项目最开始即做出深远的决策。集成化设计流程强调专家团队在早期的设计理念的迭代，这有利于参与者在早期集体的贡献出他们的想法和技术知识。在设计早期阶段将所有的关于设计问题的想法都表达出来是非常重要的。关于能源和建筑设备的想法应该在最早期就集成作为建筑的一部分，而不是当作建筑设计的补充设计。

集成化设计流程在原理上并不新颖，其创新之处在于由对设计分析的考虑所得到的知识和经验使得流程的形式和结构得以完善，并能融入设计实践，特别是：

（1）激励的机制：成功的设计有赖于设计团队致力于获得高质量的设计，并具有广泛的技术和交流能力，从传统设计中脱离出来。

（2）清晰的目标：跨学科的合作需要在设计前期阶段就开始，并具有明确的目标、应用所需的不同的评价分析工具。

（3）持续的质量保证：通过合理的设计管理工作（考虑大量的发生在整个建筑和设计流程中，特别是影响建筑初始状态的内部和外部因素）来对设计目标进行检查。

一、集成化设计方法的基本流程

在可持续建筑集成化设计模式中，专业有了共同的技术目标——"建筑可持续性能"，因此专业之间的相互理解和融合更为重要。建筑师将成为团队的召集人而不是决策者；结构工程师、设备工程师在设计初期都将起到更积极的作用。设备工程师的技术和经验，以及专家的咨询意见，都在设计过程的最初阶段加以考虑。这样可以达到高质量的设计结果，但实现最少的投资增加甚至零增加，同时还可以减少长期的运行维护费用。从欧洲和北美的应用经验来看，建筑集成化设计程序是以各阶段一系列的"设计环"为主要特征的，它通过各阶段的决策结论作为各段完成的标志。各个"设计环"由相应的设计团队成员参与完成，但几乎都包括所有涉及团队的来自不同专业的成员，如图2-4和图2-5所示。

第二章 集成化设计方法的特点

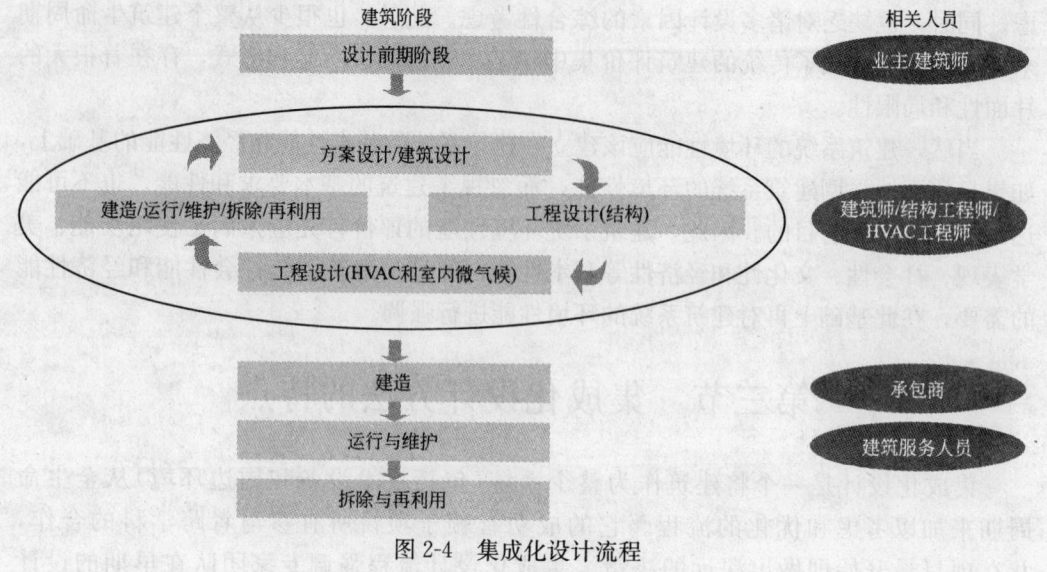

图 2-4 集成化设计流程

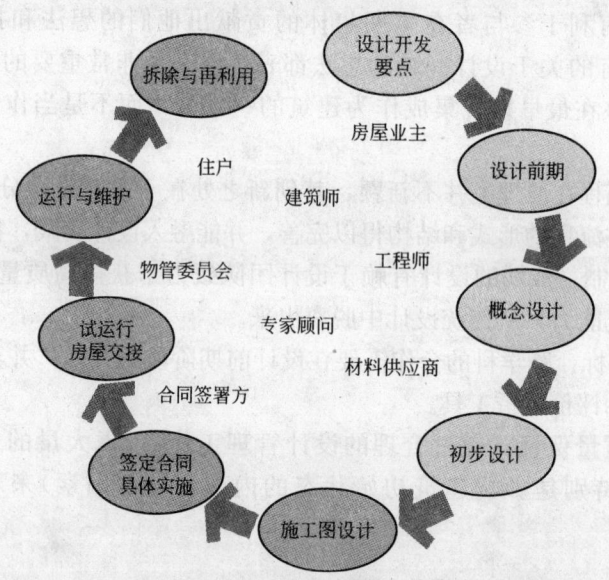

图 2-5 集成化设计流程各阶段及涉及人员之间的关系

二、集成化设计方法的原因

1. 由快速变化的市场所带给建筑发展商和设计者的压力

在过去几年中,建筑师和工程师的需求经历了根本的改变。随着全球气候的恶化和资源能源的日趋紧张,政府和业主需要一个综合的解决方案。这个方案必须在满足建筑物基本功能的前提下,尽可能满足建筑对能源消耗和对环境影响方面新的需求。此外,由住宅产业的变化所造成的建筑建造原则和品质的经济可行性、建筑运行的成本效率、使用品质和舒适的改变,也给设计者带来了新的压力。

这种压力带来了一种明确而崭新的建筑设计理念。应对占全球1/2的资源消耗(包括材料、能源、水和耕地的流失)负责的建筑如今不得不面对一个现实,那就是:由建筑物所产生的废弃物正严重污染着地球,并损害着人类的健康。令人担忧的是,不仅处于建筑之中的人的健康受到威胁,就连整座城市,甚至于人类社会自身都面临着严峻的挑战。

2. 考虑建筑全生命周期的必要性

随着现代建筑运动的发展,长久以来,设计人员对设计过程的关注仅仅停留在设计阶段本身。大多数设计者更多地关注建筑物的形式、空间与功能,很少有人意识到建筑的可持续发展应该从整个建筑的全生命周期来考虑问题。在整个生命周期内,建筑使用中消耗的能量和建材本身消耗的能量,两者之比为10:1;就结构和设备等要素而言,使用时消耗的能量和生产时消耗的能量之间的比例是15:1。这意味着,如果设计人员不从整个生命周期去考虑设计问题,其糟糕的设计所带来的损失要远远大于建筑物建造的成本。

3. 预期的高能源性能

建筑本身是抵御外界恶劣气候的结果,随着经济的高速发展,人们对建筑内部舒适度的要求越来越高。以国内的大型商业建筑为例,满足建筑基本功能要求的电梯和自动扶梯以及照明系统所消耗的电力,在整个建筑电力消耗中仅占50%;其他50%的消耗在满足人们舒适度要求的空调系统上,如图2-6所示。而目前我国的人均建筑能源消耗还很低(以2005的统计数据为准),仅为美国的1/15,为日本和欧洲的1/8,如图2-7所示。可以预计的是,随着人们生活水平的提高,我国的人均建筑能源消耗将急剧上升,参照发达国家的建筑能耗水平来看,今后我国的建筑能耗形势将越来越严峻,近年来各个地区用电紧张和拉闸限电就是最好的证明。因此,在今后一段很长的时期内,大力发展建筑节能技术,努力提高建筑物的能源性能将是一项极其重要的任务。

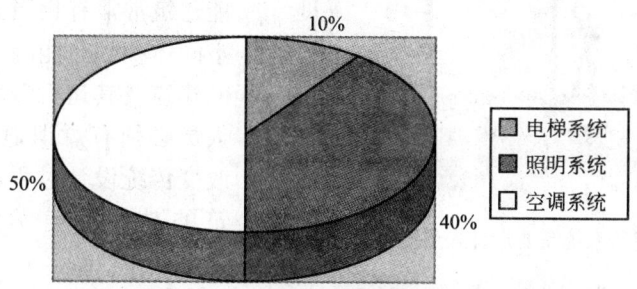

图2-6 大型商业建筑电力消耗分析

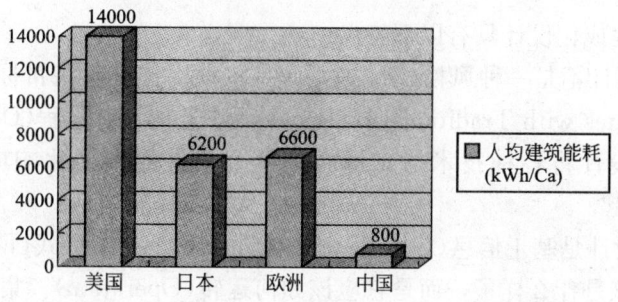

图2-7 美、日、欧、中四国(地区)人均建筑能耗对比

4. 不断增长的需求所引起的高度复杂性

无可辩驳地，可持续发展运动绝不能独立于文化运动而存在。一个地方的建设表明了其对地理、历史及资源的态度。密集规划以至无处可栖（20世纪盛行的一种发展模式）是对上述三种因素漠不关心。要达到减少二氧化碳排放量的目标，我们需要视化石燃料为一种严重不足并且正在减少的资源，同时还需要开发新的能源（太阳能、风能、生物能）。我们需要寻求新技术和新方法解决建筑问题。鉴于地方的差异性（资源、气候、朝向），建筑的解决办法就该比从前更注重因地制宜。这就意味着选择更加适宜的技术、应用最好的而不是最廉价的建造工艺、使用可循环再生的评估方法、利用当地能源和材料、采用当地的建造技能和技巧。

这些不断增长的需求引起了建筑设计过程的高度复杂化。可持续发展设计需要我们关注那些在资源匮乏阶段建造起来的建筑物，吸取经验以应对资源短缺的未来。这不仅仅是一个单纯的建造问题，这些再循环、再利用、再更新的方法和经验足以扩展到整个城市生态系统中去。在这个高度复杂化的设计过程中，无效的解决方法将随着时间的流逝而消失，只有最适宜的才会流传下来。无论是亚洲、非洲还是欧洲，古代城镇的开发提示着我们在材料不够丰富，劳动力注重手艺而不是施工速度，能源、食物和水就地开采的情况下是如何进行建设的。阿卡汗建筑奖是为数不多的几个对过去成功案例予以表彰来启示未来的奖项之一。

综上所述，在设计过程中需要考虑的问题越来越复杂（见图2-8）。然而复杂的建筑系统通常不能自动的保证建筑良好的运行。所谓的智能建筑常常有相当大的建筑面积和空间体积、高能源消耗、不断增加的建筑及其运行费用。因此，设计人员必须有意识地改变设计观念，改变传统设计过程，更好地平衡建筑的功能、美学、性能之间的关系。

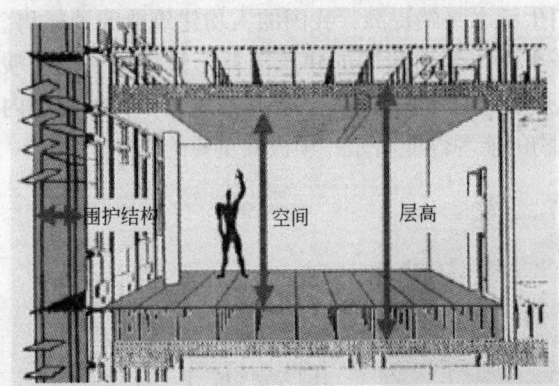

图2-8 复杂的建筑系统需要设计人员更加精心的设计

三、集成化设计方法的特点

总的来说，集成化设计具有以下特点：

（1）集成化设计不是一种风格（Style），而是一种以传统建筑目标与技术集成（Integrate Technologies with Traditional Building）为中心的设计过程（Design Process）。

（2）集成化设计将各种技术与对地区和社会条件的本地化响应（Localized Response）结合在一起。

（3）集成化设计是基于信息（Information）的，而不是基于形式（Form）的。它并不规定一栋建筑应该是什么样子，而是它应该如何运转（Operation）。集成化设计使用灵活的技术（Flexible Techniques）（或者适宜技术）来获得一种建筑与其使用者以及环境之间的动态交互关系(Dynamic Mutual Relations)。

(4) 集成化设计以标准化设计(Standard Design)为目标，涉及整个设计过程的各个不同阶段。

(5) 集成化设计是自组织(Self-organized)的，其结果并不是固定的，而是更像一个生物有机体(Biological Organism)，它不断了解自身和周边环境，适应变化的条件并改善自身的性能。

(6) 集成化设计的多样性(Variety)就像自然界中的生物多样性(Biology Variety)一样重要。

(7) 集成化设计是基于多学科(Multidisciplinary)和基于网络(Based on Network)的。它同时涉及不同专业设计人员在不同环境下使用各种手段进行的同步的对话(Synchronous Dialogue)，在任何可能地方发生，涵盖设计的所有方面。

(8) 集成化设计的核心是多目标决策方法 MCDM(Multi-Criteria Decision-Making)，它既是设计又是交流的媒介。配合着综合评价(Synthesis Assessment)和模拟仿真(Simulation & Emulation)技术与工具，集成化设计活动鼓励设计中的全面开放参与。

(9) 集成化设计需要教育和实践中的剧烈变革(Intense Revolution)。

四、集成化设计方法与传统设计方法比较

不同的设计方法与经济、文化发展形式的联系如表 2-1 所示。

不同的设计方法与经济、文化发展形式的联系 表 2-1

	古代建筑设计 (19 世纪以前)	现代建筑设计 (19 世纪以后)	集成化建筑设计
技术时代	前工业时代 (手工业)	工业时代 (自动化)	后工业时代 (信息与计算机网络)
技术水平	低级 (传统技术)	高级 (高新技术)	适宜 (传统与高新结合)
文化倾向	单一化 (高度整合和地方化)	多样化 (西方优越)	多样化 (基于文化互动)
外部交流	有限而缓慢 (地方贸易和移民)	全球性 (海洋、陆地交通、电信、航空、全球化网络)	
社会角色	专门化而稳定 (一生)	专业化但可变 (提升和再教育)	多种角色基于变化的技术和持续的教育和训练
决策结构	封建家长制	单一线性合作制	基于可持续发展为目标的团队合作制
建造体系	劳动力密集	资本和能源密集	多种技术的运用和协调
建成形态	与社会形态和气候同构	功能的混合和杂交的形态 (文化交流的产物)	为场所、目的和气候而定制

第二章 集成化设计方法的特点

思考题

1. 第一代设计方法有何特点?
2. 第二代设计方法有何特点?
3. 第三代设计方法有何特点?
4. 传统设计流程有何特征?
5. 传统设计评价体系存在哪些缺陷?
6. 为什么要采用集成化设计方法进行设计?
7. 集成化设计方法有何特点?

参考文献

[1] Energy Information Administration. International Energy Outlook 2005 [OL]. http://www.eia.doe.gov/oiaf/ieo/index.html.

[2] (美)克里斯·亚伯. 建筑与个性 [M]. 张磊等译. 北京:中国建筑工业出版社,2003.

[3] 张国强,徐峰,周晋. 可持续建筑技术 [M]. 北京:中国建筑工业出版社,2009.

[4] IEA Task 23. Integrated Design Process-a Guideline for Sustainable and Solar-optimised Building Design. http://www.iea-shc.org/task23/outcomes.htm.

[5] Hanne Tine Ring Hansen. The Integrated Design Process (IDP)-A More Holistic Approach to Sustainable Architecture. Proceedings of the SB05 Tokyo [C]. Tokyo,2005.

[6] 徐峰,张国强,解明镜. 以建筑节能为目标的集成化设计方法与流程 [J]. 建筑学报. 2009,(11):55-57.

[7] 美国高层建筑和城市环境协会. 高层建筑设计 [M]. 罗福午译. 北京:中国建筑工业出版社,1997.

第三章 集成化设计的影响因素和设计原则

第一节 影响集成化设计的因素

建筑是一个复杂的系统，包括空间、交通、设备等多种系统。而建筑设计也是一个复杂的过程，包含数量庞大的影响因素。各种影响因素耦合在一起，共同影响着建筑设计。集成化建筑设计强调多专业的协调、合作，对影响因素的考虑相对于传统设计方法更为全面。因此，对建筑设计的影响因素，尤其是影响集成化设计的重要因素进行了解，有助于更全面地理解集成化建筑设计，有助于在今后工作中的应用。建筑设计过程中的影响因素不胜枚举，分类的方法也多种多样。为了便于理解集成化建筑设计中多学科合作的必要性，可以将影响因素按照外部环境因素、内部环境因素、人文环境因素分为三大类。当然这种分类主要还是依据当代建筑的节能生态和可持续发展需求进行划分确定的，传统的现代建筑功能、结构、空间、美观等因素相关参考书籍众多，本书不再赘述。

一、外部环境因素及其影响

外部影响因素主要为建筑外部影响建筑设计的因素，又可分为气候因素、地质地理因素、室外微气候等。

1. 气候因素

气候是建筑设计最重要的影响因素之一，在某些程度上可以认为是决定性因素。早在公元前1世纪，维特鲁威就提出"如果我们想把房子正确设计建造好，就得从观察建造地点和气候开始。一种式样的房子开起来很适合埃及，另一种适合西班牙……再另外一种适合罗马……很显然不同房子的设计应该适应不同的气候"。

气候一般是指地球上某一地区多年时段大气的一般状态，是该时段各种天气过程的综合表现，包括该地或该地区多年的天气平均状态和极端状态。当然，首先要明确，气候本身也是需要划分范围的，虽然这种划分具有任意性，也非一成不变。巴里（Barry）曾提出一种被广泛接受的气候划分，如表3-1所示。

气 候 系 统 分 类　　　　　　　　　　　表3-1

系　　统	气候特性的大致尺度		时间范围
	水平范围（km）	竖向范围（km）	
全球性风带气候	2000	3~10	1~6个月
地区性大气候	500~1000	1~10	1~6个月
局地（地形）气候	1~10	0.01~1	1~24小时
微气候	0.1~1	0.1	24小时

第三章 集成化设计的影响因素和设计原则

显然,对建筑设计影响最为明显的是微气候。但是,微气候依然是依附在地区性大气候之下的。受其影响,地区性气候的改变同样将改变微气候。本小节所讨论的主要指表3-1中的第二类和第三类气候。为了在建筑与小气候之间建立适度的观念,并且对小气候进行有益的改造,我们必须先了解更大范围的气候特征,了解气候的基本要素。这些基本要素,同样也构成了建筑设计中的气候考虑因素,决定着建筑生态设计的大方向与原则。

气象要素是表明大气物理状态、物理现象以及某些对大气物理过程和物理状态有显著影响的物理量。主要有:气温、气压、风、湿度、云、降水、蒸发、能见度、辐射、日照以及各种天气现象等。气象要素(温度、降水、风等)的各种统计量(均值、极值、概率等)是表述气候的基本依据。表3-2为气候参数形式表。下文简介了对建筑设计影响最大的几种气象要素。

气候参数形式表　　　　　　　　表3-2

参　数	表现形式	单　位
温度	年平均值	摄氏度(℃)
	月平均日最大值	
	月平均日最小值	
湿度	年平均值	相对湿度(%)
	月平均日最大值	
	月平均日最小值	
辐射	年水平面辐射总量	MJ/m^2
	月水平面辐射总量	
	日水平面辐射总量	
	月日照小时数	小时/月
云量情况	覆盖份数值	10等份或8等份
降水量	年总量	mm
	月总量	
	极端值频率	
风	主导风向和风速	角度和 m/s
	风速通常用某个风速带的频率值与方向表示在风玫瑰图上	

(1) 气温

气温是表示大气冷暖程度的物理量,它是空气分子运动的平均动能。常用摄氏温标 t 或华氏温标 F 或绝对温标 T 表示。温度是建筑热工设计的决定性因素,同时温度也是决定热舒适条件的四种变量中最重要的参数,此外在设计采暖空调系统时需应用极端温度值。

(2) 湿度

湿度是表示大气中水气量多少或潮湿程度的物理量,它分为绝对湿度和相对湿度。单位体积空气中所含水蒸气的质量,叫做空气的"绝对湿度"。空气中实际所含水蒸气密度和同温度下饱和水蒸气密度的百分比值,叫做空气的"相对湿度",它主要影响人体热舒适。

(3) 太阳辐射

太阳辐射是能量或物质微粒从辐射体向空间各方向的发送过程。太阳辐射是地球表层能量的主要来源。到达地球大气上界的太阳辐射能量称为天文太阳辐射量。在地球位于日地平均距离处时,地球大气上界垂直于太阳光线的单位面积在单位时间内所受到的太阳辐射的全谱总能量,称为太阳常数。太阳常数的常用单位为 W/m^2。在进行太阳辐射测量时,包含直射辐射和散射辐射两部分。直射辐射是地球表面垂直于太阳光线的平面上,单位面积上的太阳光辐射能量。散射辐射是太阳辐射在大气中遇到空气分子或微小的质点,当这些质点的直径小于组成太阳辐射的电磁波波长时,太阳辐射中的一部分能量以电磁波的形式从该质点向四面八方传播出去,这种形式传播的能量称为散射辐射。

在建筑设计中,要计算最大空调负荷、无供冷时建筑物室内的最高温度或在采暖季节中预期最大太阳辐射的热量,都需要用到太阳辐射强度。

(4) 风

风包含风速和风向两个方面。它决定着建筑物外表面的热阻大小,因而决定建筑物围护结构的隔热效果,同时也影响通过开口的换气量,从而影响建筑物总的热平衡。在我国气象资料中,风向、风速指离地面 10～12m 高度处的风向、风速。风向用 8 或 16 方位加静风表示,风速单位为 m/s。风向、风速的统计数据有:日平均风速、月平均风速。建筑设计中的风象资料通常用风玫瑰图表示,如图3-1所示。

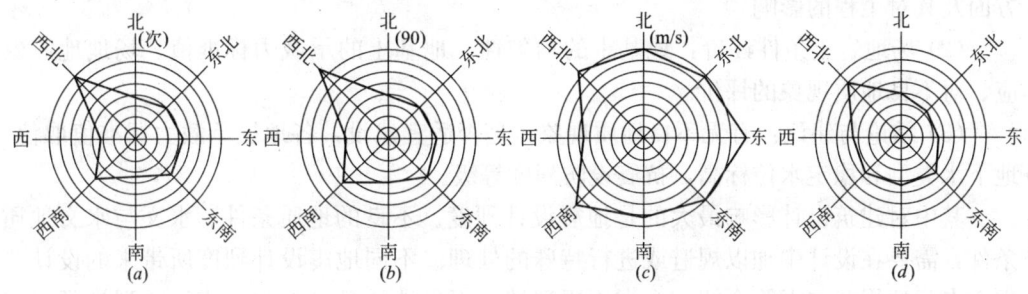

图 3-1 风玫瑰图

(a)风向玫瑰图;(b)风向频率玫瑰图;(c)平均风速玫瑰图;(d)污染系数玫瑰图

上述的气候参数广泛应用于建筑被动式设计、节能设计和空调照明设计中,是建筑能耗估算的主要输入参数。因此,这些详细的、具有代表性的数据是建筑设计所需要的。目前在建筑设计中运用最广的是中国气象局气象信息中心气象资料室和清华大学建筑技术科学系合编的《中国建筑热环境分析专用气象数据集》。该数据集以全国270个地面气象台站1971～2003年的实测气象数据为基础,其内容包括根据观测数据整理的设计用室外气象参数,由实测数据生成的动态模拟分析用全年逐时数据,以及五种设计典型年全年逐时数据(包括:温度极高年、温度极低年、焓值极高年、辐射极高年和辐射极低年)。这些数据为建筑设计中的热环境模拟、能耗模拟等提供了充分的气象数据,是建筑设计中不可或缺信息的要素。

2. 地质地理因素

对建筑设计产生影响的地质地理因素可以划分为两类:地形地貌因素和地质因素。

地形指地表面起伏的状态(地貌)和位于地表面的所有固定性物体(地物)的总合。不同的地形地貌对场地内的用地布局、建筑物的平面及空间组合、道路的走向和各项工程建设、绿化布置等都有一定的影响。取得对场地地形地貌的了解,主要有两种渠道:一是地形图,二是现场踏勘。地形图是按一定的投影方式、比例关系和专用符号把地面上的地形(如平原、丘陵等)和地物(如房屋、道路等)通过测量绘制而成的。地形图一般包括方位坐标、比例尺、专用符号和等高线。其中,等高线是最能表现出地形特征的要素。地形图上相邻两条等高线之间的水平距离称为等高线间距,其疏密程度反映了地面坡度的缓与陡。根据坡度的大小,可将地形划分为六种类型,并由此对建筑和场地采用不同的设计策略。此外,在地形图中,用地物符号表示地物(地表上自然形成或人工建造的各种固定性物质),如房屋、道路、铁路、桥梁、河流、对应的等高线截距、树林、农田和电线等;用文字、数字等注记符号对地物或地貌加以说明,包括名称注记(如城镇、工厂、山脉、河流和道路等的名称)、说明注记(如路面材料、植被种类和河流流向等)及数字注记(如高程、房屋层数等)。通过对地形图的研究,可以判断出建筑选址的地形特征,从而采用不同的设计策略,是建筑设计与场地设计前期最重要的文件与信息来源。

建筑场地的地质条件的依据是工程地质勘察报告,一般包括以下三个方面的内容:

(1)场地岩土条件:地层结构、地下水情况、地震、不良地质现象、地表水体等方面及其对工程的影响。

(2)场地岩土条件评价:地基土的均匀性、地基土的承载力标准值、场地地震效应、对不良地质现象的评价。

(3)结论与建议:有无不良地质现象,是否适宜建设,各地层承载力标准值取值,地下水类型和稳定水位标高、抗震设防烈度等级。

其中对建筑设计影响最大的是地震设计烈度。不良的地质条件、水文与水文地质条件,需要在设计中加以规避或进行特殊的处理。不同地震设计烈度所带来的设计要求有专门的规范与书籍介绍,本书不再赘述。不良地质条件较多,表3-3列举了对建筑设计影响较大的几种地质条件。

常见的不良地质条件与应对措施　　　表3-3

不良地质条件	定义	破坏性	应对措施
冲沟	地表被地面水冲刷而成的凹沟。稳定的冲沟对建设用地影响不大	分割建设用地,水土流失,损坏建筑物和道路	生物措施——种树,植草,封山育林;工程措施——斜坡上做鱼鳞坑、梯田,开辟排水渠道,填土
崩塌	山坡、陡岩上的岩石,受风化、地震、地质构造变动或施工等地影响,在自重作用下突然从悬崖、陡坡上跌落下来的现象	对建筑工程危害甚大	避开可能发生山崩地带,场地内可能出现的小型崩塌应采取特殊防治措施

续表

不良地质条件	定义	破坏性	应对措施
滑坡	斜坡上的岩石或土地，因风化作用、地表水或地下水、震动或人为因素，在重力的作用下失去原有平衡，沿一定的滑动面向下滑动的现象	对建筑工程危害甚大	避开
断层	岩层受力超过岩石体本身强度时，破坏了岩层的连续整体性，而发生的断裂和显著位移现象	不均匀沉降，毁坏建筑物	必须避开断裂和显著位移现象
岩溶	石灰岩等可溶性岩层被地下水侵蚀成溶洞，产生洞顶塌陷和地面漏斗状陷穴等一系列现象的总称		避免布置在溶洞、暗河等的顶部位置上。防止岩溶继续发展影响建筑安全
采空区	地下矿藏经过开发后，形成采空区。由于地层结构受到破坏而引起的崩落、弯曲、下沉等现象称采空区陷落		对地面影响有大有小，酌情决定建筑布置和防治措施

水文条件主要考虑地表水体，如江、河、湖泊、水库等对建筑场地及工程建设的影响。积极的影响包括：供水水源、改善气候、水运交通、排除雨水、美化环境、稀释污水等；而消极的影响主要体现在洪水侵蚀。因此，建筑选址与场地设计时，首先需调查附近江河湖泊的洪水位、洪水频率及淹没范围。建设用地宜选择在洪水频率为1‰～2‰（即100年或50年一遇洪水）的洪水水位以上0.5～1m的地段上。常受洪水威胁的地段不宜作为建设用地，否则采用相应的洪水设计标准，修筑堤防、泵站等防洪设施。

水文地质条件则是指地下水的存在形式、含水层厚度、矿化度、硬度、水温及其动态等情况。与建筑和场地设计最直接相关的是地下水位和水量、水质。其危害主要表现在：地下水位过高不利于工程的地基处理及施工，可采取措施降低地下水位。最好选择地下水位低于地下室或地下构筑物深度的用地；由于地下水常被选定为取水水源，其盲目过量抽用，可能引起地下水漏斗的出现，甚至引发地面沉降、江海水倒灌或地表水积水，从而影响工程建设。地下水中氯离子和硫酸离子含量较高会对硅酸盐水泥产生长期的侵蚀作用。

3. 微气候

在建筑设计中指的是气候条件，往往是一种特定的局部气候，通常归结为"微气候"的范畴。这里说的微气候指在建筑物周围地面以及屋面、墙面、窗台等特定地点的风、阳光、辐射、气温与湿度条件。建筑物周边的地形（包括山体、丘陵、水体）、植被、其他建筑物都会通过对阳光、风的遮蔽或其他方式，影响并改变该处的微气候。

建筑设计的任务之一就是考虑这种微气候对建筑的影响，尤其是对建筑生态性能的影响，这种影响还需要考虑到建筑物建成后该处微气候的变化。

构成室外微气候的因素包括风、气温、湿度等基本气候要素，同时还有日照、遮阳、城镇气候等多种微气候所特有的要素。

(1) 风

由于空气摩擦力越高越小，所以风速将随地面以上的高度增加而增加，这种特性称之为风速梯度。风速梯度取决于地面的粗糙度。因此，平地或水面上，风速的增加比森林上空或布满建筑的城镇上空要快。可见同等条件下，同一高度上，位于开阔地的建筑物受到的风速较植被茂密或建筑物环绕地带的风速要更大，建筑物的通风潜力也相应更大一些。

有风时，建筑物室内外的风压差会迫使气流通过迎风面正压区的开口、缝隙进入室内，而通过负压区的排出室外，由此带来室内失热或者得热。不同的地形、周边环境、建筑群、建筑物本体都会带来不同的局部风特征。对于室外的风环境可以通过计算流体动力学(CFD)的方法模拟获得，相关软件也比较多，FLUENT是目前国际上比较流行的商用CFD软件包。

(2) 气温

竖向梯度不仅存在于风环境中，同样也存在于温度环境中。近地面的气温不仅受到土壤发射率及其密度的影响，还受到夜间辐射、气流以及遮挡情况的影响。在微气候范围内，周边环境所引起的最广为人知的就是"霜洞效应"。冷气流沉降至地形最低处，当遇到阻碍物(如墙、栅栏、山谷等)，在无风情况下会聚集，加速地表的冷却，导致近地面空气冷却。因此，凹地的建筑物冬季微环境气温较平地更低，采暖能耗相应也会增加。多层建筑的底层往往也会出现这种情况。此外，由于微环境中气温的昼夜变化或局部差异，还会导致风环境的相应改变，也需要在建筑设计时加以考虑。

(3) 湿度

微气候环境中的湿度变化，总体而言，在半夜至天亮前，越靠近地面，湿度越低，日出至日落，越靠近地面，湿度越大。此外，湿度在更大程度上取决于地面覆盖条件。在植被茂密处，空气湿度由土壤水分蒸发和树叶蒸发作用决定。因此，雨后水分含量多的土壤会在相当长时间内加湿空气。相反，在城市中，由于硬质地面不吸水，地表水迅速排泄，导致蒸发量降低，最终造成降水停止后很短时间内，空气湿度就不再增加，进而降低。

由此可见，建筑物周围保证足够的植被覆盖，减少硬质铺地，可保证局部相对稳定的湿度，不仅如此由于蒸发带走热量，还能降低周围的近地面气温，是极佳的场地设计考虑因素。

(4) 日照与遮阳

建筑物本体、地貌、植被、其余建筑物或不透明物体在建筑物周围会形成遮挡，造成阴影区，从而改变附近环境的微气候。遮阳不仅影响着照射在建筑物围护结构表面以及透过玻璃进入室内的直接太阳辐射，同样也影响着建筑物周围地面所获得的太阳辐射，后一种影响对建筑设计同样重要。通过对周边地面日照的分析，可以确定适合的休憩地点、植被的种植范围等。因此，在建筑设计和场地设计中，冬季不仅仅需要考虑到建筑物周边环境对建筑本体的遮挡效果，不仅仅只需要保证冬至日的直射时间，还需要考虑到周边地面所接受的太阳辐射。当然，在炎热或湿热地区的夏季，同样的遮挡也能够带来降低制冷能耗的额外好处。因此，建筑设计中的日照和遮阳，需要参考更大范围的区域气候，综合考虑，从而创造最佳的室外微气候环境。

(5) 城镇气候

城镇建成后，由于下垫面性质的改变、空气组成的变化、人为排热和水气的影响，在大气候因素的基础上，产生城市内部与其附近郊区气候的差异，这种差异并不能改变大气候因素所产生的气候类型，但在许多气候要素上，则表现出明显的城市气候特征，这就是所谓的城镇气候。

城镇气候中，最为著名的就是热岛效应。热岛产生的根本原因还是在于城市消耗了大量的能源，产生更多的热量，而由于微气候的影响，热量不能快速散发，而积聚在城市中所形成的。城市热岛反映的是一个温差的概念，只要城市与郊区有明显的温差，就可以说存在了城市热岛。因此，一年四季都可能出现城市热岛。热岛效应明显地损害了城市生活的舒适性，同时室外的高温化和室内机器设备的发热导致了建筑物内空调能耗的增加，而空调排热的增大促使了城市气温的升高，形成了恶性循环。

此外，由于城镇建筑密集，虽然平均风速较低，但仍会出现大量复杂的湍流，尤其在高层建筑底部近地面易形成高速风，造成不舒适的微气候环境。

城市还影响太阳辐射和温度。城镇建筑物由于幕墙等新型材料的使用，表面发射率通常相对农村较高，由此会提升建筑物周边温度。另外，由于延误、灰尘、污染所带来的大气浑浊度提高，将降低城镇的太阳辐射与日照时间，这同样也影响着城镇建筑物的微气候环境。

总体而言，这些外部环境因素在设计的最初阶段就对建筑设计产生了影响，尤其在以生态节能为目标的集成化建筑设计中，这种影响表现得更为明显。这些因素有些是设计所无法控制的，有些是建筑设计能够改善缓解或者利用的。针对这么多的外部环境因素，在集成化设计中，设计者需要在最早期阶段就开始考虑，尽可能减少不利影响而扩大有利影响，才能获得最佳的设计方案。

二、内部环境因素及其影响

内部环境因素指建筑内部影响建筑设计的因素。与外部因素有所区别，外部因素是相对稳定、人力难以改变或者难以做出较大改变的因素，需要在建筑设计中被动适应或利用；而内部因素在建筑设计阶段，更多的是一种预期或预测性因素，是使用者、设计师通过常年的对建筑的使用所产生的一种需求。建筑设计就是需要通过设计，在所处的气候环境中尽可能的获得较好的室内环境，满足内部环境因素的要求。为达到这个目的所使用的方法就包括围护结构设计、空间设计、平面设计、剖面设计等。因此，本书中将所有的建筑设计内容都视为一种手段和方法，而不是影响因素，至少不视为可持续建筑设计的主要影响因素。

人类对室内环境的需求包括热(空气温度、空气湿度、风速、周围表面辐射温度)、声、光、电磁辐射以及空气中污染物的含量(室内空气品质)等因素。人类对室内环境质量产生的主观感觉是舒适或者不舒适。客观上,不良的室内环境质量还会对影响人类的生产效率,对人类健康产生影响。最早期建筑通过简单的建筑围护结构,把人类不可忍受的室外环境特征进行隔离,将室内环境质量控制在人身安全的范围内。该阶段对室内环境的需求还不涉及到舒适。随着建筑的发展与成熟以及相关技术的出现,人类对于室内环境有了更高的要求,出现了对舒适的追求。这个阶段,温度、湿度、光、风对建筑的影响开始受到重视,并被有意识地加以利用(如通风降温、水体植被的利用等),部分耗能装置开始出现(如火炕、火盆等),这些措施、装置提升了室内环境舒适度,直到现在都有借鉴意义。工业革命后,以电力的广泛使用为契机,空调、电梯等建筑设备相继出现,人类对室内环境的舒适需求更加突出。与此同时,人类对于室内环境的认识也更加科学。完全密闭的室内环境、过度使用的空调、日益增长的人工照明,在为人类创造了某种舒适的同时,也对人体健康造成了损害。人类日益认识到内部环境对效率、健康的影响,调节手段也不仅仅限于设备,设计同样也是有益且主要的手段之一。因此,在建筑设计中,内部环境因素的影响越来越重要。目前,被国内外所广泛认可的室内环境因素主要包括室内热湿环境、室内光环境、室内声环境以及室内空气品质。

1. 热湿环境与热舒适

室内热环境直接影响人体的冷热感,与人体热舒适度紧密相关。热环境主要指室内热湿条件状况,如室内温度、湿度、风速等。热舒适在 ISO 7730 标准中定义为:"人对热环境表示满意的意识状态"。因此,使用者对室内热湿环境的需求就是一个冷热得当、湿度合理、风速适宜的物理环境,让绝大多数人在此热环境中感觉舒适。

影响人体热舒适的主要因素包括:气温、相对湿度、气流运动、热辐射、新陈代谢率、服装热阻以及心理、视觉、情绪、体重、年龄等。热舒适最常用的标准是 ASHRAE Standard 55 和 ISO 7730。最新的 ASHRAE Standard 是 ASHRAE 55-2004 "人类所需的热环境条件"。它提供了一个简单的、符合一般设计情况的评价热舒适方法,这种评价方法适应更广阔的建筑类型。特别地,该标准还提出了适用自然通风建筑的热舒适适应性模型。ISO 7730 标准涉及人体生理学和传热学,其主要基于 P. O. Fanger 的研究,命名为"适度的热环境-PMV 和 PPD 计算方法以及热舒适条件"。这个标准还提出了人暴露在中度热环境中时的一种预测热舒适和热不舒适度(热不满意)的标准。

PMV 指标是丹麦技术大学 P. O. Fanger 教授是在大量实验数据统计分析的基础上,结合人体的热舒适方程提出的表征人体热舒适的一个较为客观的指标,是以 ASHRAE 热感觉 7 分级法确定的人群对热环境的平均投票率。PMV 指标表示的是室内人群中大多数对室内热环境的冷热感,但是人与人之间存在生理差别,因此 PMV 指标并不一定能够代表所有个人的感觉。为此,Fanger 教授又提出了预测不满意百分比 PPD(Predicted Percent Dissatisfied)来表示人群对热环境不满意的百分数,并利用概率统计的方法,给出了 PMV 与 PPD 之间的定量关系。PMV 指标综合考虑了前文所述影响因素,并从心理、生理学主观热感觉的等级为出发点。它是迄今为止考虑人体热舒适感诸多因素最全面的评价指标，也是世界上应用最多的热舒适指标。

在集成化建筑设计中，根据人体的热舒适需求，可以合理地采用被动式技术与设备，改善室内热舒适状况，有利于身体健康和提高工作效率。此外，由于多种主客观因素的影响，不同地域、不同的人群、不同的环境下，热舒适需求也有一定的变化，通过对特定环境下的热舒适状况进行研究，有利于设计中设备的选择与使用，从而达到可持续的目的。最简单而又获得公认的例子是：自然通风环境中，夏(冬)天人们能够接受的舒适温度比在空调环境中高(低)，自然通风环境人们接受的热舒适范围比空调环境宽，这种现象为兼顾建筑节能和改善室内环境的自然通风技术提供了广泛利用的契机。

2. 室内空气品质

室内空气环境是人们接触最频繁、关系最密切的室内环境之一。根据美国环保署(EPA) 1993～1994 年对近万人进行的跟踪调查所得的数据，人们在各类室内环境中度过的时间高达 87.2%。因此，室内空气品质(Indoor Air Quality，IAQ)的好坏直接影响着人们的健康和工作效率，并逐渐引起重视。尤其是最近二、三十年来大众生活形态的改变，使得人们在密闭的居住空间或是办公空间里享受空调系统带来的舒适便利之余，"病态建筑综合症"(Sick Building Syndrome)也应运而生。在密闭的建筑物内，如果室内通风量不足，污染物就容易蓄积而导致室内空气质量恶化。世界卫生组织(WHO)于 1982 年将"病态建筑综合症"定义为：凡因建筑物内空气污染导致人体异常症状，如神经毒性症状(含眼，鼻，喉头感到刺激等)，散发不好的味道，气喘发作等。

另外，室外污染物也有可能是影响室内空气品质的因素，包括汽车、工厂排放的废气，或是因中央空调冷气系统的进气口或过滤网未定期清理而孳生的微生物等。中国的夏热冬冷地区与夏热冬暖地区，属于湿热气候，长年或夏季潮湿高温，霉菌及细菌尤其容易孳生，因此必须更加注意空调通风系统的定期维护。室内空气品质对于经常在室内的儿童、孕妇、老人和慢性病人更是特别重要。因为儿童呼吸量与体重的比例较成人高 50%，因此儿童比成人更容易受到室内空气污染的危害。WHO 的研究报告中指出，因为室内空气污染而死于气喘的人，全球每年有 10 万人，其中有 35% 为儿童。

室内环境中存在的污染物包括：悬浮颗粒物、烟害、挥发性及半挥发性有机物质、甲醛、二氧化碳、臭氧、微生物、氡气等多种，而影响室内空气品质好坏的室内气候条件则包含有温度、湿度以及气流的变化等。

(1) 悬浮颗粒物

悬浮颗粒物根据其粒径大小而对呼吸道的影响有所差异，一般将粒径小于或等于 $10\mu m$ 的微粒称为可吸入颗粒物，因为这些颗粒物可进入呼吸系统，沉降于鼻腔、呼吸道及肺泡细胞，从而危害人体健康。室内环境中颗粒物的来源有吸烟、烹煮、建材中的石棉、人造矿物纤维、植物花粉、动物性过敏原、微生物之细菌、真菌、病毒等，依其性质不同而对人体有不同形式的危害。例如燃烧香烟所产生的颗粒物因富含各种刺激性化学物质会刺激呼吸道，引起呼吸道相关疾病及心脏血管疾病；人造玻璃纤维则除了造成皮肤、眼睛的干痒外，也会刺激呼吸道；微生物则依其不同生物活性会造成感染、过敏等症状。

(2) 烟害

香烟经过燃烧可产生 4000 余种化合物，其中部分散播于空气中，部分被吸入肺部组织内。除了尼古丁、焦油、一氧化碳外，其中包含的化学成分有四十种以上已被研究证实为致癌物质，数十种被证实为刺激物质。这些物质不仅危害吸烟者的健康，包括不吸烟者也深受二手烟之苦。现在全球各个国家都开始关注二手烟的危害，我国也有很多城市（包括香港），都开始制定措施，禁止在公共场所室内吸烟，或隔离吸烟区与禁烟区，这些措施都有助于消除二手烟对人类健康的危害。

(3) 挥发性有机物（VOCs）

现代社会化学物品充斥生活中，挥发性有机物也是其中的一部分。除清洁剂、化妆品、胶粘剂、油漆、杀虫剂外，在办公环境中还有装修建材、油漆粉刷、家具所散发出的有机物质，因工作需要所使用的文具、影印机、印表机等机具也都散发出各种形式的挥发性有机物质。挥发性有机物种类相当多，且大多数挥发性有机物均具皮肤或呼吸道刺激性，有些则对中枢神经有影响，会引起晕眩、疲劳等症状，更有多种物质已被证实为致癌物。室内高浓度的挥发性有机物，多发生于重新装修、油漆、新家具放置及清洁打蜡后。因此，这些工作最好在休息日进行，并于完成后在室内无人的情况下透过室内整体换气量增加及提高室内温度以增加挥发性有机物的释放速率等方法，使各种材料中的挥发性有机物能在短时间内有效散发，以降低其浓度，同时在室内使用中也需注意通风。目前，市场对少挥发性有机物的建材有着越来越强烈的需求，政府也在积极推动绿色建材的推广使用。因此，在建筑设计中挑选绿色建材和少挥发性建材，不仅能节约资源能源，更能促使室内空气品质的提高，是设计中值得注意的重要因素。

(4) 二氧化碳

大气中二氧化碳的含量约在 0.03%～0.04% 之间，在洁净的室内环境中，二氧化碳浓度会接近大气。当室内人员密度过高或是换气效率不佳时，容易造成二氧化碳浓度累积。因此，二氧化碳被视为室内空气品质最重要的化学性指标，同时也是用来评量室内人员密度是否过高以及换气效率是否良好的重要指标。研究显示，当二氧化碳浓度过高时，除了会刺激呼吸中枢造成呼吸费力或困难外，也会产生头痛、嗜睡、反射减退、倦怠等症状，降低工作效率。通风是解决这一问题最好的方法，需要在设计中加以重视。

(5) 臭氧

建筑室内的臭氧主要来自于紫外光的使用及空气离子化的结果，因此办公室中复印机、激光打印机等办公设备是主要的臭氧发生源。臭氧为刺激性气体，可刺激眼睛及呼吸道，造成咳嗽、胸部不适等症状，对于患有气喘及呼吸道疾病等敏感族群，则可能因臭氧的刺激而加重其症状。因此，在一般办公空间中，应将复印打印设备与工作区域隔离，减少人员暴露时间。

室内空气品质的污染物众多，不可能一一介绍，但是可以看出，加强室内空气品质最好的方式是加强通风尤其是自然通风，减少污染物在室内的聚集。因此，建筑设计中，自然通风的设计不仅仅有节能的效果，同样也具有改善室内空气品质的效果，是值得重视的技术之一。2002 年，结合我国的实际情况，参考国内现有的标准，由国家质量监督检验检疫总局、国家环保总局、卫生部共同颁布了我国"室内空气质量标准"GB/T 18883—2002，对室内各种物理、化学、生物和放射性污染物进行了限定。这个标准也是建筑设计时，在室内空气品质方面的要求与指南。

3. 室内光环境

人眼只有在良好的光照条件下，才能有效地进行视觉工作。人类现在大多数时间待在室内，大多数工作都是在室内进行的，故必须在室内创造良好的光环境。建筑可以采用自然采光的设计，使白天的室内获得良好的光环境，这是因为天然光是人们习惯的光源，太阳光中的可见光部分正处于人眼感觉最灵敏的范围。但是，在一些大进深建筑中和夜间，自然采光难以使室内获得令人满意的光环境，此时就需要应用人工照明技术。因此，室内光环境包含自然光环境和人工照明环境两部分，建筑设计中也就包含了自然采光设计与人工照明设计两部分。

（1）天然光环境

从视功能试验来看，人眼在天然光下比在人工光下具有更高的视觉功效，感觉舒适并有益于身心健康。这表明人类在长期的进化过程中，眼睛已习惯于天然光。建筑设计中充分利用自然光，不仅能够创造舒适的室内光环境，还可以节约大量照明能源，是可持续建筑中重要的组成部分。

我国于 2001 年 11 月实施的《建筑采光设计标准》GB/T 50033—2001 是建筑采光设计的依据，其主要内容包括：采光系数，其定义为室内某一点给定平面上的采光照度（E_n）和同一时间、同一地点，在室外无遮挡水平面上的天空漫射光照度（E_w）的比值。利用采光系数就可以根据室内要求的照度换算出需要的室外照度，或由室外照度值求出当时的室内照度，而不受照度变化的影响，以适应天然光多变的特点；采光系数标准值，在一定范围内，根据不同的工作性质对照度的不同要求、视觉工作的需要、经济性和合理性，所提出的临界照度值和采光系数值。此处需要注意，由于自然采光设计中既有侧面采光又有顶部采光，因此标注值也分为相应的两部分；光气候分区，根据我国各地不同的光气候，将全国划分为五个光气候区，分别取相应的采光设计标准，给予不同的设计系数；照度均匀度，针对室内照度分布所提出的均匀性要求。这是因为不均匀的照度分布易使人眼睛疲劳，视功能下降，影响工作效率。由于侧面采光和顶部采光 V 级的特殊性，故这两种未作均匀性要求；眩光控制，眩光是指由于亮度的分布和范围的不适，或在空间或时间上存在着极端的亮度对比，以致引起不舒适和降低物体可见度的视觉条件。这在自然采光设计中需要避免；采光口，指为了获得天然光，人们在房屋的外围护结构上开了各种形式的洞口。采光口的设计对室内光环境的营造起着决定性作用，不仅与光环境相关，还影响到热环境，需要着重考虑，往往和遮阳设计相结合。

（2）人工光环境

尽管自然光的比人造光的舒适性更好，但是一天中以及一年中可以利用的日光的时间是有限的。而且日光的光照强度是不均匀的——窗户旁的光照强度较高，而建筑背面的光照强度较差，这时就需要使用人工照明。

人工照明设计主要有两方面：一为照明装置的选择；二为照明方式的选择。照明装置包括人造光源、镇流器、灯具等。最常用的人造光源就是白炽灯，但是相应能耗较高。因此在集成化建筑设计中，从可持续性出发，需要选择发光效率更高的日光灯或者LED，选择反射性能好的灯具以及稳定节能的镇流器。照明方式则包括一般照明、分区一般照明、局部照明、混合照明等。在设计中，需要考虑到不同空间和工作面的照度需求，合理设计照明方式，在少量需要高亮度的地方，使用局部照明加强。如此才能既保证舒适性，又满足节能要求。

此外还需提出：人工照明的控制环节也与可持续相关。在特定空间使用延时声控或触控开关能有效降低使用频率低的地方的照明能耗。在白天，某些人工照明与自然采光混合的区域，使用感应式调节系统，可以根据室内自然采光效果及时调整人工照明，既不影响室内光环境，又节能环保，是值得推荐的技术。目前我国在建筑照明方面的通用标准是2004年12月开始实施的《建筑照明设计标准》GB 50034—2004，其中对亮度分布、光源的色温和显色性、眩光、阴影和稳定性都做出了具体的要求，是现阶段我国照明设计的主要依据。

4. 室内声环境

室内声环境主要包含两个方面的内容：第一是使想要听到的声音好听、清晰，这就是室内音质设计的内容；第二是不想听到的声音则尽量使其听不到，这就是噪声控制的内容。噪声不仅使人心情烦躁，影响工作或休息，甚至对人的心理及身体健康有着不良的影响。对于绝大多数民用建筑而言，噪声控制才是营造舒适的室内声环境的重点，也是本节的主要内容。

噪声是指妨碍人们正常生产、工作、学习和生活的声音。通俗点说凡是人们不愿意听到的声音都是噪声。环境中主要的噪声源有：交通噪声、机械噪声、城市建设噪声、社会生活噪声、电气设备噪声等。噪声会对人体造成危害，包括干扰睡眠、影响人的心理健康、影响居民行为、造成居民烦恼、影响人的心脏血管和生理反应、影响人的正常工作。因此，需要采用各种方法对噪声，尤其是进入室内的噪声进行控制。

一个完整的噪声控制办法应该包括几个控制步骤：对于噪声源的限定、噪声传播途径上的控制、听者位置的保护等。

（1）噪声源的控制

减轻噪声最有效的方法是控制源头。通过使用低噪声设备，改进生产工艺或者制定相关的法律法规都可以从源头上控制噪声。交通上可以使用低噪声车辆，并限制车辆鸣喇叭；在工业上，使用低噪声工艺代替高噪声工艺；在设备上，可以使用低噪声设备，采取阻尼减振等措施减弱机器表面的振动。

（2）传声途径中的噪声控制

在规划设计时应该按照"闹静分开"的原则合理布置噪声源的位置，其次应充分利用噪声在传播过程中的自然衰减作用，减少噪声污染。通过隔声屏障或者绿化都能有效消除噪声，例如现在常见的高架公路上的隔音屏障就收到了良好的效果。

(3) 接受点的噪声控制

控制噪声的最后一环是在接受点进行防护，如果在噪声声源和传播途径上都不能采取有效的措施，在接收点的降噪措施也能取得一定的效果。例如：在交通干道旁的房间，如果在房间内多布置一些吸声的材料，提高整间房的吸声量，也可以取得明显的降噪效果。此外，房间的墙体与门窗也可以使用吸声较好的材料，以达到降噪的目的。

声音是通过介质振动传播的，噪声同样如此。因此，噪声控制的策略，除源头控制外，其余的都是从传播途径入手加以控制的。选择好的吸声材料，创造隔声屏障，是建筑设计中最常用的方法，需要在不同的设计阶段加以考虑。

三、人文环境因素及其影响

建筑设计，从来就不曾仅仅停留在技术层面，需要更多地考虑历史和文化等人文因素的影响。具体来说，集成化设计中的人文环境因素与文脉有着密切的联系。

文脉是指在局部与整体之间的对话的内在联系。引申至建筑中，即指人与建筑的关系、建筑与其所在城市的关系、整个城市与其文化背景之间的内在关系。只有对这些复杂的关系的本质进行认真的研究之后，一个建筑的复杂性才能被理解，或者说，一个新的建筑空间的意义才能被引申出来。对文脉进行研究和探讨，有助于正确地传播信息，以促进建筑的和城市的可持续发展。

强调建筑的文脉，在单体建筑方面，就更加强调个体建筑是群体的一部分，注重新、老建筑在视觉、心理、环境上的沿承连续性。在城市方面，注重城市文脉，即从人文、历史的角度研究群体、研究城市。文脉，也是环境艺术的追求目标之一，它强调特定空间范围内的个别环境因素与环境整体保持时间与空间的连续性，即和谐的对话关系，在人文环境中力求通过对传统的扬弃不断推陈出新。

当建筑设计的理念由忽视文脉转向重视文脉之后，依然存在着如何建立或尊重文脉的问题。在以前很长一段时间内，是现代派的建筑教育占统治地位，多倾向于建筑的几何块体的构成，由内部功能推至外部形式地进行设计。今天的建筑师们想认真地考虑文脉问题并加以设计，会感到不知如何下手，传统的设计手法和建造技艺都几乎被丢弃了，因此需要一些行之有效的尊重文脉的设计方法。

刘先觉在其《现代建筑设计理论》一书中，提出了包括化整为零、间接对应、感觉上的模仿、装饰的运用、强化细部、社会习俗和时尚的影响、虚实相生的手法等多种建立文脉的方法。当然，这些方法只就如何设计建筑使其有机地融入环境、创造文脉问题所提出的。并非所有的建筑都需要与其邻里环境保持连续，有些情况下，从美学的角度或者从象征性的角度来说，对比才是适宜的。只有通过对周围环境的具体分析和仔细思考，才有可能真正设计出符合人文环境的优秀建筑来。

此外，注重文脉在建筑设计中不仅仅体现在建立上，如何了解、评价、尊重文脉也是重要的内容。以旧城改造为例，旧城中不可避免地包含一些老建筑，这些建筑都是城市文脉的一部分，在设计中又不可避免地对其产生伤害，一部分可能拆除，一部分可能保留并保护，还有一部分则可能异地重建。这些老建筑需要作何种处理，首先

第三章 集成化设计的影响因素和设计原则

就需要对其进行评价,从而选择出最合适的处理方式。Basak Ipekoglu 曾提出过一种对历史建筑的一种评价方法,有利于建筑师从中理解建筑的文脉、建筑的重要性,从而选择最合适的处理方法。该方法基于等级系统,并已在土耳其实际运用,收到良好效果。该方法从外在与内在建筑特征分析了建筑。外在考虑因素有 C_a(变更系数)、C_f(外形类型系数)、P_e(外部要素)、位置,外在得分$=(C_a \times C_f \times P_e) \times 10$。内在考虑因素有 C_a(变更系数)、P_t(平面类型)、P_e(平面要素),内在得分$=(C_a \times P_t) \times P_e$。根据得分,将建筑分为 ABCD 四个等级,依照级别的划分,选择相应的处理方法。表 3-4 和表 3-5 列举了该方法所考虑的外在因素与内在因素,供参考。

传统建筑外在特征分析标准　　　　　　　　　　　表 3-4

系数名称	系数子项	系数值	系数名称	系数子项	系数值
变更系数	保持原状	3	外形类型系数	保持原有地域传统外观	3
	轻微改造	2		传统地域外观稍作变更	2
	大规模改造	1		无地域传统外观	1
外部要素	木质大门	4	外部要素	木质庭院门	4
	圆拱窗	4		铁艺栏杆	4
	格栅门窗	4		街道转角	4
	窗木质装饰构件	4		木质墙体细部	4
	山花	4		山墙体现建筑轮廓	4
	突出部分的倒角	4		支柱的细部装饰	4
	屋檐的装饰	4		阳台	4
	简单的庭院门	3		窗下的木质装饰	3
	窗下简单的木构件	3		简单壁柱	3
	凹屋檐	2		简单大门	1
	矩形窗	1		简单墙体	1
位置	街道拐角	10	位置	广场周边	10
	街道尽端	10		狭窄街道突出部分,具有特殊价值	10

传统建筑内在特征分析标准　　　　　　　　　　　表 3-5

系数名称	系数子项	系数值	系数名称	系数子项	系数值
变更系数	保持原状	3	平面要素	具有装饰的门	4
	轻微改造	2		凉亭	4
	大规模改造	1		老式楼梯	4
平面类型	外厅或类似形制	10		具有装饰的橱柜	3
	内厅或类似形制	10		起居室	3
	厅与走廊合并	5		具有装饰的顶棚	2
	平面无特点	0		壁炉	2
				简单橱柜	2

第二节 集成化设计的总体原则

集成化建筑设计的概念(理念)涵盖了建筑设计的所有方面(包括空间设计、平面设计、结构设计、热工设计、材料选用、能源使用和室内环境品质等)。丹麦奥尔堡大学海舍尔伯格(Heiselberg)教授等在 2006 年提出,集成建筑的理念应由三部分组成,即房屋的建筑理念、房屋的结构理念、房屋的能源与环境理念,如图 3-2 所示。

集成化建筑设计理念涉及传统思维中三类不同的主要专业——建筑、结构和设备,每一个理念都可以由相关专业运用自身特有方法的独立发展——不过是运用集成设计流程产生集成化解决方案——从而形成了集成化建筑的概念。

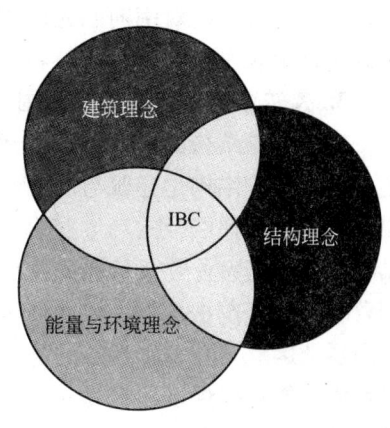

图 3-2 集成化建筑概念图解
(IBC: Integrated Building Concept)

由于集成化建筑设计是一个多专业、多学科迭代设计的流程,因此不仅需要设计师具有跨学科的知识结构,同时还需要有意识地在不同设计阶段运用相应的设计原则。集成化设计的原则总体上可以归纳为以下三点:

一、设计整合的原则

在集成化建筑设计中,整合是建筑本体、美学和性能三种方面的整合。考虑到集成化建筑设计的提出就是以节能生态为目的,因此集成化设计中的整合原则将更多地集中在建筑本体与能源整合上。

1. 基地可再生能源分布与建筑总平面设计的整合

基地可再生能源的空间分布与建筑整体平面布局的相互协调,有利于充分利用基地的可再生能源。建筑整体平面布局与可再生能源(太阳能、风能、地热能等)的空间分布状况之间的正效关联是整合设计的出发点。不同的地形、地貌、周边建筑物分布、植被条件都会导致包括风、阳光分布的不同,也使得可再生能源的利用具有可调整性。因此,建筑设计可以依据基地中各种可再生能源分布状况,通过总平面设计或调整总平面,充分利用可再生能源。例如,总平面绿化设计中,在建筑南向布置落叶乔木,可以在夏季获得对门窗的遮蔽,而又不影响冬季开口获得太阳辐射,是综合冬夏两季的需求。建筑选址中,选择在山体的南向可以利用山体遮挡冬季北向的寒风,选择在水体的北向则可以利用水体对夏季自然风起到降温的作用。在场地设计中,为基地设置水体或地表径流滞留池,既可以保持水土,又可以利用水体作为空调水源热泵的冷源。

2. 建筑空间对能量的需求与建筑空间设计的整合

在分析建筑不同空间对能量的需求形式的基础上,进行建筑空间形体设计,可以提高建筑的能源利用效率。建筑物空间形体的设计形式与建筑对能量的需求方式之间存在关联性。在不同地区、不同环境条件下,建筑物对风能、太阳能等自然能源的需求不同。吸收或释放能量都会成为建筑空间设计的动因。因此,建筑设计可以根据建筑空间对能量的需求进行空间设计。例如,住宅中,冬季的南向阳光对卧室、客厅比较重要,既能起到被动式采暖的作用,又能杀菌以提供良好的室内环境。而书房、卫生间、厨房等空间对南向阳光的需求就相对次要。因此,在集成化建筑设计中,在空间的设计上就可以将主卧室与客厅尽可能放置在南向,而将卫生间、书房布置在北向。

3. 建筑中能量传递路径和围护结构设计的整合

建筑围护结构的设计是降低建筑能耗的主要保障。建筑设计中的表皮、屋顶、楼地板等外围护结构是建筑与周围环境进行能量交换的主要路径。建筑围护结构和内部设计与能量传递路径的巧妙整合,可以实现建筑的美观、实用、节能。例如,外围护结构是建筑与室外热量传递的主要途径,而很多公共建筑出于美观的考虑,都使用玻璃幕墙作为外围护结构,玻璃传热系数高于普通实心墙体对保温隔热不利,这就构成了矛盾。因此,在夏季炎热的地区,推广使用 Low－E 玻璃,利用这种特殊玻璃的良好性能,既可以保证建筑物外立面的美观,又能收到隔热的效果。此外,还可以在幕墙上使用水幕技术,利用水的蒸发带走热量,从而达到夏季隔热的效果,还可以通过外立面遮阳来创造夏季良好的室内热环境。这些措施都是根据热量传递途径,对外立面进行整合设计所运用的有效措施。

当然,集成化设计的整合原则不仅限于以上所述。这里只是提供一种思路,一种了解整合原则的方法。在不同类型以及不同气候条件的设计中,整合的原则能够为设计带来更多的思路,激发设计的灵感,丰富建筑节能与可持续的内涵。

二、适应气候的原则

建筑有着明显的地域气候适应性,不同气候区域的建筑有着很大的区别。具体而言,人类对建筑与气候的关系的理解可以归纳为"防"与"用",既要利用自然气候的有利条件,又要回避其不利之处。以可持续为目的的集成化建筑设计更需要注重适应气候的原则,通过自然气候元素创造出舒适的人类居住场所,这往往也是被动式技术的来源。对于集成化建筑设计而言,适应气候的原则主要体现在两个方面:其一为适应不同的季节;其二就是适应不同的气候区。

图 3-3 是不同季节中集成化设计中适应气候设计的原则。其中部分原则是不言而喻的,几乎适用于任何气候区。在冬季或室内温度较低的条件下,为了创造舒适的环境,设计师的意图是"促进得热"(从太阳和其他可用的热资源),"减少散热"。在夏季或室内温度较高的条件下,为了创造舒适的环境,设计师会改变意图,尽一切可能"减少得热"、"促进散热"。这些原则乍看起来自相矛盾,如冬季"促进太阳辐射通过围护结构进入室内",夏季"减少太阳辐射通过围护结构进入室内"。在这种情况下,可根据太阳高度角的季节性变化的特点,合理设计窗的朝向和遮阳,以最大化实现冬季的得热与夏季的遮阳,从而解决这些矛盾。

图 3-3 中相关术语简单解释如下:

(1) 减少导热的热流:采用隔热或其他措施使热能保留在室内或隔绝在室外;

(2) 促进太阳能的获取:采用太阳能加热和被动式太阳房技术;

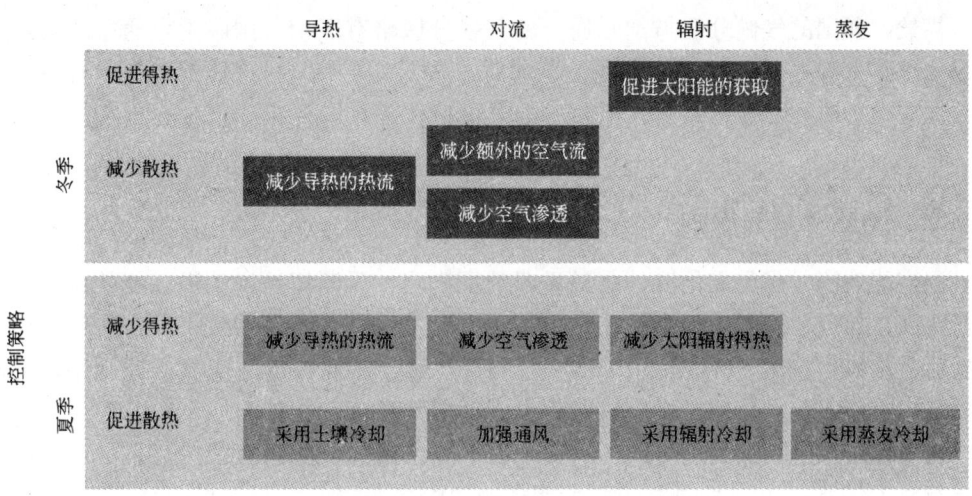

图 3-3 不同季节气候设计的原则

(3) 降低额外的空气流：降低冬季的寒风和冷却效应（如在建筑物周围种植树木）；

(4) 减少空气渗漏：减少因不必要的空气渗漏而造成的热量损失；

(5) 采用土壤冷却：将土壤作为散热器和蓄热器；

(6) 减少太阳辐射得热：采用遮阳和其他防护技术；

(7) 加强通风：尽量采用自然通风降低室内气温；

(8) 采用蒸发冷却：利用水的蒸发来冷却空气与建筑物表面；

(9) 采用辐射冷却：利用对"夜空"的暴露来冷却建筑围护结构或庭院。

我国气候具有季风气候明显、大陆性气候强、气候类型多样的特点。为使建筑热工设计与地区气候相适应，国内规范中将全国划分成五个建筑热工设计分区，分别是：严寒地区、寒冷地区、夏热冬冷地区、夏热冬暖地区和温和地区。同时，规范中还针对不同的气候区提出了不同的适应气候热工设计原则，如表 3-6 所示。

中国建筑热工设计分区及设计要求　　　　　　　　　表 3-6

分区名称	分区指标		设计要求
	主要指标	辅助指标	
严寒地区	最冷月平均温度小于或等于 −10℃	日平均温度≤5℃ 的天数 ≥145d	必须充分满足冬季保温要求一般可不考虑夏季防热
寒冷地区	最冷月平均温度为 −10～0℃	日平均温度≤5℃ 的天数 90～145d	应满足冬季保温要求部分地区兼顾夏季防热
夏热冬冷地区	最冷月平均温度为 0～10℃ 最热月平均温度为 25～30℃	日平均温度≤5℃ 的天数 0～90d 日平均温度≥25℃ 的天数 40～110d	必须满足夏季防热要求适当兼顾冬季保温
夏热冬暖地区	最冷月平均温度大于 10℃ 最热月平均温度为 25～29℃	日平均温度≥25℃ 的天数 100～200d	必须充分满足夏季防热要求一般可不考虑冬季保温
温和地区	最冷月平均温度为 0～13℃ 最热月平均温度为 18～25℃	日平均温度≤5℃ 的天数 0～90d	部分地区应考虑冬季保温一般可不考虑夏季防热

当然，我国的气候分区与国际通行的气候分区略有区别。国际上，通常将建筑气候分为干热、湿热、温和、寒冷等四个大类，每个大类中又有具体的小类，有更多的气候适应设计原则。在本系列教材第一本《可持续建筑设计》一书中有更为详尽的介绍，可供参考。

三、注重能效的原则

提高能效同样是集成化设计中最重要的原则之一。确切地说，提高能效包含两方面：提高自然气候能源的利用效率和提高建筑设备系统能源利用效率。自然气候能源包括对自然风、自然光等的利用，这一方面其实已经体现在了适应气候原则中，因此不再赘述。以下重点介绍提高建筑设备系统能源利用效率的原则。

建筑设备系统在满足建筑内各种需求时，是以消耗能源与资源为代价的。目前我国建筑能源消耗已占到我国总的商品能耗的20%～30%。截至2004年，我国建筑总面积为389亿 m^2，建筑运行总商品能源消耗折合约为5.1亿吨标准煤，占社会总能耗的25.5%，各类建筑的能耗情况如表3-7所示。这些能源都被建筑的内部交通、照明、空调等设备所消耗，为使用者提供了便利与舒适的室内环境。因此，注重能效的原则就是要提高相关设备系统的能效，降低建筑为创造舒适室内环境所消耗的能源。

我国的建筑能源消耗分类和现状　　　　表3-7

	总面积	电耗	煤炭	液化石油气	天然气	煤气	生物质	总商品能耗
	亿 m^2	亿 kWh	万 t 标煤	万 t 标煤	万 t 标煤	万 t 标煤	万 t 标煤	万 t 标煤
农村	240	830	15330	960	—	—	26600	19200
城镇住宅（不包括采暖）	96	1500	460	1210	550	290	—	7820
长江流域住宅采暖	40	210	—	—	—	—	—	740
北方城镇采暖	64	—	12340	—	400	—	—	12740
一般公共建筑	49	2020	1740	—	590	—	—	9470
大型公共建筑	4	500	—	—		—	—	1760
建筑总能耗	389	5060	29870	2170	1540	290	26600	51730

可以看出，注重能效的原则最终体现的就是在建筑设计中选用高效的设备系统。这些设备系统包括照明设备、空调设备、办公设备、电梯设备等。这其中又以照明设备和空调设备的选用最为重要，这也是建筑运行能耗中份额最大的两个部分。

第三节　集成化设计各阶段的设计原则

上文所介绍的集成化设计原则，是贯穿整个设计流程中的原则，是较为笼统的划分。具体在每一个设计阶段时，应有更为详细的设计原则，更利于理解，更具有可操作性。

一、场地设计阶段

场地设计是建筑设计的第一步，在选择场地、分析场地、利用开发场地过程中，集成化建筑设计都有其自己的设计原则。集成化场地设计的目的就是通过场地与建筑的设计完善过程，整合设计与施工策略，从而使大多数使用者感到舒适并有效提高工作效率。集成化设计中的场地设计能够提供一个适合特定场地的建筑方案，不仅能减少对原有基地的破坏，还能降低开发成本和资源消耗。

场地设计的原则包含自然因素、历史文化因素、基础设施因素3种，对这3种因素进行分析与考虑，可以根据场地的特征，基于可持续原则，进行相应的设计，既充分利用场地的优势，又回避其缺陷，是集成化设计中重要的组成部分。

1. 场地自然因素与设计原则

场地的自然因素与设计同样会影响到建筑本体的设计，包括形状、形式、体积、材料、体形系数、结构形式、设备系统、入口、朝向等多个方面。场地设计中的这些因素，有一个总的设计原则，那就是尽可能地利用其有利条件，回避或改造其缺陷，使建筑物达到可持续的目标。

（1）场地的基础技术资料

1）纬度（太阳高度角）与微气候条件（如：风）

太阳高度角与微气候条件将会影响建筑朝向、入口位置、窗、遮阳等建筑设计内容。太阳高度角与场地主导风向是微气候条件中对建筑影响最大的部分。需要通过太阳高度角的分析，结合不同季节的考虑，对建筑设计的朝向与开口进行设计，尽可能最大化冬季的太阳辐射、最小化夏季的太阳辐射，以创造良好的室内环境。由于同纬度地区不同季节的太阳高度角有所不同，通过精确计算的自遮阳、互遮阳、绿化遮阳设计完全可以达到这样的目标。对于风同样也是如此，需要通过对建筑朝向、绿化、地形的设计与利用，避免冬季寒冷的北风，同时又能充分利用夏季的自然风降温。图 3-4 为温和气候条件下，运用上述原则的设计实例。

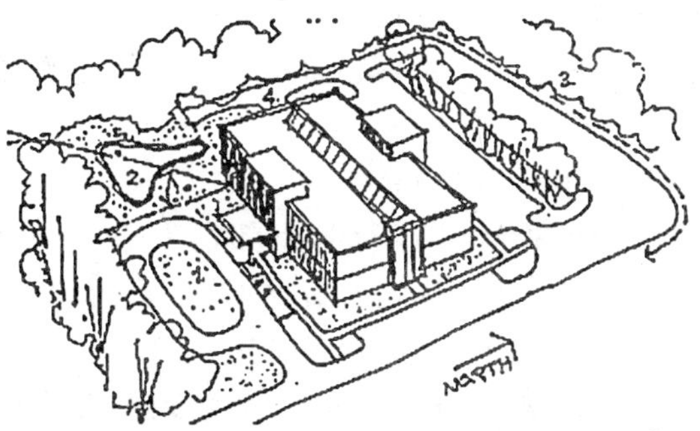

图 3-4　纬度与微气候条件应用实例

2）基地地形与周边地形

地形将影响建筑的大小、通风设计、排水设计、剖面设计等。在仔细分析基地与邻近地形后，才能在场地设计中进行竖向设计，同时会获得通风设计、建筑大小、剖面设计的思路。例如，在坡地中，地势低洼处就可以设计雨水蓄积池，积蓄雨水，为建筑中水系统提供资源。此外，坡地中还可考虑设置半地下室，为地下空间提供单面采光，改善其室内环境。

3）地下水与地表水的特征

地下水与地表水的特征将影响建筑的选址与结构体系。建筑物选址时需要避开基地内的暴雨径流通道，避免暴风雨时雨水倒灌入室内，同时还可以趋利避害，利用通道设计场地的排水和雨水滞留池。同样，地下水的埋深与水质还将影响建筑的基础埋深、施工排水、地下室防水、水质侵蚀、水位升降、浮托与承压水等几个方面，若选址与结构体系设计有缺陷则可能出现不均匀沉降，危害建筑安全。

4) 阳光通道

阳光通道将决定建筑的方位，以便最大利用自然光资源，用于被动式采暖、自然采光和太阳能光电技术中。这要求在建筑设计中根据建筑具体的需要，为建筑预留阳光照射的通道。图 3-5 所示，就是为不同的建筑需要，保留相应的阳光通道。若只有屋面需要阳光照射时，建筑南向的绿化可以选择更为高大的乔木。

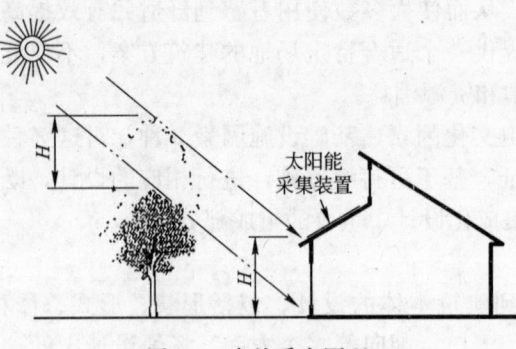

图 3-5 自然采光原理

5) 每年和每日的气流运动模式

场地内的气流运动模式对建筑群和复杂体型的建筑影响最为突出。未考虑气流运动模式的选址，有可能使寒冷潮湿的空气进入室内，而又遮挡了夏季凉爽的微风。恰当地测量场地内气流运动路线与压力差将使自然通风技术应用得更为合理。此外，还可以通过计算机数值模拟技术，对建筑建成后场地内的气流运动状况进行模拟，从而选择最佳方案。

6) 土壤结构与承载力

土壤的结构与承载力将影响建筑选址与基础结构类型。这里还需要对场地进行分级，确定风、水、机械装置可能对场地土壤结构的侵蚀，从而选择最佳的基础结构类型。

7) 地块形状与开口

即便场地大小与环境因素都非常理想，地块的形状与开口也将影响场地内可容纳建筑的大小，进而影响到场地开发的灵活性。场地开口位置应符合建筑的要求，满足规范，对城市道路交通和邻近地块的出入不造成影响，不干扰邻近地块的土地利用。例如，道路交叉口的地块，建筑需要退让的距离就比较大，以便留出足够的视距三角形，以保证城市道路交通的安全，但这也会降低基地的利用率，增加开发成本。

8) 邻近地块的开发与未来可能的开发

邻近地块的开发与基地本身未来的开发都将影响到设计的更改。邻近地块的开发包括道路的改扩建、邻近地块的土地性质未来可能的用途等，这需要设计者在设计早期对邻近地块有同样的了解，根据城市规划原则，预测邻近地块将来可能的用途、建筑可能的性质(公共建筑或居住建筑)、建筑可能的高度等，尽可能减少对其将来可能产生的干扰，同时也能避免基地内建筑将来可能的变更。基地内部未来开发的影响，则需要设计者与业主进行细致的沟通，为基地内部的进一步开发预留足够的土地，让此次设计的建筑不会减少未来开发的潜力。

(2) 区域气候的特点

不同的气候区(干热、湿热、温和与寒冷)各自具有不同的特点,应根据使用者的要求与设计需要进行弱化、强化或利用。不同的气候区都有可供参考学习的场地开发和建筑实践的历史案例,例如传统民居、传统街区等。这些案例是当地数百乃至数千年建设经验的积累,当时的设计者可能不具备相关的科学知识,但这种经验积累所获得的做法效果非常好,往往是最适合当地气候区的设计,具有较高的借鉴价值。关于不同气候区的设计原则,在上文中已有叙述,更多相关知识可参阅本章的参考文献。

(3) 现有场地空气质量

目前国际上较为通行的做法是建筑项目开发中需要进行环境影响评估,列举出开发可能对场地环境的不利影响以及拟采取的减轻不利影响的措施。在场地设计与开发中,对于空气质量需要进行两方面的评估:对现有场地内空气质量的检测,主要为有害化学物质与悬浮颗粒物;评估现有开发方案对现有场地空气质量可能产生的消极影响。在重要的商业、住宅和工业用地,特别是学校、公园和老年人住宅用地中,空气质量将成为场地用途与可持续性的关键决定因素。场地内季节性和年度性的空气运动路线需要通过测试加以明确,以便在设计中避免最坏的情况发生。需要有资质的测试机构对化学物质与颗粒物污染进行检测,并出具相应报告,提出合理化建议,供集成化设计参考。

(4) 场地内土壤与地下水检测

由于现在多数进行建筑开发的场地在不久以前都是农业或工业用地。因此,对场地内土壤进行检测可以辨明场地内或周边环境,原有农业活动所使用的有害化学物质在土壤内的残留程度(包括砷、农药、铅等),也可以辨明原有工业活动所使用的化学物质在土壤内的残留程度(包括垃圾、重金属、致癌化合物或矿物、烃类化合物等),还包括可能造成的污染。同样,水污染的可能性以及天然岩石和内地层所散发的氡气都要加以特别注意。这些测试对于场地开发可行性决策具有决定性影响,也便于施工过程中避让或移除污染物。

(5) 检测土壤的适应性以便再次利用

检测原有土壤的承载力、密实性和渗透率,以便确定其结构适应能力和最佳的机械夯土方法。例如,黏质土壤就需要非振动型的夯实方法以及不会发生冲蚀作用的开挖回填角度。

(6) 评估场地生态系统

评估场地生态系统,以保护场地内现有的湿地和特有的动植物物种。制定湿地保护规章,以调整遮蔽物、建筑工地位置、场地分级、排水系统、雨水径流通道等。制定动植物保护规章,以保护场地内特有的或濒临灭绝的动植物种类。保护与恢复策略的制定与实施,需要全面的经济性分析、专家意见、完善的远程遥测与现场调研结合所收集的数据。

(7) 检查场地现有植被

检查场地内现有植被,为重要的植物种群建立详细清单。这可以使开发商或业主主动避免在施工过程中对场地现有重要的植被产生破坏。当然,首先应在设计环节就注意保护措施的制定。

(8) 确定所有可能存在的自然危害

确定场地内所有可能存在的自然危害,例如暴风、洪水、泥石流等,并明确其影响范围。在场地地形图上标示出历史上场地内的洪水数据、风灾数据和泥石流数据,并标示现在年度风和降水的数据。这种标示是必须的,可以避免在统计数据显示灾害概率较高的地块进行开发与设计。

(9) 确定当地步行、车行及停车的路线

确定当地相近或相邻地块的步行与车行流线以及交通、停车模式,有助于建筑设计与场地交通流线的设计。设计师可以根据当地现有模式与习惯进行设计,便于建成后的使用。

(10) 考虑现有交通资源的利用

考察场地周边的现有交通资源,特别是公共交通资源(如大巴、班车、地铁等)以及停车场、公交站点等。这将有助于场地内交通设施的设计(如停车场的容量)以及建筑中与交通相关的功能设计。例如,开发一个商业建筑,建筑的入口应尽可能靠近公交站点或地铁站点,从而吸引最多的人流。此外,结合周边停车场位置和容量以及本建筑服务容量,还可以确定最佳的停车数量,达到既满足需求又节省投资的目的。

(11) 明确当地的施工限制和需求

明确当地的施工限制与需求,包括土壤条件、地质条件、运土限制以及其他特殊因素和限制,有助于根据实际情况选择最佳的施工方法,这同样需要在设计阶段,至少是施工图设计阶段加以明确和注意,但是资料的收集需要在场地设计阶段就完成。

2. 场地内历史文化因素与设计原则

(1) 考察场地内文化资源

考察场地内现有文化资源,考虑可能的恢复。有历史建筑的场地可以作为开发用地的一部分包含在内,以利于增加新建筑和社区联系,并能更有效地保护当地文化遗产。这其实就是尊重文脉的设计要求与手法,通过尊重当地历史建筑的设计,可以获得与当地文脉相协调的建筑效果。

(2) 考察当地建筑风格

考察当地建筑风格,并在建筑设计中加以考虑和运用。当地建筑风格是历史的积淀与积累,获得了当地大多数人的认可,并具有亲切感。因此,在可能的情况下,将这种风格运用在建筑设计和景观设计中,可以加强新建筑的认同感,更容易融入当地社区,这同样也是尊重文脉的设计方法之一。

3. 基础设施因素与设计原则

考察并分析场地现有公共设施和运输基本设施及其容量。通常情况下,基地内的现有基础设施容量相对于新建筑而言是不足的。因增加基础设施容量而增加的投资,以及可能带来的对周边环境的破坏,有可能让一个开发项目不具有可行性。建筑设计中,现有的基础设施应加以考虑,并尽可能加以改造或直接运用,为新建筑继续服务。

二、建筑设计阶段

建筑设计阶段考虑的因素与设计原则很多,可以按照设计内容进行划分,也可以从技术领域进行划分。依照设计内容进行划分可以分为平面设计、剖面设计、空间设计三个部分。

(1) 平面设计原则

1) 减小体形系数利于抵御冷热极端气候;

2) 通过体形平衡得热与失热;

3) 通过平面合理分区创造良好热环境与自然采光。

(2) 剖面设计

1) 通过对建筑使用空间的剖面设计,提升水平通风与垂直通风潜力;

2) 通过对建筑开口(门、窗、洞口)的剖面设计,提升自然采光潜力;

3) 通过对围护结构遮阳构件的剖面设计,为建筑提供符合需求的遮阳。

(3) 空间设计

1) 通过合理的内部空间设计,改善建筑的得热量和失热量以及自然通风;

2) 通过过渡空间的设计,创造气候过渡空间,改善室内环境。

按照设计内容划分的原则,相对较为宽泛,每一项中间又包含若干子项。考虑到集成化建筑设计的最终目的是设计出绿色建筑,并且按技术划分的原则相对更细更具操作性,因此本节所详细介绍的设计原则均按技术内容来进行分类。

1. 围护结构设计原则

建筑的围护结构,或称之为"皮肤",由包围空间、将室内与室外隔开的结构材料和表面装饰材料构成,这包括墙、窗户、门、屋顶和地面。围护结构必须平衡通风和采光的要求,同时提供适宜场地气候条件的热湿保护。围护结构的设计是决定建筑运行能耗的主要因素。同时,不同围护结构材料的生产和运输过程中产生的总环境影响和能耗费用也有很大差别。

影响围护结构设计的最重要因素之一是气候。干热、湿热、温和或寒冷气候将有不同的设计策略。具体的设计和材料能够利用特定气候或为特定气候提供解决方案。围护结构设计中另外一个重要因素是建筑物内部负荷情况。如果建筑内的人体活动和设备产生大量的热量,那么热负荷主要是内部产生的(来自人体和设备)而不是外部产生的(来自太阳)。这会影响到建筑得热或失热的比例。建筑的体积和位置对建筑围护结构的效能和要求也有着重要的影响。需要对建筑的投影和朝向进行仔细的研究,以取得最大的节能效益。

(1) 依据气候设计的原则

1) 依据当地典型气象年数据对当地气候进行分析,选择恰当的围护结构材料与设计。

不同的气候区域将会有不同的设计考虑和原则,列举如下:

① 干热气候下,应使用热质量大的建筑材料。干热气候条件昼夜温差大,因此当地的传统建筑都选择热质量较大的材料(如土砖、石材等)所制成的厚重墙体作为围护结构。建筑西向和北向的开口受到严格限制,南向大面积的开口在夏季需要足够的遮阳,同时不影响冬季的阳光进入室内。围护结构较大的热质量和厚度将削弱并延迟外墙的温度变化对内部的影响。墙体和屋顶采用热容加大的材料,将使得通过围护结构的传热非常缓慢。干热气候下,夜间温度下降非常迅速,可以冷却白天变热的墙体,

第三章 集成化设计的影响因素和设计原则

有利于第二天白天的继续蓄热。

② 湿热气候下,使用低热容的建筑材料。湿热气候下,昼夜温差小,低热容的轻质材料更为合适。当然,某些湿热气候地区,石材作为防潮的建材而被广泛使用,这里的运用与热环境无关。屋顶与墙体需要用植被或遮蔽物遮挡。具有遮阳设计的大面积开口应设置在建筑的南向和北向,以利于建筑水平通风和垂直通风。

③ 温和气候条件下,可以使用当地的建材或者根据所运用的被动式采暖制冷策略加以选择。根据建筑的被动式设计策略和当地实际情况选择具有合适热容的建筑材料。墙体需要进行良好的保温设计。建筑开口的遮阳设计需要考虑到冬夏两季的不同需求,即夏季良好的遮阳,而不影响冬季直射阳光进入室内。这可以根据当地的太阳高度角,通过调整屋顶挑檐的宽度或遮阳棚宽度来实现。

④ 寒冷气候下,围护结构需要加强密封性与保温设计。此时,围护结构材料的热容需要根据建筑的用途和采暖策略进行选择。常规设计的采暖和间歇采暖的建筑,不需要使用热容大的建筑材料,因为大热容建材由于蓄热作用,会延长室内温度升至舒适温度的时间。被动式太阳能采暖是寒冷气候所必须采用的设计策略,尤其是运用在重质墙体或重质构件的建筑上。如果没有采用被动式太阳能采暖设计策略,那建筑体形应该尽可能紧凑,减少体形系数,以减少通过围护结构的热损失。

2) 评估场地的太阳几何条件:屋顶、墙体、通过门窗开口获得阳光照射的室内空间,接受充足的光照既可能有利于室内热舒适的,也可能造成不利影响。夏季过度的照射不利于室内制冷,而冬季恰恰相反,这体现了不同季节的不同需求,需要通过设计加以平衡。通过对场地的太阳几何条件进行分析,进行彻底的了解,有助于围护结构的设计。

(2) 门窗开口设计原则

1) 综合考虑自然采光、被动式采暖和自然通风,确定围护结构中门、窗、通风孔的尺寸与位置。依据建筑开口的作用,确定其尺寸、形式和大小。例如,窗的功能至少包含两部分,浏览景观与自然通风,观景的窗可以是固定窗,而通风窗则必须设计为可开启的。经过仔细设计的用于自然采光的高窗,可以加强建筑内部的采光并消除室内眩光。建筑入口前需要设置门廊,作为气候缓冲空间,可以减少入口处通过空气流动带来的得热或失热。此外,还可以通过加强门窗的气密性减少由此引起的得失热。设计中需要汇集设计团队的努力,共同为建筑开口的优化进行集成化设计。例如,在被动式太阳能设计中,就需要集成建筑围护结构中多要素的互相影响,包括自然采光、朝向、美学、功能、体量、空调系统以及电气系统。

2) 为建筑开口设计夏季遮阳装置,避免直射阳光进入建筑内部。为建筑设计南向的挑檐和落叶植物,可以为建筑南向外墙提供夏季遮阳。必须指出,落叶植物在冬季同样会遮挡掉约20%的直射阳光。对窗进行遮阳设计,或在建筑使用区域随时使用轻质室内遮阳架,可以削弱由直射阳光所造成的室内过热或视觉眩光。

3) 除温和气候外,在所有气候类型中都可以依照项目预算,最大量的选择双层或三层窗,以尽可能提高窗的热阻和遮蔽系数。热阻是衡量墙体或窗阻挡热流传递的能力。遮蔽系数是指太阳辐射总透射比与3mm厚普通无色透明平板玻璃的太阳辐射的比值。遮蔽系数越小,阻挡阳光热量向室内辐射的性能越好。遮蔽系数为0.5的玻璃相对于双层钢化透明玻璃,可以减少进入室内的太阳能约一半左右,而遮蔽系数为0.75的玻璃则可以降低约25%。

(3) 热效率原则

1) 确定建筑功能以及所使用设备的总能耗。建筑内的功能(人的活动类型,如坐、站立或运动)和设备的总和将影响建筑内部得热。由于建筑通过围护结构得失热的比率与建筑室内外温差成正比,所以这个原则非常重要。一个内部热负荷较大的大型商业建筑,受到通过围护结构得失热的影响较少,而室内热源较少,内部得热较少的住宅建筑则恰恰相反。

2) 总体而言,为建筑墙体、屋顶、楼板设计足够的热阻,以确保室内热舒适和能源效率。作为围护结构的一部分,屋顶是夏季得热和冬季失热的重要通道,因此也需要加强绝热设计。避免使用含氟氯烃或氟氯烃化合物的绝热材料,因为这是破坏臭氧层的物质。在预算允许的情况下,使用符合性能要求的可回收材料制成的绝热产品,例如纤维板或矿物棉板。如果建筑结构框架具有较大的传热系数,需要为其设计足够厚度的绝热层,以防止热桥效应。

3) 考虑围护结构表面反射率。在建筑制冷负荷较大的地区,需要选择浅色、反射率较高的外立面材料。要考虑外立面材料的选择对邻近建筑的影响。例如,高反射率的围护结构可以降低建筑制冷负荷,但是玻璃幕墙也会造成光污染。

4) 防止湿气在围护结构内的聚集。在特定情况下,水蒸气有可能在建筑围护结构内部凝结。这将导致围护结构潮湿,降低其绝热性能。这可以采用在围护结构表面温度较高的一侧铺设金属或塑料防潮膜的方式加以避免。例如,在寒冷地区,采暖时间较长的建筑内,防潮膜就需要铺设在内墙面一侧。

5) 为所有可开启窗加设密封条,为所有门设置遮挡风雨装置。这些措施可以防止通过对流导致的热传递。对流造成的热损失,其原因是外界的风压,导致门窗缝隙、墙体与楼板和屋顶的缝隙有空气渗透。老旧的建筑由于缝隙较大会有显著的能量损失,从而增加能源消耗。对这些装置需要定期检查气密性,保证其使用效果。

6) 在设计中列举可以减少热传递的建筑材料和构造做法,以供选用。建筑通过围护结构的得失热主要依靠传导、对流和辐射3种方式。不同建筑材料具有不同的导热系数。例如,金属的导热系数高,石材的导热系数低,而木材是不导热材料。此外,绝热材料不仅需要在墙体上使用,在屋顶、楼板都可以采用。在构造中,还可以考虑下列做法:

① 减少热桥或缩小热桥尺寸,以降低围护结构通过传导方式的热传递;

② 采用降低围护结构空气渗透的构造,以减少通过对流方式的室内外热传递。可以使用插栓、填缝焊或者油灰封堵基石、双面螺栓、梁等建筑构件上的小洞或缝隙。还可以使用不影响室内空气品质的环保型密封剂。

7) 通过设计,控制照射在建筑外表面的太阳辐射程度,减少建筑夏季接受过多的太阳辐射。建筑表面所接受的太阳辐射将明显地影响建筑冷热负荷。高反射率的外表面有利于降低建筑所吸收的太阳辐射,例如浅色材料比深色材料反射率更高。这不仅可以运用在外墙或屋顶的材料的选择上，还可以使用在具有蓄热设计的蓄热材料的选择上。南立面的水平遮阳，东西立面的水平和垂直遮阳，以及热带地区建筑北立面的水平和垂直遮阳，都有利于减少进入室内的太阳辐射。

8) 使用覆土设计，减少建筑围护结构的得热或失热。使用覆土设计，将显著减少建筑接受的太阳辐射量，也将减少风压导致的空气渗透，还能减少围护结构与外界的热传递。

(4) 地面设计

1) 将建筑设计与景观设计相结合。景观和其他设计要素（如水平遮阳）都是建筑性能的一部分。围护结构的设计需要结合整年度的现有景观与新建景观计划。

2) 减少路面与铺地，以降低因建筑周边的热积聚而导致的围护结构热负荷的增加。选择高反射率的铺地和路面材料，减少铺地与路面的得热，同时需要避免眩光。

2. 通风设计

与机械通风不同，自然通风受气候、季节、建筑周围微环境等因素的影响。因此，需要对自然通风进行优化设计，以便达到最佳效果。自然通风设计有以下四个大的设计策略：

(1) 气候潜力分析

由于自然通风受气候、季节等因素的影响，因此需要分析当地的自然通风潜力，即某个地区一年中有多少时间可以利用自然通风、热压与风压的使用比例、利用效果如何等。自然通风潜力有多种评估方法。

整体而言，中纬度的温暖气候区、寒冷地区，更适合采用中庭、通风塔等热压通风设计，而热湿气候区、干热气候区更适合采用风压引起的水平通风设计。

(2) 建筑微环境的预测与优化

对气候潜力进行分析后，需要进一步分析建筑周围小环境的特征，完成相应的优化。预测与优化时，需要注意以下几个问题：

1) 建筑朝向、间距与布局对风压的影响：由于大气气流的不稳定性，作用于建筑物表面的风压的大小与方向总是不断变化的。因此，在进行风压通风建筑布置时，应根据当地的主导风向进行设计。在总图设计时，就需考虑建筑物的排列和朝向。我国大部分地区的主导风向，夏季为东南风或南风，冬季西北风或北风，所以坐北朝南的建筑更有利于风压通风。对于建筑群，不但要考虑建筑本身的摆放，还要考虑周围的地区特征。建筑群错列、斜列的平面布局形式相对行列式更有利于自然通风，如图3-6和图3-7所示。

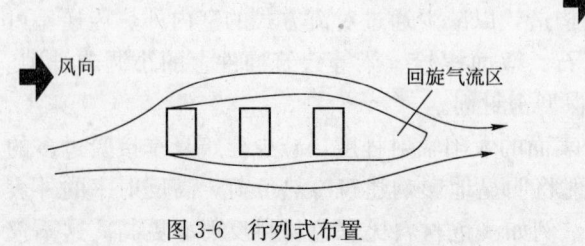

图3-6　行列式布置

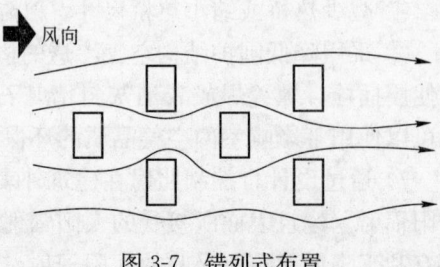

图3-7　错列式布置

2）植被绿化与水体布置：植被对建筑通风的主要影响有两个方面。首先，树木的布置对气流会产生一定的阻挡、导流与缓和作用；其次，植被本身对空气质量与舒适性有较强的改善作用。进风口附近的水面或绿化，在夏季有明显的降温效果，有利于产生更舒适的气流。

3）建筑风环境预测：为了掌握目标地点的真实环境情况，可根据流体相似性原理进行风洞模拟，但成本较高。另外，也可使用大气层边界经验公式进行预测，但这种传统方法精度较低。目前研究人员已经使用Fluent等CFD(计算流体动力学)软件对建筑室外气流速度场、温度场等进行精度较高的预测分析。使用此方法时，需要注意植被、水体、空调等有吸放热边界条件的设置。

(3) 风压与热压的设计与利用

1）风压通风设计：当风作用在建筑表面时，由于压力差，气流在建筑内部流过。建筑内部的气流路径的阻力也会对气流的流量与流速造成很大的影响。所以，应尽可能缩短气体流经建筑物的路径，减小建筑的进深。在很多建筑中，最直接的减短气流路径的方法就是穿堂风设计(Cross Ventilation或Through-Draught)。一般情况下，建筑平面进深不超过楼层净高的5倍，以小于14m为宜，以便易于形成穿堂风，而单侧通风的建筑进深最好不超过楼层净高的2.5倍。

2）热压通风设计：热压自然通风是被动式设计的一个重要手段，其应用主要依靠于建筑设计及通风控制技术。如何通过建筑设计，使热压作用最大化，是建筑师需要重点考虑的问题。热压通风效果主要受室内外温度差与开口间高差的影响。可以采用增强太阳能采光，提高室内空气温度的太阳烟囱方法，也可以采用有设置中庭、天井和通风塔等方法。在很多实际情况中，经常同时运用太阳烟囱与增加建筑高度两种手段，如既引入太阳光加热室内空气温度，又采用通风塔等增加热压高差的建筑设计。

自然通风热压设计虽然非常合理有效，但进行设计时必须注意以下问题：室外需要有较低的气温，且需要有足够的室内外温度差。热压通风设计一般尽量采取少间隔、大开窗的开放式设计，这与气密性要求较高的空调设计正好相反。然而，在泛亚热带地区，永远有一段必须使用空调的时期，如32℃以上的夏日。如果建筑在空调使用期间无法密闭，必然造成空调负荷增加，增加耗电量，导致得不偿失。因此，应使用自然通风与空调混合设计，合理布置空调分区，以便切换两种空气调节手段。

(4) 适应气候的设计策略

根据实现情况，合理的使用自然通风即为自然通风控制策略。自然通风在不同的气候区，有不同的通风策略，在不同的季节有也不同的使用策略，在一天的不同时刻同样有不同的使用方法。在夏季的夜晚，室外的空气温度大部分时间比室内低(夜幕降临时室外可能依旧比室内高)，可以引入室内进行降温。夏季白天，自然通风将会造成过大的室内负荷，此时需要关闭自然通风口，同时需要在玻璃上加上遮阳板。冬季时，外界的过冷空气也会增加采暖负荷，所以此时应关闭通风开口，多利用阳光采暖。

不同气候区的特点具有不同的通风策略：

1）寒冷地区的通风策略：在北方的寒冷地区，侧重于保温性与气密性，其通风量只需满足必要的换气量即可，因为过量的通风将会导致建筑大量失热，这一地区呈现出一种"封闭性的通风文化"。建筑通常利用热空气上升来进行热压通风。

2) 干热地区的通风策略：干热地区的气候特征看似与寒冷地区截然相反，但实际上非常相似，因为它们面对的问题都非常单纯，一个是绝对的"冷"，一个是绝对的"热"，两个地区都只需要侧重一个方面来进行设计。干热地区的建筑呈现出另外一种"保温文化"。中东、撒哈拉沙漠等干旱炎热地区室外气温可以高达50℃以上，这些地区的建筑往往都采用厚实的墙体和小窗，室内外温差可以达到25℃。与寒冷地区不同的是，干热地区热压通风需要排除大部分太阳辐射，因此中庭在干热地区不需要发挥"温室效应"，可以将高宽比设计得更大，从而充分利用烟囱效应来进行拔风。此外，干热地区空气干燥，湿度很小，昼夜温差大，需要在建筑内增加水体的设计并结合通风来进行蒸发制冷和增加湿度，同时充分利用夜间自然通风来降温。

3) 湿热地区的通风策略："封闭性通风"通风策略在寒冷地区和干热地区非常适用，而对湿热地区却并不适用。湿热地区其实并非真正的酷热，即使是在热带，最高气温年平均值也不过30℃，最低气温平均也有24℃左右，室内外温差也很小，建筑最大的难题是高温高湿，保温材料派不上用场，热压通风的效果也不明显。在这类地区主要的通风方式是风压通风，建筑呈现出一种"开放式的通风文化"，民居多为大屋面、架空的干阑式，再配合深深的挑檐用来遮阳和诱导通风。通风策略以除湿为主要目的，降温则主要通过气流吹过人体产生蒸发散热的效果。

4) 温和地区的通风策略：温和地区气候凉爽，舒适度最高，适合使用热压通风。可通过"烟囱效应"来辅助自然通风。温和地区气候存在明显的季节性差异，在不同季节，建筑自然通风的控制策略都会发生相应变化，不仅通风量会发生变化，通风方式也会有明显区别。

3. 自然采光设计

自然光环境是人们习惯和喜爱的工作环境，因此自然采光是建筑设计中重要的设计内容。自然采光设计策略应充分利用自然光，创造良好的光环境。我国大部分地区处于温带，天然光充足，在白天的大部分时间内都能满足视觉工作要求。为利用天然光提供了有利条件，这在我国电力紧张的情况下，对于节约能源有重要的意义。

(1) 总体设计策略

1) 避免工作面上的直射光和过度的亮度。非工作区域的直射阳光有助于建筑使用者获得外界气候的信息以及时间的变化。这能够缓解在封闭空间长时间工作后所产生的压力。相反，当直射阳光照射在工作区域时，明暗对比、眩光和隐约的倒影都将导致不舒适。这时，工作面和电脑屏幕的发光会导致难以看清桌面和屏幕的内容。可以采用的背景与工作面亮度对比最大值为10∶1，光源和背景亮度对比最大值为40∶1。

2) 从室内较高的位置引入自然光。侧窗与天窗是自然采光设计的两种模式。天窗和高侧窗能够更有效地照亮建筑内部核心。普通侧窗，除配备有百叶板和遮光架外，可能导致不舒适的室内照度或过度的亮度对比。

3) 遮挡自然光。树木、植物、窗帘、半透明玻璃、散射玻璃都能够降低进入室内的自然光强度。

4) 将光线反射到室内表面（墙面或顶棚）。光架、百叶窗、窗帘、垂直挡板都能反射和调整室内光照度分布。总体而言，大而柔和的光源能够带来舒适的视觉质量和较少的视疲劳，提高工作效率。此外，当光线为散射光时，可以避免或消除阴影，这也能带来更好的视觉舒适。

5) 将自然采光设计和其他设计策略相结合。最有效的自然采光设计应和其他建筑系统或设计策略相一致，而不是相排斥。例如，自然采光策略与自然通风策略或被动式采暖策略的结合。

(2) 侧窗采光设计策略

1) 确保房间合适的高深比，既房间高度或窗高与房间进深的比值。

2) 合理设计建筑交通流线，尽可能确保建筑的大部分工作空间能够侧窗采光。建筑采用内走廊形式，就能让房间都分布在建筑的外侧，从而使用侧窗采光。同时，还需要合理设计建筑的进深，建筑师赖特认为，侧窗采光的合理进深为13m。与这条原则相适应的平面设计方案有很多，如L形、O形、U形、E形、X形。

3) 列举出适当的房间表面反射率，供设计参考。光线进入室内后将被地面、顶棚、墙体反射到建筑内部。较高的反射率可以提高建筑内部的光照度。

4) 使用高侧窗，作为普通侧窗的补充。高侧窗能够让光进入到建筑内部，是普通侧窗采光的补充，能够创造更好的室内照度。

(3) 顶部采光设计策略

1) 使用锯齿形屋顶形式。锯齿形屋顶可以连续使用天窗，为相当大的室内区域提供统一均匀的照度，同时还可以与被动式太阳能采暖与制冷的策略结合设计。锯齿形屋顶的天窗朝向一般为北向，这样能够利用散射光(直射阳光有可能导致室内过热与眩光)。当其与寒冷气候下的被动式采暖设计策略相结合时，可以朝向南向，此时可以使用窗纱对光线进行控制，以避免室内较大的照度对比和眩光。此外，还有水平遮阳板、漫反射材料、室内外挡板、百叶窗等方式可以达到控制效果。

2) 考虑屋顶天窗的设计，屋顶天窗是天窗的一种，经常用于台阶式屋顶，可以让光从两个方向或者多个方向进入室内，如图3-8所示。这种天窗需要在其南向、东向和西向加设水平遮阳板，避免直接的太阳辐射。这种天窗的优点是屋顶可以作为光反射面或光架，将自然光反射到建筑内部。

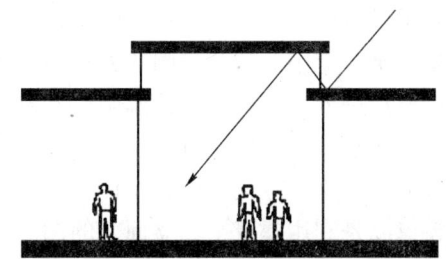

图3-8 屋顶天窗采光

(4) 使用天窗的设计策略

天窗是屋顶的水平开口，是单层建筑最常用的自然采光设计策略之一。若应用合理，它是效率最高的自然采光形式，因为它可以180°接受自然光。这种天窗经常是网格状布置在屋顶，两个天窗之间的距离大约是建筑层高的1.5倍。最优化的窗地比大约是5%~10%之间，或根据透射比、设计效率、需求程度、建筑层高等因素做出相应调整。

天窗可能存在的不利因素包括：漏水；天窗绝热不好产生的热传递；通常相对较高的造价等。此外，天窗还可能导致夏季得热过大，从而增加制冷费用。由于大多数天窗需要漫反射玻璃以便调节阳光，所以天窗不能提供向外观景的效果。如果自然采光设计中使用了天窗，需要确保以下条件：

1）考虑光井角度，避免降低采光效率。天窗下的环绕的垂直表面就是光井。随着建筑进深与层高的增加，光井的角度需要进行特别设计，以避免自然采光效率的降低。

2）天窗下部使用挡板，将部分入射光反射到顶棚表面。这项技术使顶棚成为相对较大且间接地光源，从而降低光源与背景的照度比。

3）仔细设计屋顶。当天窗和坡屋面结合设计时，采光效率将下降，其下降程度与坡屋面倾斜度成正比，其室内光线分布模式将越来越像侧窗。若坡屋面朝向北向，可以较少考虑太阳光控制，若朝向南、西或东面，则太阳光控制策略将更为重要。

4. 被动式太阳能采暖、制冷和蓄热设计

被动式太阳能采暖是应用于冬季或寒冷气候条件下的主要技术，被动式太阳能制冷则是应用在夏季或炎热气候条件下的技术，蓄热则可根据气候特点灵活的运用。被动式太阳能采暖、制冷和蓄热是被动式技术的重要策略之一，能够有效降低建筑冷热负荷，从而降低建筑能耗。

（1）被动式太阳能采暖设计原则

通过南向窗户的直接得热是被动式太阳辐射供热应用最普遍的方法。太阳光通过玻璃进入房间，热量被吸收，从而达到加热房间的目的。此外，还可以使用围护结构蓄热为建筑室内提供热量。被动式太阳辐射供热在多种类型建筑中都适用，尤其在住宅和小型公共、商业、工业建筑中效果显著。被动式太阳辐射供热在寒冷季节多晴朗天气的气候条件下特别适用，但在其他气候条件中也可以使用。

（2）被动式太阳能制冷设计原则

被动式冷却方法包括减少冷负荷、遮阳、自然通风、辐射冷却、蒸发冷却、除湿等。

遮阳是最常见的被动式冷却方式，其主要作用是减少太阳辐射对建筑的影响。其技术手段可以分为三类：一是门窗遮阳；二是建筑本体的绿化遮阳、自遮阳和互遮阳；三是建筑互遮阳。门窗遮阳的方式多种多样，主要目的就是抵御夏季过强的太阳辐射通过窗户进入室内。良好的遮阳设计既可以在夏季遮挡阳光，又不妨碍冬季利用阳光被动式采暖，并可以通过软件模拟的方式来进行优化。建筑绿化遮阳是利用平面绿化布置或立面垂直绿化对建筑墙体遮阳，种植屋面也可以看作建筑绿化遮阳的一种。建筑自遮阳是利用建筑平、立面上的凹凸或屋檐、构件对主要使用空间和墙体进行遮阳的方式。建筑互遮阳则是在建筑总平面设计中，利用建筑物的排列、间距、高低和廊檐设置等方法，使建筑与建筑之间因高低错落而互相遮蔽，直接或间接遮挡阳光。

通风冷却设计原则体现在两方面：其一，通风增加舒适度。在白天和夜晚通风，可以加速皮肤水分的蒸发，从而提高热舒适感，这就是"通风增加舒适度"的原理，这一被动式冷却方法在大多数气候类型地区的某一段时期都能适用，尤其适合气候炎热潮湿的地区；其二，夜间通风冷却。利用夜间凉爽的空气把建筑蓄热材料里的热量吹走，这样预先已经冷却的蓄热材料在第二天可以吸收热量，从而起到蓄热体的作用，这种被动式降温方式被称为夜间通风冷却。夜间通风冷却特别适合昼夜温差较大的炎热干旱地区。

辐射冷却是使建筑白天储存的热量在夜间释放到室外的设计策略。需要注意的是：在阴天居多的地区，辐射冷却效果不好；在温度低的晴天其效果是最好的；在潮湿地区其效率偏低。蒸发冷却是利用水的蒸发将建筑热量带走的设计方法。除湿则主要应用在一些湿度很高且潜热负荷很大的地区。

(3) 被动式太阳能蓄热设计原则

热质量和能量蓄积是被动式太阳能蓄热设计的两个关键特征。两者能够建立室内多余热量的处理机制，存储热量并在需要时缓慢释放到建筑中，从而降低建筑冷负荷。同时，蓄积的热量在夜间通风的建筑中可以被消除，从而降低白天的冷却需求。当然，蓄热设计也能让热量在寒冷地区的夜间向室内释放，从而降低采暖负荷，同样适用于冬季的设计需求，例如著名的特隆布墙体。

利用材料热质量进行蓄热设计有两个基本原则：直接蓄热材料，如钢筋混凝土或砖，可以放置在阳光直射的位置，让太阳辐射直接作用于其上；间接蓄热材料可以放置在建筑的任何位置，它们可以吸收房间内反射光的辐射热量，或者空气中的热量，例如放置在阳光间或天井。

必须要明确的是，建筑设计阶段的集成化设计策略以节能为目的。因此，所有的策略都不应该单独考虑，不能按照单一原则进行设计。应该将不同的设计原则结合起来，综合考虑，综合利用，才能达到协调作用的目的，否则将产生互相矛盾的现象，反而不能降低建筑能耗。例如，夏热冬冷地区，南向大面积的开窗就必须结合遮阳设计，否则在降低了冬季采暖能耗的同时，将大幅度提高夏季制冷的能耗。

三、设备设计阶段

设备是建筑能源消耗的终端，是产生能耗的源头。设备设计的目的依然在于创造良好、舒适的室内环境和提供便捷的服务。首先要明确的是，建筑设计阶段的种种原则，其目的是在不消耗能源的情况下提升室内舒适度。这样可以降低建筑对设备系统的需求，从而减少设备系统的负荷，进而达到节能目的。所以，设备系统的设计应是在建筑设计完成后，其原则发挥作用后再进行的设计阶段，才能最大限度地达到节能的目的。

建筑的设备系统可分为暖通空调系统、照明系统、电气系统与给水排水系统等。因此，设备设计的原则也照此进行划分。

1. 暖通空调系统

暖通空调系统的节能可以通过减负、开源和节流等多种思路来实现。因此，其一般性节能措施和设计原则有以下几种：

(1) 推广应用可再生能源或低品位能源

随着空调系统的广泛应用，空调对不可再生能源的消耗将大幅度上升，同时对生态环境的破坏也在日趋加剧。如何利用可再生能源及低品位能源已经成了该领域重要的研究课题。地源热泵空调系统就是在这种形势下得以开发和应用，该技术可以显著提高空调系统的能效，使得同等制热（或制冷）量下的系统能耗大幅度下降；利用太阳能供热或制冷技术现也得到了持续的关注和研究；此外还有城市废热的利用等。

(2) 改善建筑围护结构的保温性能，减少冷热负荷

对于暖通空调系统而言，通过围护结构的空调负荷占很大比例，而围护结构的保温隔热性能决定了通过围护结构进出室内的热量，从而决定了空调冷热负荷的大小。所以在国家出台的相关建筑节能设计规范和标准中，首先要求的就是提高围护结构的保温隔热性能。

(3) 开展冷热回收利用的运用研究，实现能源的最大限度利用

目前许多空调系统冷热回收利用研究也在蓬勃开展，如空调系统排风的全热回收器，夏季利用冷凝热的卫生热水供应等，都是对系统冷热的回收利用，显著提高了空调系统能源利用率。

(4) 提高设计和运行管理水平，使其在高效经济的状况下运行

暖通空调系统特别是中央空调系统是一个庞大、复杂的系统，系统设计的优劣直接影响到系统的使用性能。除设计外，运行管理也起着非常重要的作用。空调系统的节能措施需要正确的运营管理才能达到相应的节能效果。同样一套系统，管理水平的不同，系统的能耗也大不相同。

(5) 提高系统控制水平，调整室内热湿环境参数，尽可能降低空调系统能耗

空调系统特别是舒适性空调系统对人体的作用是通过空气温度、湿度、风速、环境平均辐射温度等来实现的，人体对环境的冷热感觉是这些环境因素综合作用的结果。传统的空调控制方式仅仅是测控空气的温湿度，这显然是不全面的。影响人体热舒适性的环境参数众多，不同的环境参数组合可以得到相同的热舒适效果，但是其空调能耗却是不相同的。热舒适的研究成果，为采用新的控制方式方法提供了理论基础。如果采用舒适性评价指标即体感指标作为空调系统的调控参数，不仅可以解决传统控制方法存在的弊端，而且可以实现大幅度节能。初步研究表明，该控制方法可使空调系统在人体舒适的条件下节能30%左右。

(6) 采用空调节能新技术

一方面，新型空调节能技术可通过更高的能效比实现暖通空调设备的节能；另一方面，前面提及的诸多节能途径和措施，也都需要新技术的支撑才能得以实现。目前优势较为明显的新技术包括地源热泵、冰蓄冷、冷热电联产、变制冷剂流量系统、变风量空调系统、变水流量系统、温度湿度独立控制的空调系统等，可以根据设计和业主的需求进行选择。

2. 照明系统

现代的人工照明是由电光源来实现的，光源随时可用、明暗可调、光线稳定、美观洁净，以满足人们的视觉要求。电气照明的目的是创造一个合适的光环境。一方面是创造一个满足视觉生理要求的光环境；另一方面是创造一个具有一定气氛、格调的照明环境，满足视觉心理要求以及人们的精神享受，这已成为电气照明不可忽视的组成部分。它不仅延长白昼、改变自然，而且美化环境、装饰建筑点缀空间、制造和谐的气氛和喜气空间，从而满足人们的生理和心理方面的需求。照明系统的集成化设计原则包括以下几项：

(1) 建筑设计照明节能的原则

所谓的照明节能,就是在保证不降低作业视觉要求,不降低照明质量的前提下,力求减少照明系统中的光能损失,最有效地利用电能。一般来讲建筑照明节能要遵循以下三个原则:

1) 满足建筑物照明功能的要求;

2) 考虑实际经济效益,不能单纯地追求节能而过高的消耗投资,而应该使增加的投资费用能够在短期内通过节约运行费用来回收;

3) 最大限度地减小无所谓的消耗,同时在选用节能设备时,要了解其原理、性能及效果。从技术经济上给以全面的比较,并结合实际建筑情况,再最终选定节能设备,达到真正节能目的。

(2) 提高照明设计的精确性

照明节能与照明设计有密切的关系,照明节能的具体实施是通过建筑电气设计与照明装置节能产品的采用两个重要环节来完成的。合理的照明设计方案是实现照明节能的保证,在保证设计照明质量的前提下,优先选用照明用电指标较低的设计方案。照明设计应注意以下三个环节:

1) 根据视觉工作需要,合理地选取高、中、低档照度水平,在所需的照度前提下,优化照明设计,限定照明节能指标,最优控制单位面积照明功率密度值。

2) 正确选用与建筑场所使用要求及特点相适应的光源、灯具,合理布灯,保证必要的照明质量(亮度分布、眩光限制、显色均匀度、造型等)。

3) 采用分区控制灯光或自动控光、调光等控制方式,并充分利用天然采光。

(3) 照明节能光源的选择

选择光源时,在满足显色、启动时间等要求下,应优先选用高光效光源节能灯。按不同的工作场所条件,采用不同种类的高效光源,可降低电能消耗、节约能源。

1) 太阳能照明,以太阳光为能源,白天充电,晚上使用,无需进行复杂昂贵的管线铺设,而且可以任意调整灯具的布局;

2) 发光二极管(LED),是彩色照明中能效最高的一种节能光源,并以其长寿命(达 10 万 h)、良好显色性(Ra 达 75~85)、无频闪、激励响应时间短(ns 级)、耐振动、耐气候、使用安全等诸多优点进入绿色照明领域;

3) 金属卤化物灯(HID),具有节能、发光效率高、光色好等特点;

4) 节能荧光灯;

5) 其他新型光源,主要有光纤灯、高频无极灯、场致发光等,目前世界上最先进的 CCFL 节能面光源模组也正走向市场。

(4) 高效节能灯具的选择

一般应根据视觉条件的需要,综合考虑灯具的照明技术特性及其长期运行的经济性等进行灯具的选择。灯具的种类繁多,常用的有控照式(或开敞式)和带保护罩的格栅式、透明式、棱镜式、磨砂式等,它们的效率是不同的。磨砂或棱镜保护罩式反射率只有 55%,格栅式为 60%,透明式为 65%,控照式(或开敞式)为 75%。同一种形式的灯具反射板采用不同的材料其反射效率也是不一样的,应尽可能选择高效节能照明灯具。

3. 电气系统

建筑电气系统一般由用电设备、供配电线路、控制和保护装置三大基本部分组成。这三大部分有多种组合，可以构成多种建筑电气系统，若对其进行详尽分类是很复杂、很困难的。但是从电能的供入、分配、输送和消耗来看，可分为供配电系统和用电系统两大类。

在对建筑的供配电需求进行详细、具体调查的基础上进而确定供配电方案时，应进行全面综合的研究分析。在满足建筑对供配电可靠性及电能质量要求的前提下，应进一步考虑如何才能做到从设计到运行使整个建筑的生命周期得到最佳延续。一般来讲，建筑供配电系统的设计原则包括以下几个方面：

(1) 确定建筑的整体负荷级别和容量；
(2) 确定应急电源的容量和类型；
(3) 确定供电系统的结构方式；
(4) 选择合理的电压等级；
(5) 确定建筑对电能质量的要求；
(6) 确定建筑变电站和配电系统的结构方案；
(7) 确定对建筑供配电系统监控管理功能的要求。

用电系统主要由各种功能的设备所组成，因此其设计原则放入各设备系统的设计原则中，此处不涉及。当然，所有用电系统的最大设计原则就是选用能效高的设备，降低能耗。

4. 给水排水系统

我国是一个严重缺水的国家，淡水资源总量为 28000 亿 m^3，占全球水资源的 7%，居世界第四位，但人均只有 $2200m^3$，仅为世界平均水平的 1/4，在世界上名列 121 位。也就是说，我国以全球 7% 的水资源，养活了全世界 21% 的人口，已被列入全世界 13 个人均水资源贫水国家之一。而且我国淡水资源分布不均，大量集中在南方，北方淡水资源只有南方水资源的 1/4。据统计，全国 600 多个城市中有一半以上的城市不同程度缺水，沿海城市也不例外，甚至更为严重。在所消耗的淡水资源中，除了农业用水之外，建筑耗水也是非常大的。因此，在贯彻实施国家提出的发展节能省地型住宅和公共建筑要求中，节水已成为最主要的内容之一，这也成为建筑集成化设计的重要内容之一。

给水排水系统中节能节水的设计原则有以下一些：

(1) 雨水的利用

城市的发展使越来越多的地表被建筑物和各种硬化铺装所覆盖，严重破坏了天然水循环，一方面使地表易产生积水并形成高峰值的径流，排入河道后增加防洪压力，产生隐患；另一方面，阻断了降雨对地下水的补给通道，造成地下水补给量长期小于开采量，形成了大范围的降落漏斗，威胁城市安全。因此，通过雨水利用技术修复城市自然水循环，对于改善城市生态环境、保障城市防洪安全具有重要意义。

利用雨水可以缓解目前城市水资源紧缺的局面，是一种开源节流的有效途径。将雨水下渗回灌地下，可以补充涵养地下水资源，改善生态环境，缓解地面沉降和海水入侵，减少水涝等。还可以利用城市河湖和各种人工与自然水体、沼泽、湿地调蓄、净化和利用城市径流雨水，减少水涝，改善水循环系统和城市生态环境。将雨水利用与雨水径流污染控制、城市防洪、生态环境的改善相结合，坚持技术和非技术措施并重，因地制宜，择优选用，兼顾经济效益、环境效益和社会效益，标本兼治，有利于城市的可持续发展。

(2) 中水回用和废水利用

城市最大限度地利用污水资源的方法之一是采取分质供水，即建造并运行两套供水系统，一套系统输送优质饮用水或高水质水，另一套系统输送经深度处理后的回用水，供给工业用水及城市杂用水。这种方式需双路供水，造价高，且地下管线拥挤，在居住人口密集的市区难以实现。而建筑中水系统则是利用建筑本身排出的生活污水作水源，就地收集，就地处理回用，投资不高，具有一定的社会经济效益，同时减少了污水量，创造了客观的环境效益；以中水为原水进一步处理的成本低于以自然水为原水的自来水处理成本，这是因为省去了水资源费，以及取水与远距离输水的能耗与建设费用。建筑中水系统已经成为国内外普遍采用的中水利用方式之一。

(3) 推广使用节水器具

建筑节水除了注意养成良好的用水习惯以外，采用节水器具很重要，也最有效。大力推广节水器具是实现建筑节水的重要手段和途径。节水器具与技术包括节水水龙头、节水冲便器、热水系统中安装的节水器具(如限流孔板)、真空节水技术等多种。

第四节　住宅和公共建筑的集成化设计指导原则

一、居住建筑

在所有的建筑中，居住建筑大约占50%～60%。所以如何提高居住建筑的环境性能，降低其能耗也就成为居住建筑设计的重点。在最初设计时，布局的密度、位置、方位等因素，很大程度上决定了能量的消耗量。同时，提高保温标准、减少不必要的空气流动、提高采暖空调设备效率以及通过建造温室和加大朝南的窗户面积来采集被动式太阳能也对能源消耗有较大影响。因此，建筑师和工程师的最初决定，对随后是否有改善机会具有至关重要的作用。

对住宅中的能量消耗有显著影响的因素有：
(1) 建筑形式(紧凑的开发形式具有很多优点)；
(2) 建筑围护结构(使用热容量大的材料以及高效的保温层来吸收太阳能辐射，并延缓夜间温度的降低)；
(3) 建筑方位(布局时，增加采集阳光的面积，减少顶风的面积)；
(4) 微气候(布局时，利用绿化设计来增加遮阳的效果)；
(5) 交通(选择建房地点时，考虑减少开车出行的需要，并增加公共交通站点的密度)。

以下是指导住宅设计的一些重要原则：

(1) 采用紧凑的结构，以使相邻的墙壁、地板和屋顶可以最大限度地共享；
(2) 提高净空的高度，以增加四周表面的相对面积；
(3) 为阳光照射和利用太阳能留出空间；
(4) 考虑自我遮蔽的分布形式；
(5) 利用屋顶空间来调节室内环境；
(6) 栽种树木来遮挡夏季的阳光；
(7) 提供高效的保温层，来节省能量和提高舒适程度；
(8) 安装低能耗的照明系统；
(9) 为用户提供调节个性化环境的设施；
(10) 为以后提高保温标准创造机会；
(11) 留出在家中工作的空间；
(12) 为摆放自行车留出空间；
(13) 在南向和北向安装不同大小的窗户。

按这些指导原则修建出来的房屋，其特征和形式都与当今建筑师设计的大多数建筑迥然不同。在过去十年间，各国政府尽管改善了保温标准和采暖空调系统，但郊区房产的迅猛增长，以及不重视开发现有城市地区中的"闲置土地"，使二氧化碳排放量有所增长。这是因为在郊区修建的建筑，绝大部分都是独立或者半独立的住宅，分散的布局，使人们出行时宁愿开车，而不愿坐公共汽车或者火车。尽管设计和施工的技术都有所提高，但能源消耗的增长幅度还是高于预期水平。因此，住宅建筑选址应该注重闲置土地的利用，尽量使用交通、市政管网较为齐全的熟化土地。此外，为了达到节约能源的目的，这些房屋需要以紧凑的形式修建：楼层高度适中，比邻修建以便共享墙壁和屋顶等设施。

二、公共建筑

办公建筑是数量仅次于居住建筑的大量性建筑。办公建筑照明良好的室内空间、线缆密布的楼板和计算机的广泛应用，只有以电力为基础才能实现。尽管办公建筑所消耗的能源总量并不比其他类型的建筑多，但在我国办公建筑中，由于电力大部分是燃煤生产，大量消耗电力会对二氧化碳的排放量产生极大的影响。等量的能源供应，电力产生的温室气体约为其他矿物燃料的2.5倍。因此，以电力为基础的办公建筑，可能会导致温室气体排放量的迅速增长。

人工照明是办公室中能耗的重要部分，一般约占电力消耗的50%。如果楼面进深很宽，照明能耗比采暖空调能耗可能更大。此外，在夏天，人工照明还会增加空调系统冷负荷。使用自然采光（通过修建天井和进深较小的建筑）来代替人工照明，可以节省40%~50%的照明能耗。照明不仅是办公室设计中非常重要的因素，也是其他一些建筑类型，例如医院（照明能耗约占25%）、工厂（照明能耗约占20%）和学校（照明能耗约占15%）设计中需要认真考虑的因素。

以下是指导办公建筑设计的一些重要原则：
(1) 使用低成本、高效率而又简单的能源技术，以方便今后更新换代；

(2) 尽可能缩小楼面进深，以避免人工照明；

(3) 在无法缩小楼面进深时，应当设计可以自然通风的天井；

(4) 抬升而不是降低顶棚的高度；

(5) 使天井与内部的中庭交替，以增加自然通风：

(6) 使南立面和西立面免遭过于强烈的日光照射；

(7) 多使用钢结构而不是混凝土结构，以增加灵活性和以后回收利用的机会；

(8) 把百叶窗和遮阳板置于住户的控制之下；

(9) 保温效果应高于规定的最低标准；

(10) 建在现有的城市地区，以充分利用那里的公共交通和其他基础设施；

(11) 选择适当的方位，以减少不必要的日光照射(这一点正好与住宅相反)。

思考题

1. 影响集成化设计的外部环境因素有哪些？
2. 影响集成化设计的内部环境因素有哪些？
3. 影响集成化设计的人文环境因素有哪些？
4. 集成化建筑的概念由哪些部分组成？
5. 集成化设计的总体原则是什么？
6. 在集成化设计中，适应气候进行设计的原则包含哪些内容？
7. 对住宅中的能量消耗有显著影响的因素有哪些？
8. 办公建筑设计的重要原则有哪些？

参考文献

[1] 刘先觉. 现代建筑理论 [M]. 北京：中国建筑工业出版社，1999.

[2] 维特鲁威. 建筑十书 [M]. 高履泰译. 北京：中国建筑工业出版社，1986.

[3] （英）勃罗德彭特. 建筑设计与人文科学 [M]. 张韦 译. 北京：中国建筑工业出版社，1990.

[4] 张国强，徐峰，周晋. 可持续建筑技术 [M]. 北京：中国建筑工业出版社，2009.

[5] （美）诺伯特·莱希纳. 建筑师技术设计指南 [M]. 张利等 译. 北京：中国建筑工业出版社，2004.

[6] （英）T·A·马克思，E·N·莫里斯. 建筑物·气候·能量 [M]. 陈士驎译. 北京：中国建筑工业出版社，1990.

[7] 姚润明，昆·斯蒂摩司. 李百战. 可持续城市与建筑设计 [M]. 北京：中国建筑工业出版社，2006.

[8] （美）G·Z·布朗，马克·德凯. 太阳辐射·风·自然光——建筑设计策略 [M]. 常志刚等 译. 北京：中国建筑工业出版社，2008.

[9] （英）B·吉沃尼. 人·气候·建筑 [M]. 陈士麟 译. 北京：中国建筑工业出版社，1982.

[10] （美）伦纳德R·贝奇曼. 整合建筑—建筑学的系统要素 [M]. 梁多林 译. 北京：机械工业出版社，2005.

[11] （美）伊恩·伦诺克斯·麦克哈格. 设计结合自然 [M]. 黄经纬 译. 天津：天津大学出版

社，2006.
[12] （美）玛丽·古佐夫斯基. 可持续建筑的自然光运用 [M]. 汪芳等 译. 北京：中国建筑工业出版社，2004.
[13] Dean Heerwagen. Passive and Active Environmental Controls [M]. New York：The McGraw-Hill Companies，2004.
[14] Public Technology Inc，US Green Building Council. Sustainable Building Technologies [M]. New York：US Green Building Council. 1998.
[15] Basak Ipekoglu. An architectural evaluation method for conservation of traditional dwellings [J]. Building and Environment. 2006，3(41)：386-394.

第四章 集成化设计的基本流程及主要阶段

第一节 集成化设计流程介绍

一、集成化设计流程的描述

随着现代设计理念的发展及"绿色建筑"设计意识的普及,传统的线性设计流程的弊端日益显现,建筑师已无法只关注建筑的平面功能、立体造型及构造技术,设计过程已逐步进化为多学科融合的集成化阶段。一个高效、成功的建筑设计流程需要在建筑设计过程中考虑到一系列问题,包括:

(1) 业主、设计团队、承包商和专家顾问在互相交流的团队氛围下开展建设性的合作;

(2) 为了提高建筑性能,应将所有结构和技术的概念及系统作为一个整体来加以考虑;

(3) 充分考虑待建项目对于当地或区域环境及邻里的"真实的影响";

(4) 在设计概念中包含周边自然环境的交互作用并结合诸如气候的环境条件;

(5) 充分考虑与建筑材料、产品、运行维护以及废弃物处理相关的建筑全生命周期成本和系统成本;

(6) 优化可再生能源的利用及相关设备系统以提高建筑性能;

(7) 对使用者进行基本原理、控制策略和设备功能的教育和培训。

因此,集成化设计体系应运而生,在这个体系中,建筑设计发展为从最初的概念设计到最终的施工图设计不断迭代的流程;集成化设计方法通过优化建筑物、建筑围护结构设计及设备系统之间的关系提高能源利用率。此外,集成化设计还能保证建造过程中实现既定目标,进而提高环境品质并降低成本。

二、集成化设计流程的特点

集成化设计流程促进了设计流程中专业与知识的协作(包括使用现代模拟工具),确保高水平的系统集成。这将使业主在成本增加较少的情况下,得到高性能的建筑,并降低运行费用。

集成化设计流程保证了在设计初期阶段引入各个专业的相关信息,并在设计初期综合考虑所有的影响因素和设计的多种可能性。在集成化设计流程中,建筑师仍然是设计团队的领导者,同时将引导设计流程按照以下顺序进行:

首先,为影响设计结果的一系列因素建立性能目标,然后制定相关的基本策略来

第四章 集成化设计的基本流程及主要阶段

达成这些目标。虽说这是显而易见的事情,但考虑到集成过程的复杂性,这将在概念设计阶段给工程师带来额外的工作量。然而,这将有助于业主和建筑师获得最优化设计方案。

第二步,通过建筑朝向、建筑外形、建筑围护结构的合理整合以及对于开窗数量、位置、类型的仔细考虑来降低采暖、制冷负荷,并最大化自然采光的可能性。

第三步,通过合理地利用太阳能、可再生能源技术并与 HVAC 系统进行高效整合以满足负荷需求,同时还应注重室内空气品质、热舒适、照明、噪声等性能指标。

第四步,重复上述流程以获得 2~3 个备选的设计方案,并对每个备选方案进行能耗模拟,最终选择综合性能最佳的方案进行下一步工作。

从工程师的角度出发,集成化设计流程集成了设备工程师、各领域专家的专业技能和经验,并能保证这些有益的经验从设计初期就集成到建筑的概念设计中。

三、集成化设计团队的构成与特点

集成化设计以全面的视角,贯穿整个设计、建造及交付运行的全过程。在集成化设计过程中,设计团队的选择极为重要。它需要大量的专业人员作为团队成员尽早参与设计,并开展各自的分析和设计工作。然后集思广益,针对设计目标及相关基本策略检验各种可能性,并重复这个步骤直至达成最佳设计方案。

集成化设计团队包括以下核心专业人员和专家组成员:
(1) 建筑师;
(2) 业主(客户);
(3) 结构工程师;
(4) 能源工程师;
(5) 机械工程师;
(6) 照明工程师;
(7) 土木工程师;
(8) 景观设计人员;
(9) 城市规划人员;
(10) 室内设计人员;
(11) 消防专家;
(12) 财务顾问;
(13) 设备管理人员(尤其是试运行阶段);
(14) 模拟专家(贯穿整个设计过程)。

从图 4-1 中可看出,设计团队中的 4 个核心角色分别是建筑师、结构工程师、能源工程师和机械工程师。在集成化设计流程中,建筑师作为设计团队的领导者和协调者,应具有技术解决方案的综合性知识,但其并非整个设计过程的惟一决策者。同时,工程师也必须了解建筑设计过程的复杂性,并具备解决复杂设计流程的综合性知识结构。至于其他专家成员,核心设计小组和委托人可以根据项目的基本特征、难易程度以及场地条件的不同进行灵活机动地选择。

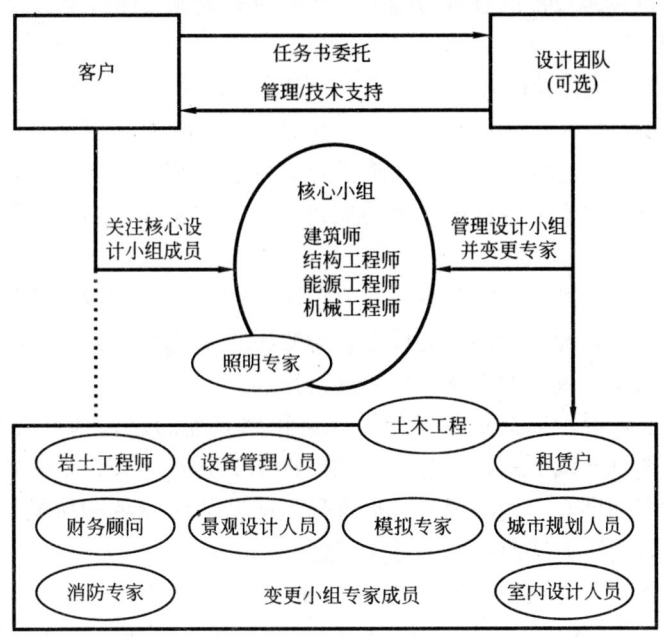

图 4-1　集成化设计团队成员构成示例（IEA SHC Task 23，2003）

集成化设计团队的特点如下：

(1) 客户扮演更为主动的角色；

(2) 建筑师成为团队领导者，而不仅仅是建筑造型设计师；

(3) 设备和电气工程师、能源专家在设计早期阶段起着重要作用。

四、集成化设计流程的关键问题

集成化设计流程能否顺利实施，对于建筑能否达到可持续目标有着重要作用。形成良好的设计流程的关键因素包括：

(1) 团队的形成；

(2) 风险分析；

(3) 目标/利益的冲突；

(4) 职责的分配；

(5) 设计报酬；

(6) 经济学 VS 生态学；

(7) 质量管理；

(8) 场地的潜力；

(9) 趋势与市场；

(10) 沟通；

(11) 连续性；

(12) 目标的冲突。

理顺这些关系，解决相关问题能够帮助建筑师和工程师提出更好的优化策略，更

第四章 集成化设计的基本流程及主要阶段

准确地分析和评价建筑设计的过程与结果,从而更有效地构建整个集成化流程。

1. 团队的形成

对于倾向使用集成化设计流程来获得高性能设计的设计团队而言,其选择包含一些特殊性的考虑,并需要尊重团队结构、各专业的知识结构和技能以及彼此之间的关系。

(1) 最基本的要求是整个设计团队除了建筑师和工程师之外,还需要拥有具有专业技能的专家。针对具有明确性能要求的项目,能源专家是必需的,同时还可能需要其他领域的专家成员。

(2) 集成化设计流程需要具有不同专业技能的团队成员从设计流程的最开始就进行紧密协作。同时,在随后的设计流程中,需要团队成员跨越常规专业界限进行合作。此外,还需要根据团队成员的志愿和兴趣进行筛选。

(3) 作为业主来说,选择对集成化设计流程感兴趣的建筑师是最重要的。因此,建筑师的选择需要基于以下原则:愿意以团队的形式进行工作;对集成化设计流程感兴趣;对建筑性能问题有深刻的理解。建筑师是团队的领导者和协调者,因此需要其经常与团队其他成员进行磋商并综合考虑问题。

(4) 每个团队成员在设计过程中都非常重要,因此整个设计团队应该认同集成化设计流程。每个团队成员都应对设计目标有清晰的预期,并在合作初期就明确目标。

(5) 团队中可考虑聘请设计咨询顾问,特别是当建筑师缺乏全面的环境性能知识或者项目在环境性能目标上有特别高的要求的时候。设计咨询顾问需要根据情况和建筑师或业主进行协商;

(6) 最后,在签署合同时可以考虑:如果设计团队能够实现预订的性能目标,业主将提供额外的经济激励措施。

2. 风险评价

风险评价需要在特殊的环境中进行,包括合法化、动机、责任、义务等方面,这些既是创新设计方法的一部分,也是实施过程中将要面临的问题。当然,革新的解决方案也暗示了机会与利益,这使得个体的行动者愿意面对风险。

(1) 风险分析需要尽早开展,最好在设计概念阶段就开始进行。

(2) 在绿色建筑的实施过程中,往往存在一定的风险,如设计中的限制条件、意外成本的增加、设计工作量增加的补偿等。因此在设计初期,业主、设计师、承包商就应该坦诚地交流这些问题,并在合同中明确。

(3) 必须预防由于冒进和欠考虑所造成的超出业主承受能力的风险。

(4) 风险管理可通过利用相关政策的支持和相应的安全措施(如购买保险)来进行。

(5) 对设计团队人员进行及时调整(如某专业人员能力不足),这将有效地发现和减少风险。

(6) 对采用新设备和新技术所存在风险的验证很重要,但贸然放弃技术解决方案可能带来的是低下的建筑性能——一个标准的解决方案只能带来普通的建筑性能。

3. 目标/利益的冲突

在确定项目目标和设计过程中,设计团队成员处理问题的方式方法存在着差异,这就导致了个体和群体的目标与利益的冲突。某些解决问题的方法可能从单一专业（或者从局部来看）是合理和有利的，但从整体的角度来看却不尽然。因此，在集成化设计的流程中应尽可能从整体而非局部来考虑问题，这就需要整个设计团队成员的高度协调与合作。此外，还必须考虑到由于集成化设计的复杂性，设计团队的设计费用应相应增加。

（1）由于集成化设计流程需要由不同成员参与，因此不能将实现项目目标和提高建筑性能的决定权过度集中到少数几个人身上。

（2）业主必须从长期而非短期（整体而非局部）的角度考虑项目目标的优越性。

（3）当目标/利益存在冲突的迹象时，应该经过团队成员以及有经验的专家进行充分论证，并采取合适措施尽可能使局部利益和整体利益达成一致。

（4）传统的设计报酬是根据建筑造价按比例提取的，而良好的设计虽然花费了更多的时间和精力，但可能并没有增加建筑成本（甚至有可能降低成本），这就打消了设计团队进行认真设计的积极性。因此，设计报酬的计算应该从数量向质量转变。例如，可以既提供一次性酬金也提供激励型奖金（如果建筑性能达到预期目标的话），这样可以降低业主和设计团队之间的利益冲突。

（5）确保设计人员不会从产品选择上获益，这会抵消他们做出正确选择的积极性。

（6）作为预防手段，指定独立的协调人员（例如资深建筑师或者外部调解人），在早期重视并消除潜在的利益冲突。

4. 职责分配

职责分配是实现项目目标的保证，它为团队成员规定了各自的任务并确保其为性能优化做出正确决策。

（1）为设计团队制定适当的管理结构并明确各成员的责任，团队中经验丰富的人员应该对于设计过程中出现的问题提供清晰的解释以促进设计过程的顺利进行。

（2）决策者必须具备丰富的专业知识结构和社会责任感。

（3）各专业的职责分配、设计过程中各阶段目标的衔接、各专业的学科交叉以及所需要的知识结构水平都必须得到明确的定义。

（4）在设计合同中就明确适当的职责分配来保证一个强有力的设计团队正常运转。如果部分任务被转包，应告知设计团队以避免潜在问题的发生。

（5）职责的分配应该以提高设计质量和建筑性能为目标。

5. 设计报酬

除了设计周期的压力，设计报酬也是设计人员十分关注的。支付结构解决了设计团队根据其相应能力和应尽职责获取应得报酬的问题。因为低廉的设计报酬将降低设计团队设计和探索的热情，并导致设计人员模仿和抄袭已有的解决方案或采用容易模拟的解决方案。

（1）使业主确信在设计前期的投资将有利于整个项目。

（2）与设计团队成员协商并明确相关工作量以保证设计合同的顺利签订。

（3）增加基于建筑性能的设计报酬，而非像传统设计报酬那样仅仅以纯粹的预算或者建筑成本为基数计算。

(4) 在设计流程中随时评价优化方案的可能性,业主应接受据此产生的合理成本变化。

(5) 当成本有所增加时,设计团队应说服业主放弃不正确的成本期望。

6. 经济学 VS 生态学

(1) 在项目开始时,可以认真考虑"建还是不建"的问题:无需新建一栋建筑——改造现有建筑——经常是一种最可持续的、有利的解决方案。

(2) 为了长期的目标放弃短期的局部利益。

(3) 经济性评估必须重视所有的成本,包括外部环境开销。

(4) 建筑一定要置于全寿命周期的环境中评估。

(5) 多功能性和适当的灵活性作为基本的可持续性目标应集成到建筑设计理念中。

(6) 经济性和高性能建成环境之间的矛盾可以借用建筑评价工具来平衡。

(7) 设计团队自身必须对成本和性能的相互关系有深入的了解,以便评估在设计优化过程中成本的变化。

(8) 明确生态学不是经济学的对立面,而是可持续性的一部分。

7. 质量管理

质量管理包括方法和策略,这些方法和策略可以通过控制设计过程来保证设计质量,以避免设计过程中的轻率决策。

(1) 质量管理应以提高建筑性能为目标,避免在集成化设计任一阶段中选择较差的方案。

(2) 为提高设计和质量管理的水平,应在设计过程的不同阶段都编制相关文件并作出正确的决策。

(3) 保证在设计过程和管理能力上的连续性和协调性。

(4) 及早考虑工作流程、成本、时间进程等相关细节——尤其是复杂项目。

(5) 在对设计性能进行优化时也要考虑额外的设计报酬,以便聘请外部专家提供支持。

(6) 如果设计团队(包含业主)难以控制和协调整个设计流程,那么需要指派一个外部专家担任协调员。

(7) 与标准的项目管理相比,管理者应精通协调、设计相关内容和流程管理,以便优化以可持续性为导向的目标。

(8) 建造过程的质量控制不能取代设计中的质量控制。在大多数项目中,糟糕的设计和管理质量往往导致糟糕的建造和运行。

8. 场地潜力

场地潜力包括由城市环境和特殊场地条件带来的机会与局限性。每个建筑项目建造之前都需要对场地进行仔细的分析。

(1) 最大的场地潜力常常是现有建筑的改造和重新开发(建或不建)。为了将这些潜力结合入预期的项目策略,场地需要经常检查和评估。

(2) 全面的发展场地的标准并准备相关证明文件。根据这些标准制定检查清单,并用于选址程序和不同场地选择的评估流程。场地分析必须包括通过环境检查清单或类似方法来做的可持续设计的所有方面。

(3) 评估场地的自然条件并尽可能加以利用,包括对所有微气候指标(如太阳辐射、风、降水量分布特征、地形条件等)的深入研究。

(4) 结合对场地气候条件的分析进行系统选择、能源利用、自然采光和热舒适控制。

(5) 充分考虑建造时的必要开支,如场地平整、土壤和地下水特征;充分考虑建造过程中可能的损害和预防措施。

(6) 充分评估和调查研究现有条件,避免出现违反强制性法规条例的设计。

(7) 设计过程中充分考虑由场地环境造成的、对结构和空间的长期影响。

(8) 如果必要,也可能需要重新选址。

9. 趋势与市场

业主的意图常常被市场的需求导向所影响。这是基于经济条件、社会文化风俗所形成的。项目目标与市场需求、建筑工业发展趋势及其相互关系有关。这些问题可能影响项目的时间、资金、公共债券等方面。

(1) 需要做出努力来促使业主意识到环境性能的长期优点。全生命周期成本的考虑就是引导业主远离只注重短期利益和外观效果的一种最有效的方法。

(2) 与传统流程相比,由于具有分工明确、知识结构完备的高水平集成,集成化设计和建造流程对项目目标和整体性能有实质性的提高。

(3) 不能以"经济性"作为借口来拒绝集成化设计。

(4) 备选方案的确定不应受到所选技术成本的影响。

(5) 在公共建筑的设计中,设计团队应在所有设计阶段都考虑降低成本,避免后续过程因出现赤字而导致质量标准的降低。

(6) 不断关注新材料、新设备、新产品和新技术的发展及其多样性。

10. 沟通

设计团队成员之间及其与外部专家之间的良好沟通与信息互换,是一个合格团队的基本要求,也是多学科合作的实质性基础。

(1) 首先,设计团队成员必须保证其沟通能力和多学科的团队合作能力。在设计初期团队领导者应解释集成化设计流程的特性并明确团队沟通的重要性。

(2) 认真审视团队成员为满足项目目标而提出的要求,在大多数情况下,成员间的相互尊重和理解有利于实现整体目标。

(3) 当需要做出重大决策、进行方案调整以及完成阶段性目标时,应该由有能力的调解人主持召开讨论会。这将加强团队成员间的交流与信任,也意味着更有效率的工作。

(4) 集成化设计流程必须有一个具有协调能力的专业人员全程参与和引导。如果建筑师无法做到,就需要聘请一个外部协调人(通常是咨询商)。当无法解决的冲突出现时,外部协调人就需要介入了。

(5) 在设计过程中,团队成员的所有信息都需要及时公开,这样可以在团队中迅速和完整地传递问题和冲突。清晰的工作流,可以使团队成员充分合作并提高效率。

(6) 团队成员之间的沟通方式多种多样,包括技术手段(系统、软件、形式等)。

(7) 保证沟通渠道的畅通以提高设计效率。

11. 连续性

连续性是设计流程中最基本的特征。设计流程的连续性对于集成化设计是极其重要的，设计流程的脱节和对项目目标关注的中断会严重影响项目的最终质量和性能。

（1）必须基于长期的观点来确定项目目标。

（2）设计过程中有意义的协调是建立在连续的基础上的。

（3）为项目制定详细的工作计划，在集成化设计的不同阶段提交完整的报告。这样，即使设计团队中有成员离开也能保证设计继续正常进行。

（4）由于集成化设计的周期较长，因此需要建立一个长期的管理方案，这也能帮助团队成员回顾已定的主要决策。

（5）合理地组织安排设计团队并结合签订合同的方式以维持设计团队的完整性，减少人员变动。

（6）在建造过程中，设计目标的正确实现只能通过连续的建造管理和质量控制来保证。

12. 目标冲突

由于集成化设计的复杂性和设计过程的多学科融合，造成了目标冲突。相互矛盾的设计意图所引发的目标冲突阻碍了项目目标的整体实现。

（1）通过对设计流程中优先考虑因素的反复调整来降低目标冲突的出现几率。

（2）通过有效的沟通和对各设计阶段综合报告的回顾来降低目标冲突的可能性。不同的备选方案往往可以减少不同的矛盾，因此有必要和业主共同协商决策。

（3）设计决策的结果需要通过多学科方法来持续追踪并检验。

（4）为了保证设计流程中的经济性和兼容性，核查降低目标冲突而采用的设计方法。

（5）某些无法定量分析的问题（例如建筑哲学、时髦的材料、特别中意的建造系统和要素）可以主观或自由地决定。

第二节 集成化设计的不同阶段

集成化设计流程涉及建筑平面功能、空间和造型设计、能耗、室内环境、建筑结构和构造等方面，因而整体考虑非常重要。需要构建出清晰的设计流程，以利提高对设计目的、设计行为、参与者和设计对象的整体认识，并用最佳方法对它们进行适时调节。没有清晰的流程，复杂的集成设计就会流于形式，既定目标就不可能达到。

一、集成化设计的目标

集成化设计从建筑生命周期的角度出发，综合考虑建筑在使用过程中运行费用的降低，减轻物理环境负荷，从而最小化能源需求——使用者在声、光、热环境上的舒适，和绿色建材的应用。

建筑生命周期是指建筑物从材料与构件生产（含原材料的开采）、规划与设计、建造与运输、运行与维护直至拆除与处理（废弃、再循环和再利用等）的全循环过程。从使用功能的角度，是指从交付使用到其功能再也不能修复使用为止的阶段性过程，即建筑的使用(功能、自然)生命周期。

图 4-2 显示了决策的有效性是如何在建筑物寿命周期的不同阶段逐步衰落的。决策对于一栋寿命为 50 年或 100 年的建筑物的性能与使用效率有着重要的影响，越早做出决策，其成本通常越低。

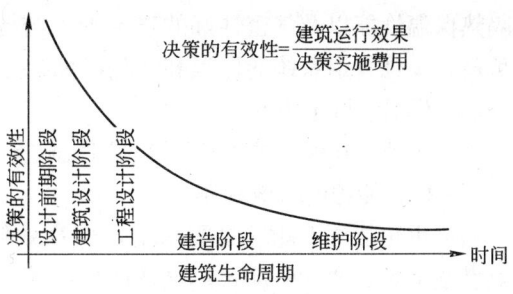

图 4-2　建筑物寿命周期不同阶段的决策效力

二、集成化设计的策略

集成建筑理念涉及传统思维中三类不同的主要专业——建筑、结构和设备，每一个理念都可以由相关专业运用自身特有方法独立发展——不过是运用集成设计流程产生集成化解决方案——从而形成了集成化建筑的概念。因此集成化建筑包含了三方面的内容：

(1) 房屋的建筑理念；
(2) 房屋的结构理念；
(3) 房屋的能源与环境理念。

由于能源与环境理念是可持续建筑和集成设计的基础和最重要部分，本节重点讨论能源与环境理念的分类及其实现途径，并由此而衍生出相关的设计策略：

(1) 建筑能源与环境理念的设计对策；
(2) 气候设计准则；
(3) 节能建筑设计原则。

1. 能源与环境理念的设计对策

为了获得集成化设计方案，发展能源与环境建筑理念，有必要对具体的设计策略进行界定和应用。

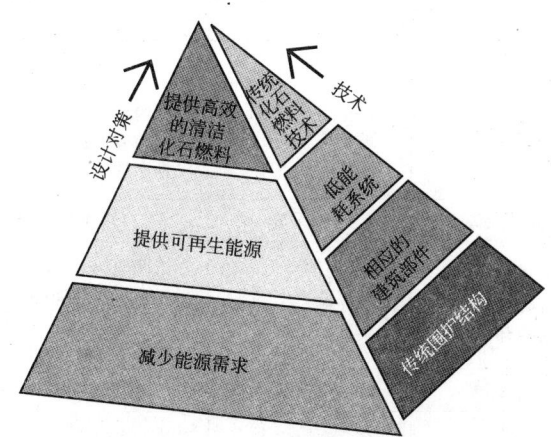

图 4-3　能源与环境建筑理念设计步骤及相应技术运用图解

图 4-3 所示的设计步骤衍生自"京都金字塔"方法。"京都金字塔"方法是设计挪威低能耗建筑时产生的一种设计策略。它是在奈森(Lysen)提出的三叠能源方法(Trias Energetic Method)的基础上发展而来的。"金字塔"的右边显示了每一步可能采取的技术解决措施。在集成化设计步骤中，从"金字塔"的底部开始，按以下步骤运用策略与技术：

(1) 减少需求

优化建筑体型与分区，优化建筑朝向以及窗墙比，利用自然采光，采用隔热保温性能以及气密性好的建筑围护结构构件，使用节能的围护结构产品减少冷热负荷，加强管道系统的保温和防漏以减少热损失。

(2) 利用可再生能源

采用主动式和被动式技术充分利用太阳能、风能、地热能和生物质能等可再生能源。

(3) 化石能源的有效利用

当可再生能源不能满足需求时，应高效使用污染较小的化石能源，如采用热泵、高效燃气锅炉，燃气驱动式热电联产系统等。在天气炎热时采用热回收装置对建筑室内排风中的能量进行回收利用；采用高效节能的电气照明系统；采用对采暖、通风、照明等设备进行需求控制的智能控制系统。

该方法的主要的优点在于在设计建筑能源系统之前，强调降低能源负荷的重要性，并为尽可能降低建筑的环境负荷提供了解决方案。

在概念设计和初步设计阶段，采暖、制冷、照明和通风的设计可以按照以下步骤完成：

第一步是将建筑围护结构的功能考虑为气候调节器，它只需要改变建筑和围护结构设计的某些因素，如朝向、体形系数、外表面颜色等，大部分措施并不需要增加投资，措施本身更不需要消耗能源，而只需要在建筑功能和形体方面综合考虑，即可改善建筑室内环境，从而减少未来的建筑能耗。

第二步涉及内部得热、被动式采暖、被动式冷却、自然采光和自然通风的优化设计，这一步的大部分措施需要在建筑功能满足的基础上增设建筑围护结构措施，但这些措施本身并不需要消耗能源，只是可能增加部分投资。

第三步是对建筑设备进行设计，承担第一、第二步完成后仍需处理的冷、热和照明负荷。这一阶段需要统一考虑第一、第二步的技术措施和建筑设备之间的相互作用，进行优化设计，在此基础上采用信息技术对建筑设备进行节能控制。表 4-1 显示了每一步骤中通常考虑的设计要素。

每个设计步骤所应考虑的具体要素　　　　表 4-1

	制热	制冷	照明	通风
步骤 1	保温	隔热	自然光	自然通风
基础设计	体形系数； 绝热； 空气渗透	遮阳； 外表面颜色； 绝热	窗； 玻璃装配； 室内装修	建筑形式； 窗与开口； 烟囱效应
步骤 2	被动式太阳能	被动式冷却	自然采光	自然通风
基于气候的设计	直接获得； 墙体蓄热； 太阳房	蒸发冷却； 对流降温； 辐射冷却	天窗； 采光棚； 采光井	单侧通风； 穿堂或热压通风； 气流组织； 控制策略
步骤 3	制热系统	制冷系统	人工照明	机械通风
设备系统设计	散热器； 辐射采暖； 空调采暖	机械制冷； 辐射供冷； 空调制冷	灯； 照明设备； 设备定位	机械送风； 机械排风； 混合或置换通风

室内环境的影响因素：采暖、制冷、照明和通风等设计都应纳入到这三大步骤中。如前文所述，可持续建筑实践中最容易接受的部分是减少建筑物的冷、热、光负荷而做到节能，同时保证室内环境。传统的观念认为保证室内环境是设备工程师的责任，因此，通常不太关注建筑室内热环境的建筑师有时在极热或极冷气候环境中设计大面积的玻璃饰面时，工程师被迫设置大型采暖或制冷设备来维持热舒适感。集成化设计的模式下，我们必须清楚地认识到，建筑师每一步骤都必须考虑采暖、制冷、通风和采光的需求进行设计，才能产生优秀的可持续建筑。

集成化建筑之所以可取，可归结到以下几个原因：由于减少了建筑设备系统造价和运行能耗，建筑成本低廉；由于更多地采用自然方式进行室内环境调节，因而舒适感会有所增加。但由于某些用户有不同的偏好，因此仍需要通过宏观的管理加以控制。

对哥本哈根一栋新建的办公楼进行的参数优化研究可以说明集成化方法对于能源利用的重要性。在研究中，对整个外立面中双层玻璃幕墙对于能耗的影响进行了模型分析。西向或东向增加玻璃饰面都会引起冷、热负荷增加。显然，如果仅仅考虑这个因素，应该将玻璃饰面减到最小；然而，立面增加45%的玻璃饰面，却能大大减少人工照明的能源需求。当全盘考虑采暖、制冷和采光的基本能源需求时，立面增加40%的玻璃饰面会达到节能最佳的效果，如图4-4所示。当然，这个参数仅仅适应该建筑物的情况，气候的差异、供电方式的不同以及玻璃材料的差别都会带来不同的结果。

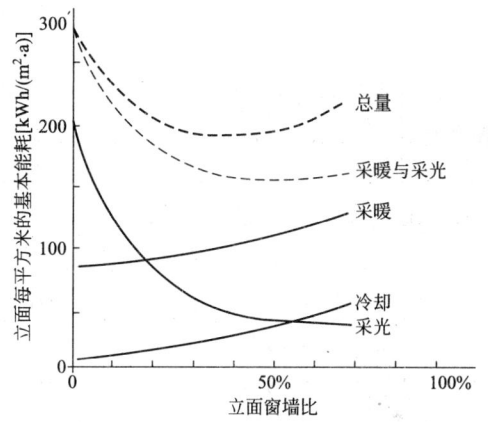

图4-4 哥本哈根东向或西向立面双层玻璃幕墙每平方米的基本能耗

2. 气候设计准则

气候设计准则对于获取最佳的能源和环境建筑理念非常重要。气候设计是一门艺术，也是运用有益的自然元素——太阳、风、土地和温度、植物和湿度——创造出舒适、节能和智能环境的建筑科学。合适的设计过程应该是顺应而不是违背自然，利用它的潜能创造更好的居住环境。气候设计准则来源于通过自然气候元素创造出舒适的人类居住场所的需求。一般来说，只有在特殊的环境条件下，依靠自然资源就能保证建筑室内环境中人体的舒适感要求。大部分情况下，不同气候区在全年气候设计将随着全年主导气候条件的变化而改变，例如主导气候条件相对于冬季来说是舒适还是对夏季来说过热。

图4-5总结了逻辑上应遵循的极限气候条件下的气候设计原则。
相关术语简单解释如下：
（1）减少导热的热流：采用隔热或其他措施使热能保留在室内或隔绝在室外；
（2）促进太阳能的获取：采用太阳能加热和被动式太阳房技术；

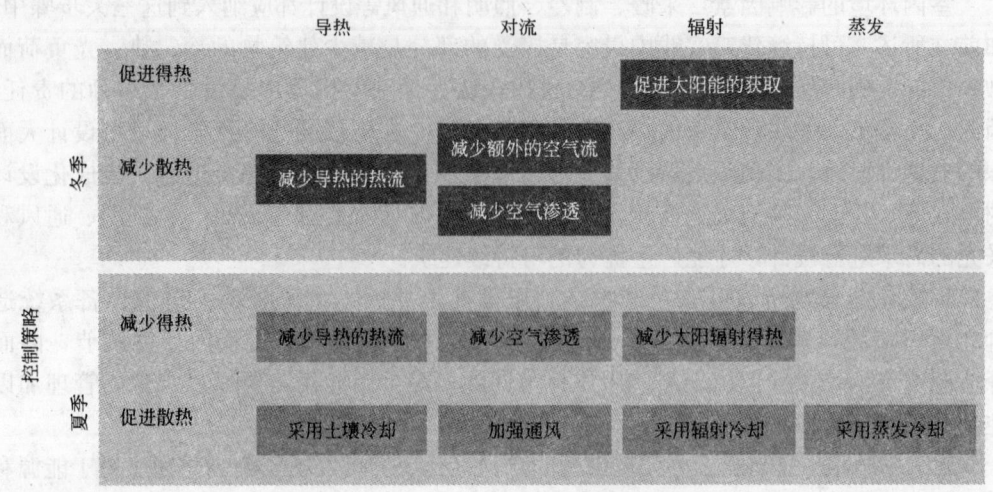

图 4-5 气候设计准则

(3) 降低额外的空气流：降低冬季的寒风和冷却效应（如在建筑物周围种植树木）；

(4) 减少空气渗漏：减少因不必要的空气渗漏而造成的热量损失；

(5) 采用土壤冷却：将土壤作为散热器和蓄热器；

(6) 减少太阳辐射得热：采用遮阳和其他防护技术；

(7) 加强通风：尽量采用自然通风降低室内气温；

(8) 采用蒸发冷却：利用水的蒸发来冷却空气与建筑物表面；

(9) 采用辐射冷却：利用对"夜空"的暴露来冷却建筑围护结构或庭院。

其中部分原则是不言而喻的，几乎适用于任何气候环境。在冬季或室内温度较低的条件下，为了创造舒适的环境，设计师的意图是"促进得热"（从太阳和其他可用的热资源），"减少散热"。在夏季或室内温度较高的条件下，为了创造舒适的环境，设计师会改变意图，尽一切可能"减少得热"，"促进散热"。这些原则乍看起来自相矛盾，即冬季"促进太阳辐射通过围护结构进入室内"，夏季"减少太阳辐射通过围护结构进入室内"。在这种情况下，可以根据太阳高度角的季节性变化的特点，合理设计窗的朝向和遮阳，以最大化实现冬季的得热与夏季的遮阳，从而解决这些矛盾。在其他情况下，这些准则也会产生矛盾，因此有必要达成妥协。从总体原则的设置来看，建筑师应基于气候分析来选择合适的建筑场地设计原则。在进行气候设计时，可以根据以下八条原则来进行归类，这八条涵盖了气候关键设计要素的原则整合了多种技术：

(1) 风屏障：提供风缓冲，冬季降低风速过高冷却，夏季增加通风降温；

(2) 植物与水体：种植植被和利用水体加强蒸发冷却；

(3) 室内外空间：设置过渡空间作为室内外热环境的缓冲；

(4) 覆土：采用建筑覆土的方式，借助土壤蓄热降低室内温度波动；

(5) 太阳能墙体与窗：使用太阳能采暖、采光与通风；

(6) 建筑围护结构：加大热阻，保证良好的隔热及热流峰值时间延迟；
(7) 遮阳：利用遮阳构件减少太阳能获取量；
(8) 自然通风：利用合理的空气流动降温。

3. 节能建筑设计原则

(1) 设计原则

表4-2是在英国建筑设备工程师学会（CIBSE）关于能源方针的基础上发展而来的导则，它为设计师的实践提供了平台，设计师应不遗余力的遵循。

节能建筑设计原则及实施措施　　　　　　　　　　　　　　　表 4-2

原则	实施措施
集成化设计	尽可能设计节能建筑并采用高效设备，整体设计不仅要适合气候条件，还必须满足住户的需求
节能要点	客户的设计委托中应包含所有新的、或重新装修的建筑的节能设计规范，在设计过程中审视与这些规范相关的方案
集成化设计团队	尽可能与团队其他成员合作以优化建筑物的环境性能
减少需求	通过建筑体型的控制和尽可能利用自然能源的被动式设计，使能源需求最小，并尽量避免使用空调
运行设计	简化设计并排除可能失败的方案，从而使建筑能正常运行、便于维护、易于管理
优化设备	选择最为节能的设备并保证设备机组具有合适的容量
有效控制	采用节能控制，使系统有效、安全、经济地运行；允许住户根据自身舒适度调节系统；避免系统的默认值为"打开"
完善移交	保证建筑设备的正常运行，并移交给管理操作人员和用户
改善操作	鼓励通过管理、维护、监控与控制，提高设备运行效率
理解建筑	为管理操作人员、工程师和用户提供相关文件，使其了解设计意图和建筑物的具体运行
监控与反馈	建立反馈机制，根据以往成功或失败的经验进行改善；采用合适的测量技术快速测出故障
提高能效	在设计与升级过程中尽量采用先进节能技术，但应避免系统过于复杂；在运行、维护、改造期间寻找机会改进现有建筑
环境影响	减小对外部环境的负面影响，将排放降到最低，使用对环境无害的材料与燃料

(2) 流程与策略

节能设计的过程应包括：

1) 确认使用者的需求；
2) 设计中运用最少的能源来满足建筑需求；
3) 成立集成化设计团队，签订促进节能的合同；
4) 尽早制定节能目标并以此为目的进行设计；
5) 保证建筑能正常运行、便于维护、易于管理、灵活可变；
6) 核查最终设计是否符合既定目标。

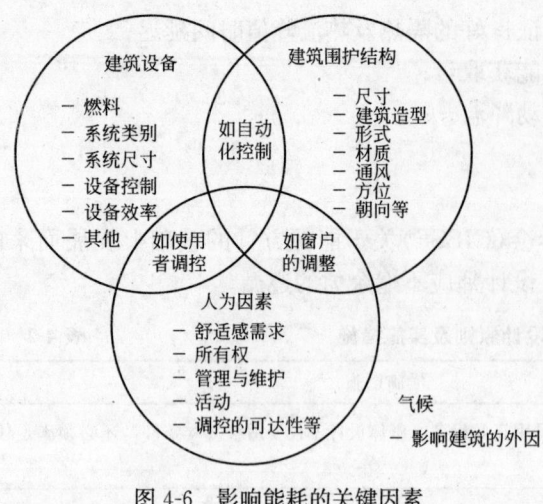

节能建筑设计的成功与否取决于对建筑围护结构、建筑设备与人为因素之间关系的理解，如图4-6所示。建筑围护结构、建筑设备与人为因素的整合应引起重视，它是初步设计阶段的重要部分。初期的设计理念应该由客户的标准来检验，通常包括成本、室内环境品质和能源环境目标；如果不符合其指标，设计团队应重新考虑设计理念或客户的需求。重复该过程对实现节能目标是非常关键的，它要求设计团队反复思考设计中的基本原则和修正相关的方案和措施。

图4-6 影响能耗的关键因素

第三节 集成化设计流程综述

集成化设计流程是由许多粗略界定的阶段组成的，它要求每个阶段都有独立的循环，并对贯穿整个设计流程的设计目标和准则不断地进行检查。

根据解决各个阶段问题的难度和本阶段前面设计过程中得到的结果，循环重复的特点是不同的。设计者应该关注循环工作流程间的重合部分，它可以是最初成果、阶段性成果和最终决策。两个设计阶段的过渡需要称职的项目管理人员组织，他（她）需要在仔细地处理各种信息的基础上果断地进行决策，如图4-7所示。

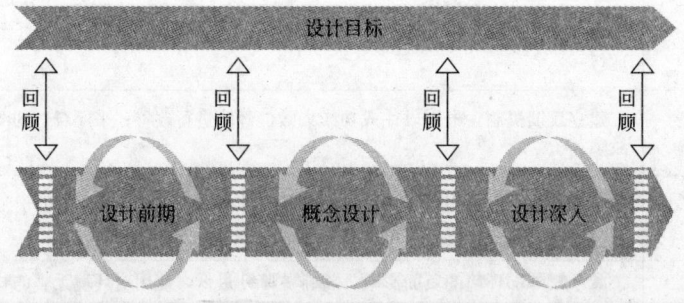

图4-7 集成化设计流程原理

集成化设计流程包括以下主要阶段：

1. 设计开发要点

该阶段包括确定设计目标和准则以及可行性研究。对于可持续建筑而言，这个阶段应包括对能源目标、环境目标、寿命周期的运行费用和集成化设计需求的界定。

2. 设计前期阶段

该阶段对包括风、太阳、景观和城市发展规划在内的场地潜力进行分析，对业主的任务书和功能列表进行分析。确定建筑设计、能源系统、可再生能源系统、室内环境解决方案的基本原则。

3. 方案设计阶段

该阶段将建筑、结构、能源和环境理念联系起来，结合室内环境以及功能需求进行综合考虑。同时结合设计开发要点比较各个不同解决方案的优缺点。

4. 初步设计阶段

在此阶段中，当与既定目标相吻合时，建筑理念就会通过草图、计算、调整和优化，转变成为具体的建筑和技术解决方案。建筑、空间、功能、结构、能耗需求和室内环境方案得以清晰。

5. 施工图设计阶段

在此阶段中，在建筑承包商、材料供应商和产品制造商的协助下，完善技术性解决方案，并完成设计说明和最终施工图。

6. 签订并实施合同阶段

对建造过程进行全程监督以确保对能源和环境问题的理解。该阶段也包括建造过程监控和部分试运行。

7. 试运行与交付使用阶段

该阶段建筑物将试运行以确保建筑和技术系统能正常工作，然后将建筑物移交给业主和用户。

8. 建筑的运行和维护阶段

通过对建筑进行充分的管理与维护、持续的监控以及对其性能改进进行评估以促使能源和环境性能长期保持高效。

一、设计开发要点

1. 本阶段目标

描述和界定建设项目，并明确包括公众需求、评价标准和性能指标在内的所有需求。

2. 与其他设计阶段的关系

对建设项目的基本分析和可行性研究的结果是整个设计流程的出发点。

3. 参与者

建筑业主与核心设计人员一起成立设计团队。

4. 设计的主要内容

该阶段包括对设计意图、目标和相关指标的定义和可行性研究。对可持续建筑设计而言，关键在于该阶段还应包括能源目标、环境目标、建筑寿命周期运行费用以及进行集成化设计的相关需求，如图4-8所示。

主要内容包括：

（1）通过可行性研究检验客户的需求和目的。

（2）建立灵活的机制以满足多种需求和预期目标。

（3）明确并分析权衡项目中基本要素，仔细讨论可能产生的冲突。

（4）业主、项目管理人以及可能的用户应该积极介入建筑场地分析。

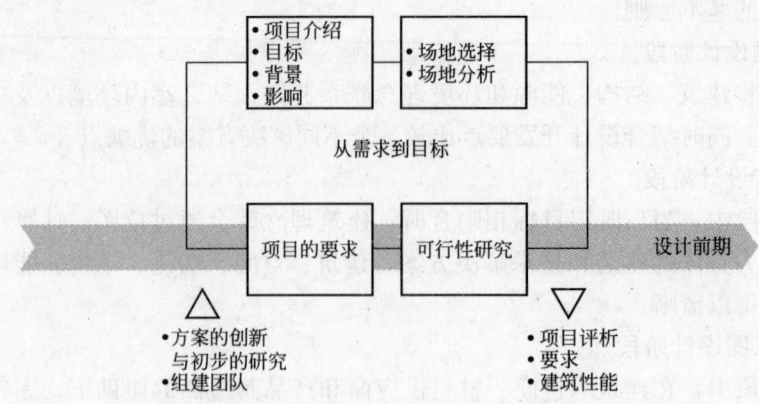

图 4-8　设计开发要点（IEA SHC Task 23，2003）

（5）为更好地评价项目的组织流程和技术水平，新技术的采用应建立在对相关规范、标准和指南进行分析的基础上。

（6）协调团队框架、事务处理方式以及交流的方式以保证设计人员之间能在合适的时候核查能源和环境目标。

（7）在详细的可行性研究之后，或至少在对相关参考方案进行对比研究以后，确定投资上限并做出预算。

（8）业主对实现可持续性能提供所需支持的承诺，应转换为可评价的基准值，并进入评价体系。

（9）流程的关键是对相关可持续目标的清晰定义，它必须综合多方面的因素（包括风险与机遇）。团队成员应对项目目标、宗旨和需求进行严格的审查。

（10）作为关键的角色，业主应介入目标的界定，使其认识设计过程的意义和复杂性。客户和建筑师应一起努力协调整个设计流程和设计团队成员之间的关系。

（11）在项目进行过程中，正确选择主导因素并尽早界定主要目标。

5. 主要成果

该阶段的主要成果是对设计开发要点进行清晰的界定。

二、设计前期阶段

1. 本阶段目标

分析包括风、太阳、景观和城市发展规划在内的场地因素；分析业主提供的资料，依据任务书进行设计；确定能源系统、可再生能源系统、室内环境和建设项目的相关原则。

2. 与其他设计阶段的关系

设计开发要点、基地文脉和完整的设计团队是整个流程的出发点。

3. 参与者

业主、设计团队核心成员和财务专家。

4. 设计的主要内容

在准备开始草图构思过程前，建筑师应对所有信息资料进行分析。如场地状况、周边建筑、地形特征、植被状况、太阳、光影、主导风向、周围建筑的规模及入口。建筑师还应考虑区域规划、市政工程规划和本地规划的要求。此外，了解地方特色也非常重要。

通过分析业主提供的任务书，得到业主对于诸如空间、物流等相关要求的具体信息。该阶段同时也决定是否让新建建筑成为场地周围或城市景观中的标志性建筑。

相关原则的确定——节能目标（采暖、制冷、通风和采光）；室内环境品质（热环境、舒适度、空气质量、声学条件和采光条件）；被动式技术的实施（自然通风、自然采光、被动式采暖和制冷）——也同样十分重要。在制定这些原则时应考虑当地气候状况和能源供给网络。必要时也应考虑业主的其他要求，如相关材料的寿命周期评价、太阳能电池等。

本设计阶段的其他内容包括：

（1）整个设计团队——业主、各专业设计人员、财务专家并尽可能包括建筑用户或物业管理员——一起讨论详细的可持续发展目标。

（2）认真检查项目的设计程序和总目标，保证其完整性，避免子目标之间的矛盾。随后，设计团队应将业主的需求转化为流程要求、性能指标及设计过程中的评价标准。

（3）所有成员应该对有关可持续设计、建造和运行的基本目标和技术策略达成一致。这意味着即使部分成员对于建筑理念有不同的理解，也应该慎重考虑，充分讨论。

（4）除技术因素外，在讨论方案时还必须考虑投资估算。

（5）项目的预算由业主控制，但是设计团队可以通过合理的估算来建议资金在建筑和能源系统、设备和建筑施工等方面的分配比例。

5. 主要成果

该阶段的主要成果是对文脉、场地、建筑设计潜力以及可能采用的设计策略的分析。

三、方案设计阶段

1. 本阶段目标

将建筑、结构与建筑能源和环境理念、室内环境理念和功能需求结合起来。深化不同的概念设计方案，参照设计开发要点中设定的目标，评估各个方案的优缺点及性能特征。

2. 与其他设计阶段的关系

该阶段的工作以设计开发要点和设计前期阶段的详细分析为基础。

3. 参与者

设计团队核心成员、其他专业的专家。

4. 设计的主要内容

在概念设计阶段，建筑师与工程师的专业知识整合并相互启发，以满足建筑需求。同时，建筑设计、工作或生活环境和视觉效果的要求，功能、结构、能耗、室内环境质量的要求，其他质量指标诸如建筑质量、热舒适、户外景观、照明的要求，均在该过程中实现。在概念设计阶段，通过对设计方案的深化来满足指标要求和设计过程中的其他需求。

综上所述，该阶段将建筑设计各专业的信息进行相互整合。设计节能建筑或可持续建筑的先决条件如下：在概念设计阶段，设计者必须不断评测所采用的建筑形式、平面布局、建设计划、建筑朝向、构造方式，根据采暖、制冷、通风和采光要求决定气候对于建筑节能的影响，并考虑这些因素的相互制约。上述各因素间的相互关系必须满足建筑功能和能源环境等技术方面的需求。

技术性方案的选择可以通过简单计算方法或软件模拟方法进行，从而通过比较寻求解决方案。通过计算结果，设计团队可以全面系统地了解影响建筑能源和室内环境性能优化的主要因素。这样，设计团队能考虑这些因素，草拟各种较好的解决方案。

本设计阶段的其他内容包括：

(1) 建筑设计及设备选型方案的具有多样性和耦合性的特点，必须根据整体能源和环境目标评价不同的方案。

(2) 必须解决业主自用需求、公共需求与潜在客户需求之间的矛盾。

(3) 在检验前期确定的性能评价标准时，必须适时核查环境和能源目标。

(4) 应对建筑围护结构、自然采光、供水、废弃物处理和可采用的建筑材料等做出初步设想，设备系统(采暖、制冷、通风和热回收)应考虑其可靠性、灵活性及其成本。

5. 主要成果

该阶段的主要成果是集成化建筑的概念，如图4-9所示。

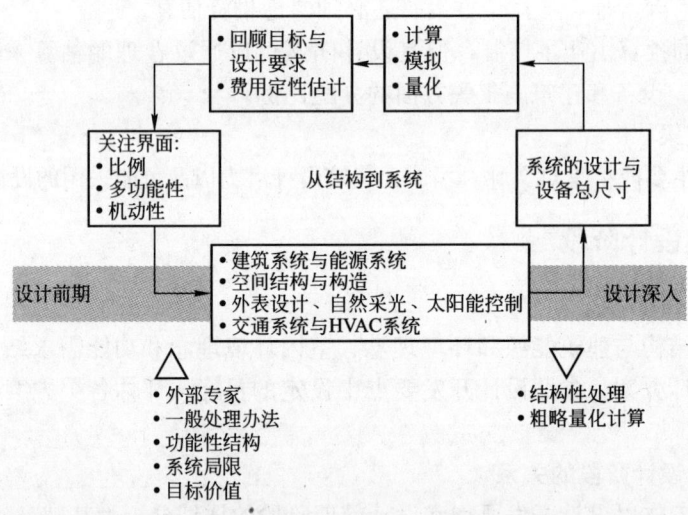

图4-9 方案设计阶段(IEA SHC Task 23，2003)

四、初步设计阶段

1. 本阶段目标

通过草图和深入的计算、调整与优化，在建筑和技术解决方案中进一步发展和改善集成化建筑的概念，直至设计意图与目标相吻合。

2. 与其他设计阶段的关系

该阶段的工作以集成建筑概念为基础。

3. 参与者

设计团队核心成员、其他专业的专家。

4. 设计的主要内容

通过初步设计,确定"新"建筑的最终形式,并使其符合设计意图。设计人员在该阶段必须做到:概念设计阶段考虑的所有因素——总体布局、建筑形式、功能、空间设计、室内布置、相关规范、室内环境技术和能源解决方案——必须进行整合。

在初步设计过程中,应该优化方案中的各种因素,如图 4-10 所示,技术计算模型应该完成和记录有关建筑能源和室内环境性能的计算结果。这样,使得建筑的每部分都能"各行其职",甚至有可能额外提高某些性能。

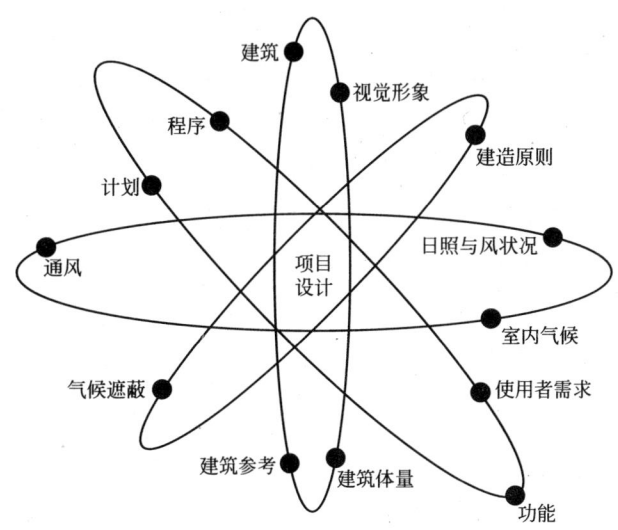

图 4-10　集成化设计流程中不同因素的描述

初步设计阶段决定了建筑的造型和最终表现形式,从而产生了集建筑学、空间、美学、视觉效果、功能与技术解决方案于一体的、可能是最为恰当的新建筑。

本设计阶段的其他内容包括(见图 4-11):

(1) 对先前设计阶段预选定的设备和材料进行详细说明,使之与设计团队一致通过的建筑结构和设备系统相符合。尤其应该对创新部分和新设备进行审查,有必要的话,还应进行模拟和测试。

(2) 为提高环境性能,选定的材料必须进行检测和抽查,例如可回收和可再生材料。生产商应该提供详细信息。

(3) 为方便建筑的运行和维护尽可能简化 HVAC 系统。

(4) 系统优化包括系统组件的微调以及整个 HVAC 系统的能效、投资和性能评价。

(5) 详图、模拟计算和分区方案包括设备、管道、电气系统、建筑冷热负荷和用电负荷。

(6) 根据能源和环境需要,评估材料和建筑的细部构造,包括墙体、屋面和玻璃

第四章 集成化设计的基本流程及主要阶段

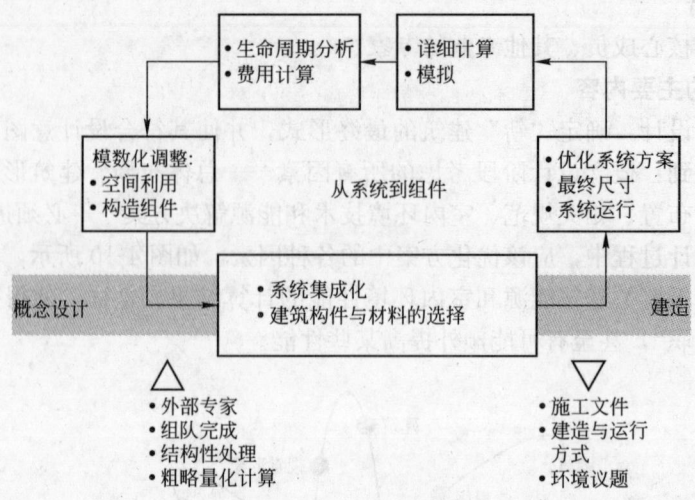

图 4-11 初步设计阶段(IEA SHC Task 23,2003)

窗的热工性能;热阻和热桥;建筑围护结构的气密性;防潮、防水和结露控制等的构造详图。

(7)审查环境和能源目标并核查项目初期确定的详细性能指标,从能源和成本角度制定提高建筑性能的策略。

5. 主要成果

该阶段的成果是:建筑解决方案、结构和技术解决方案、运行策略的详细描述。此外,还应有一份基于模拟的性能分析报告以保证能源环境指标和目标得到履行。

五、施工图设计阶段

1. 意图与目标

改善技术解决方案,联合工程承包商、设备商和材料商,确定相关产品的规格与型号并制作最终图纸。

2. 与其他设计阶段的关系

继续深化初步设计阶段的成果,该阶段和初步设计阶段同属设计流程中从系统到组件的阶段,其流程同初步设计阶段(见图 4-11)。

3. 参与者

设计团队核心成员、其他专业的专家、工程承包商、设备商和材料商。

4. 设计的主要内容

在施工图设计阶段,通过与建筑承包商、设备商和材料商的讨论与信息交流,制定包括图纸与产品规格在内的设计资料。最终的施工资料和产品规格必须包括所有的规范、详细的测量和检验要求,同时还要包括对必要的能源与环境性能的阐述和解释。尤其重要的是招标文件必须明确可持续建筑性能目标,并且其执行过程必须量化为清晰的可以检查的指标和要求。能源与环境分析的结果与设计执行过程一致,包括能源模拟和计算以及成本与效益的对比分析。

本设计阶段的其他内容包括:

(1) 为提高设计文件的质量,尽可能提供关于对建造过程要求的详细附加说明,消除可能的误解、曲解,避免提高成本或耽误工期。

(2) 在该复杂项目中有必要由相关人员对设计文件进行有效的检查和管理,以保证所有参与人员一直了解项目进展状况。

(3) 为业主或承包商提供最终的试运行计划,包括所有相关的建筑部件和设备系统的试运行计划。

(4) 保证施工过程中的协调与质量控制。核查业主与设备商、材料商以及工程承包商和转包商签订合同上规定的设计意图、工作范围和详细要求。

(5) 新型建筑部件需要进行现场甚至现场之外的能源性能和质量测试,包括检测原型(实验模型)或建筑构件。

5. 主要成果

该阶段的成果是对整个项目的综合描述。包括各专业相关图纸和设计文件、对施工过程和施工进度的要求、还应包括对能源与环境的最终分析报告。

六、集成化设计对建造过程的影响

在建造过程中,集成化团队可以为实施合同、建造监管提供设计支持,如图4-12所示。

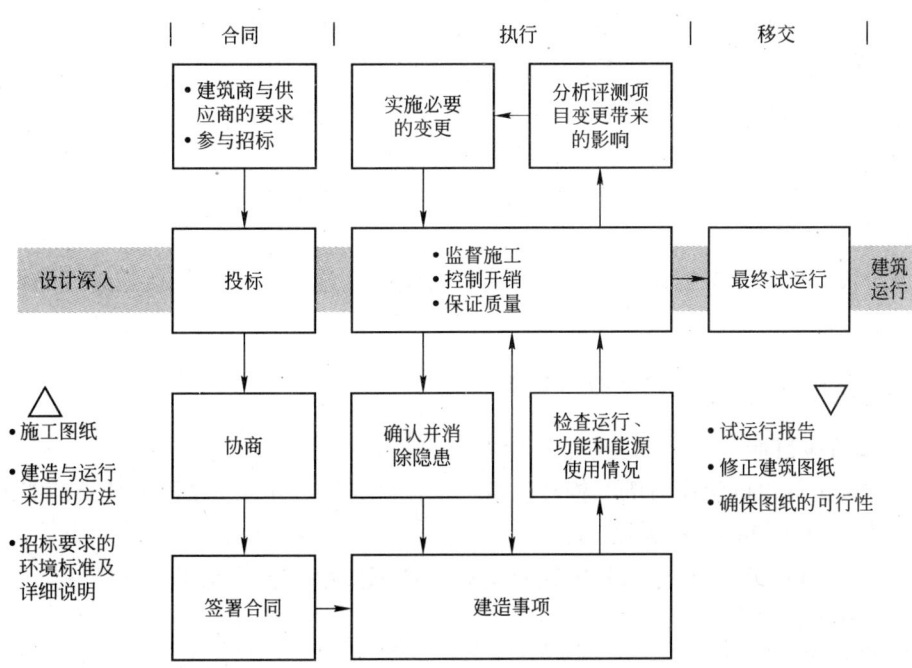

图4-12 为执行合同和建造监控提供的设计支持(IEA SHC Task 23,2003)

1. 本阶段目标

在建造过程中实施监控管理,从而确保相关人员了解能源和环境相关问题的重要性。这个过程同样包括质量监控和部分试运行。

2. 与其他设计阶段的关系

该阶段工作建立在施工图设计阶段中对整个项目综合描述的基础上。

3. 参与者

设计团队核心成员、其他专业的专家、工程承包商、设备商和材料商。

4. 主要内容

设计人员应密切联系监理人员（或者建设过程监控人员）并指导其工作，以确保人员了解能源和环境问题的重要性及其与实际建筑之间的关系。施工监督包括对工程承包商的持续监督控制和联系。指定一些了解项目概念和目标的专家，使招标和施工过程更加合理和规范。

本设计阶段的其他内容包括：

（1）招标和合同文件必须按程序签订，它需要承包商和转包商在施工过程中检验和记录详细而明确的可持续建筑性能目标。

（2）招标和设计文件的改动应纳入设计（合同）资料。所有的改动都应该像对待最初的设计版本一样仔细检查。施工现场必须准备所有相关的设计图纸和设计文件，以便及时更新，尤其是有关能源和环境的内容。

（3）基于能源和环境目标的控制和试运行的特殊要求，必须作为招标文件的一部分，进行综合说明。

（4）为了确认在关键的施工过程和突发情况下的能源和环境性能，应提倡在施工阶段进行抽样调查和部分试运行，并进行相应的质量检查。

（5）在施工过程中，部分系统的试运行、建筑部件和构件（如围护结构的热质量和气密性）必须及时进行适当调整以避免后续阶段可能出现的问题。

（6）竣工后，为了向建成项目提供设备管理和运行优化的具体信息，应及时更新设计资料。

5. 主要成果

该阶段的成果是根据设计目标和意图进行施工。施工日志应包括试运行的报告和协议、设计图纸的更新以及其他设计资料。

七、集成化设计对试运行的影响

1. 本阶段目标

进行试运行以确保所有的结构和设备系统正常工作，并评估实际的建筑性能。

2. 与其他设计阶段的关系

具体工作以对整个建设项目的执行过程、详细要求、全体意见和性能指标的最新的描述为基础。

3. 参与者

独立的试运行机构（如果可能的话）。

4. 主要内容

试运行所有的结构和设备系统，保证其正常工作。设备系统的性能应根据设计意图进行评估。必须完成所有检测（气密性等）和独立系统的局部试运行，在最终运行开始之前,必须消除所有隐患。

在试运行阶段,建议由独立的试运行机构来掌管试运行过程,这样可以消除直到真正运行开始时才能彻底暴露出来的一些隐患。

为了熟悉相关系统,设备管理人员应该参与试运行。如果操作人员能参与试运行,那么可以减少熟悉系统和进行训练(任何时候都需要)所耗费的成本。

5. 主要成果

房屋转交给房屋业主。根据设计开发要点中明确的能源和室内环境目标,试运行报告记录所有的结构与设备系统的运行,并对建筑性能进行评估。此外,除了跟进项目的信息外,设计人员还应向业主递交的最新的项目资料。

八、集成化设计对运行与维护的影响

建筑的运行与维护阶段设计流程如图 4-13 所示。

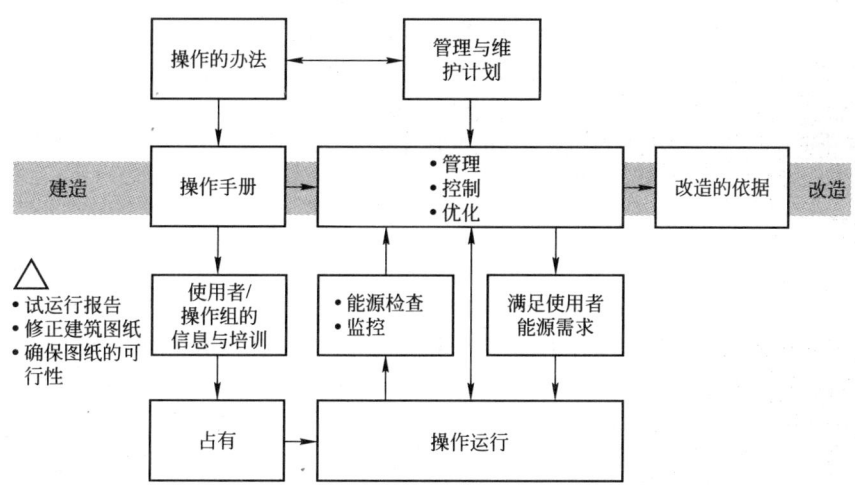

图 4-13　建筑的运行与维护阶段(IEA SHC Task 23,2003)

1. 本阶段目标

持续监控建筑的运行情况,及时评估性能的优化情况。

2. 与其他设计阶段的关系

该阶段的工作以对整个建筑从试运行阶段开始的情况进行及时更新为基础。

3. 参与者

物业管理机构。

4. 主要内容

该阶段的内容包括制定运行计划以保证建筑的正常运行并增强用户的认同感。业主和物业管理机构最好能向设计人员和能源顾问咨询建筑初始运行阶段可能出现的问题。在保修期结束之前根据最初的设计目标对建筑性能进行评估。在设计人员帮助下,对不足之处进行重点分析并相应的调整。

调整为优化操作程序(控制或调节)、保养(清洁、修理、替换)、日常维护和检修

第四章 集成化设计的基本流程及主要阶段

周期而制定的发展策略,使之与部分用户的特殊要求或特种构造的要求相符。

建筑的运行和维护方法以及日常维护应包括对能源和环境性能进行持续的检查。在气候变化、用户要求改变后应调整设备运行。

5. 主要成果

符合设计意图的、持续高效的建筑性能。

思考题

1. 集成化设计的基本流程是怎样的?
2. 集成化设计团队包括哪些成员?
3. 集成化设计流程的关键因素有哪些?
4. 在集成化设计中,节能建筑设计原则与实施措施包含哪些内容?
5. 集成化设计流程包括哪些主要的设计阶段?
6. 在集成化设计中,设计前期阶段要考虑的主要内容是什么?
7. 在集成化设计中,概念设计阶段要考虑的主要内容是什么?
8. 在集成化设计中,初步设计阶段要考虑的主要内容是什么?
9. 在集成化设计中,施工图设计阶段要考虑的主要内容是什么?

参考文献

[1] 张国强,徐峰,周晋. 可持续建筑技术 [M]. 北京:中国建筑工业出版社,2009.

[2] TopEnergy绿色建筑论坛. 绿色建筑评估 [M]. 北京:中国建筑工业出版社,2008.

[3] IEA SHC Task 23. Integrated Design Process. A Guideline for Sustainable and Solar-Optimised Building Design [OL]. www.iea-shc.org/task23/. 2003.

[4] (美)伦纳德,R·贝奇曼. 整合建筑—建筑学的系统要素 [M]. 梁多林译. 北京:机械工业出版社,2005.

[5] (美)G·Z·布朗,马克·德凯. 太阳辐射·风·自然光——建筑设计策略 [M]. 常志刚等译. 北京:中国建筑工业出版社,2008.

[6] Lewis O J. A green Vitruvius: principles and practice of sustainable architectural design [M]. London: James & James, 1999.

[7] Bachmann L R. Integrated Buildings: The system basis of architecture [M]. America: John Wiley & Sons, 2003.

[8] Nick B, Koen S. Energy and environment in architecture: a technical design guide [M]. London: London E & FN Spon, 2000.

[9] Dokka T, Rødsjø K. Kyoto Pyramiden [OL]. www.lavenergiboliger.no. 2005.

[10] Watson D, Labs K. Climatic Building Design-Energy-Efficient Building Principles and Practice [M]. Columbus: McGraw-Hill, 1983.

[11] EDP. Derictive of the European Parlement and of the Council on the energy performance of buildings [R]. EU, 2002.

[12] Edwards B. Green Architecture-An international Comparison [M]. America: John Wiley & Sons, 2001.

[13] CIBSE. CIBSE Guide: Energy efficiency in buildings [M]. United Kingdom: CIBSE, 1998.

[14] Todesco G. Sustainable Construction-Energy Efficiency Design Integration [J]. ASHRAE Journal. 1998, (6): 52-56.

[15] Hawkes D, McDonald J, Steemers K. The Selective Environment-An approach to environmentally responsive architecture [M]. London: Spon press, 2002.

[16] Heiselberg P, Andresen I, Perino M, van der Aa. A Integrating Environmentally Responsive Elements in Buildings [C]. Proceedings of the 27th AIVC Conference, Lyon, France. 2006.

[17] IEA SHC Task 23. Integrated Design Process. A Guideline for Sustainable and Solar-Optimised Building Design [OL]. www.iea-shc.org/task23/. 2003.

[18] Knudstrup M. Integrated Design Process in PBL, article in The Aalborg PBL model red [M]. Denmark: Aalborg University Press, 2004.

[19] Knudstrup M. Studievejledning for 6. semester, Arkitektur og Økologi-Energi og klimatilpasset byggeri. Institut for Arkitektur, Arkitektur & Design, Aalborg Universitet, Danmark januar 2000. & 2002 [Mary-Ann Knudstrup (January 2000 & 2002). Study guide for 6th semester, Architecture. Architecture and Ecology-Energy and environment in Architecture. Department of Architecture & Design, Aalborg University. Denmark].

[20] Larsson N, Poel B. Solar Low Energy Buildings and the Integrated Design Process-An Introduction [OL]. http://www.iea-shc.org/task23/, 2003.

[21] Bryan L. How Designers Think. The design process demystified [M]. London: Architectural Press, 2000.

[22] Letter of June 23, 2005 to Aalborg University from the Ministry of Science, Technology and Development concerning the Civil Engineer Education in Architecture and Design, 2005.

[23] Lysen E H. The trias energetica: Solar energy strategies for Developing Countries [R]. Eurosun Conference, Freiburg, Germany, 1996.

[24] Lechner N. Heating, Cooling, Lighting. Design Methods for Architects [M]. America: John Wiley & Sons, 1991.

[25] Olgyay V. Design with Climate-a bioclimatic approach to architectural regionalism [M]. New York: Princeton University Press, 1964.

[26] Kristensen P E, Esbensen T. Passive solar energy and natural daylight in office buildings [C]. Proceedings of the ISES 1991 Solar World Congress, ASES, 2400 Central Avenue, Boulder, CO 90301, USA, 1991.

[27] Wahlström Å, Brohus H. An Eco-factor method for assessment of building performance [C]. Proceeding of the 7th Symposium on Building Physics in the Nordic Countries, page, Reykjavik, June 13-15, 2005, (6): 1110-1117.

第五章 集成化设计中的模拟分析软件

第一节 软件模拟概述

集成化设计是一个将建筑作为整个系统(包括技术设备和周边环境),从全生命周期来加以考虑和优化的过程。它依赖于项目所有参与者跨学科地合作,并在项目最开始即做出影响深远的决策。按时序组织的传统设计流程在过程组织、任务分配及工作效率方面是有优势的。但是顺序的工作程序无法在单独的阶段(尤其是方案设计阶段)给予足够的支持,而建筑可持续性的实现需要各个专业的设计人员同时工作,或者说必须采用环状,而不是线性的协同工作模式。

模拟计算是实现建筑可持续的重要环节,但由于传统建筑设计流程存在的缺陷,往往在建筑方案的施工图阶段才进行一定的建筑模拟计算与评价;更多的设计者是在建筑施工甚至建筑交付使用后按要求进行建筑模拟计算与评价,使其失去对设计方案应有的指导与评价,这一现象的后果是:

(1) 在建筑节能设计中没有实时的能耗及环境评价手段而几乎成为一纸空谈。

(2) 模拟计算在设计过程中的顺序错误,使许多本应该在方案设计阶段与初步设计阶段修正的内容与优化成为不可能。

(3) 后验算式的模拟计算,只能使建筑设计采用亡羊补牢式的方法弥补缺陷,导致不必要的资源与能源浪费。

(4) 导致可持续建筑技术推广的速度减缓,建筑节能效果不明显。

集成化设计能将建筑模拟计算与建筑设计过程结合起来,实现可持续建筑设计。由于不同的设计阶段有不同的设计任务、不同的已知和未知条件,因此,不同阶段的设计应有各自的循环设计与评价的过程,如图 5-1 所示。

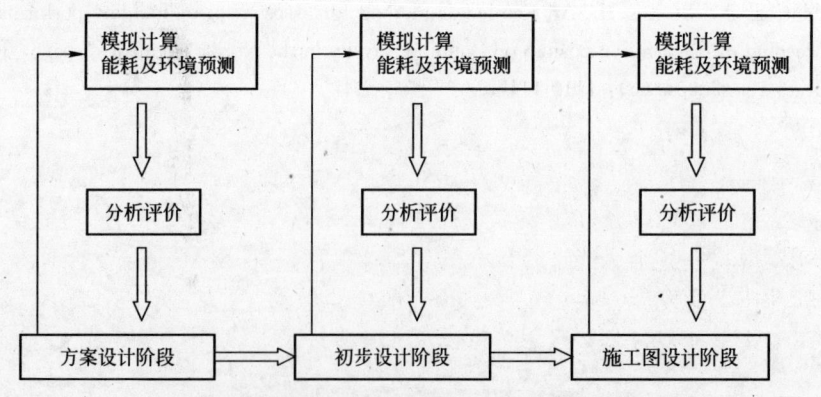

图 5-1 集成化设计各个阶段中的建筑模拟与评价

这样，建筑设计就成为分阶段逐步深入、逐步细化的过程，同时也是一个循环设计、信息反馈的过程。在每个设计阶段都采用软件模拟预测使得可持续设计理念能贯穿整个设计流程，并且使建筑可持续的效果最大化。

一、模拟软件的分类

从广义上来说，模拟的实现包括了公式计算、模型测量以及软件模拟三种方式。在这里所说的模拟是狭义的，仅指软件模拟。

公式计算是一种快捷有效的模拟方式，在已知条件不复杂时，可以获得与实际情况相符合的计算结果。但很多时候计算公式都比较简单，适合快速地进行手工和指标计算，但评价指标比较单一，通常来说只适合规定性标准的校核。随着计算机技术的发展，出现了一些公式法的计算程序，归根结底还是属于公式计算的范畴。

模型测量是指搭建精确的等比例模型并使用设备进行测量，如人工天球采光模型、人工照明模型、声学模型、用于流体力学分析的风洞模型等。其优点是结果较为精确，不需复杂的理论基础，但是成本较高，对实验设备和模型的材质和做工精细程度都有比较特殊的要求。

软件模拟是指借助计算机软件来求解建筑能耗及环境影响的情况。与公式法计算机程序不同，这里的软件通常需要建立复杂的模型，利用计算机强大的计算能力来求解。软件模拟的优势是对于某些能耗及环境模拟，可以精确地获得任意条件下的结果。软件模拟是集成化设计的重要技术手段。通过在建成前的模型对比和分析，可以预见到各种可能出现的问题和不足，并有针对性地进行改进。

软件模拟是一个系统的工程，它不仅仅指代字面意义上的模拟过程，还包含一系列的技术外延。其中最重要的就是模拟结果的分析。模拟本身只是一种数字化的手段，而模拟所取得的数据必须经过分析和处理才能成为具有实用价值的信息。因此，分析是软件模拟中不可缺少的部分。在以上所提到的模拟软件中，有的自身就具有对数据结果的分析功能，而有的就不能直接给出分析结果，分析的过程需要借助其他的软件程序或者依靠人工来完成。

在集成化设计层面上，建筑模拟软件可以分为建筑环境模拟软件和建筑能耗模拟软件，环境模拟软件主要用于模拟某一时段或者某一时刻建筑内外的环境状况以及相互的影响。这些环境因素直接影响着人们的主观感觉及个体舒适度。预先了解这些状况将为以后创造良好的建筑环境打下基础。环境模拟的内容主要包括：光环境、热环境、声环境以及风环境等。

建筑能耗模拟主要用于模拟建筑使用中的能源消耗。这对于日益高涨的建筑节能需求来说意义重大。这些软件在模拟过程中一般都考虑了各种环境因素对能耗的影响。有一些能耗模拟软件甚至也能进行部分的环境模拟，特别是热环境。

随着软件技术的发展，也出现了综合性的模拟软件，这些软件既能进行环境模拟也能进行环境状况模拟，甚至具有经济性分析等功能。

二、软件模拟的作用

软件模拟在不同工程设计阶段中有不同的作用,从早期的草图设计到标准评估;从方案对比到能耗预测都能运用到模拟软件来获得所需的分析结果。

1. 在规划和城市设计中运用

在规划和城市设计中,就可以运用环境模拟。图 5-2 为某公路对其旁边建筑群产生的噪声状况模拟,其中不仅给出了建筑群中噪声分布,同时还精确地计算出建筑外立面上噪声值。

在规划和城市设计当中,在一定区域范围中对于某建筑物的可见程度分析是一项重要内容,即可视度分析。利用模拟软件可以快速获得目标建筑在指定范围内的可视度程度指标。建筑师在方案推敲过程中可以随时使用软件进行可视度分析,找出遮挡较为严重的区域,并有针对性的做出修改和优化。图 5-3 为使用软件进行的可视度分析。

图 5-2 某小区的声环境模拟　　　　　图 5-3 某建筑的可视度分析
（模拟软件 Cadna/A）　　　　　　　（模拟软件 Ecotect）

2. 建筑方案对比及优化

利用环境模拟软件(热环境、光环境、声环境、风环境),建筑师可以对方案进行反复推敲和优化。例如利用 ECOTECT 可以对方案调整前后的室内热环境进行对比分析,如图 5-4～5-7 所示。

图 5-4 原方案　　　　　　　　　图 5-5 调整后的方案

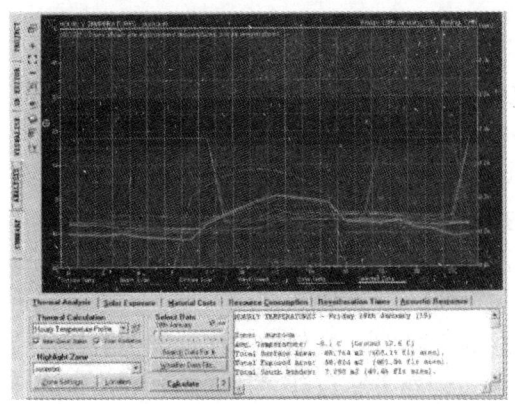 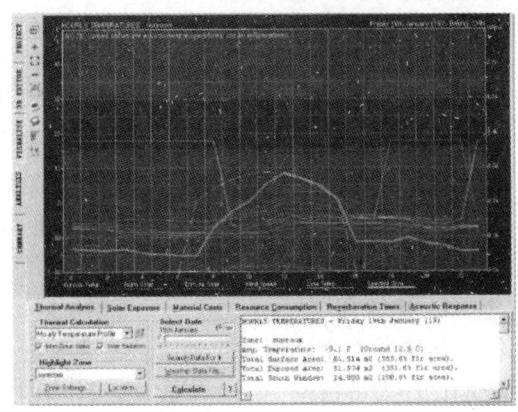

　　图 5-6　原方案最冷日逐时温度　　　　图 5-7　调整后方案最冷日逐时温度

通过图 5-4～5-7 的对比可知，相比于原方案，调整后的方案一天当中温度的最高值和最低值都增大了，即昼夜温差加大了。

3. 在标准评估中的运用

环境模拟可以用于各种建筑标准的评估，如美国的 LEED CS2.2 标准中明确要求，通过模拟证明新建办公建筑中 75% 的常用空间的自然采光照度至少要达到 270lx。图 5-8 为使用光环境模拟软件 Radiance 模拟所得的某办公楼标准楼层在秋分日中午 12 点的工作平面照度分布图，天空模型为晴天。

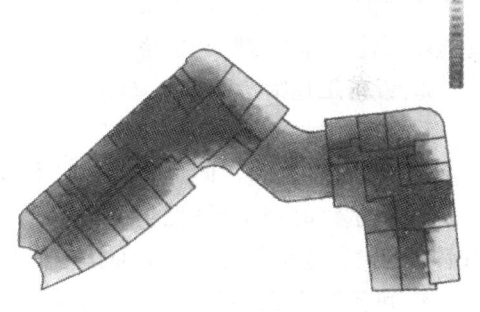

图 5-8　某办公楼的照度模拟
（模拟软件 Radiance）

4. 建筑能耗预测与优化

在设定好建筑室内耗能设备的数量、功率和工况，以及室内人员数量及活动程度后，建筑师可以通过能耗模拟软件获得建筑内设备能耗的大致情况，并以此为依照调整建筑方案，以达到预定的节能目标。图 5-9 是运用 Design Builder 进行的建筑能耗模拟。

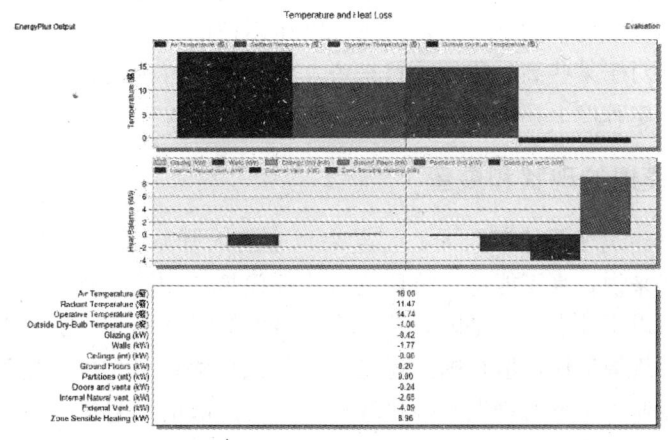

图 5-9　某建筑的能耗模拟（模拟软件 Design Builder）

三、软件模拟工具的适用对象

建筑模拟软件在工程上的应用始于 20 世纪 90 年代，由于当时的建筑环境及能耗模拟尚属于新生事物，从理论方法到实际应用各个方面还有待完善，使用者主要以科研院校和机构的专业研究人员为主，也有少数大型工程顾问公司的顾问人员。随着计算机硬件及软件技术的发展，以及可持续建筑理念的深入人心，这些模拟软件也逐渐为越来越多的工程技术人员所接受，包括建筑师、设备工程师、可持续建筑顾问和房地产开发商等。

1. 建筑师

传统的观念认为建筑师应该主要关注于建筑的本身，其他的工作可以交给其他专业的设计人员负责。但在集成化设计当中，建筑师在方案设计之初就需要对建筑的环境状况和能耗水平有整体的把握。这就要求建筑师必须对各种环境模拟软件有所了解和掌握。此外，作为项目和团队的全局掌控者和具体实施者，建筑师应该具备全面的知识结构和掌控能力。欧美发达国家的成功经验证明，各种环境模拟是建筑师知识结构中重要的一环，不仅可以帮助建筑师与其他专业团队进行深入和全面的沟通，同时还能拓展建筑师的视野和思路。

2. 设备工程师

设备工程师主要关注的是建筑相关的各种电器设备的运转及能耗需求。各种设备既消耗了大量的能量，同时其自身产生的热量也会增加空调和采暖设备的负荷，这是一个复杂的多系统耦合过程。因此，使用模拟软件，获得能耗和环境变化的基本信息，对后期的设备选型及使用维护都具有重大意义。

3. 可持续建筑顾问

可持续建筑顾问是近年来新兴的一种职业，主要从声环境、光环境、热环境、通风和全生命周期的角度综合评价建筑使用性能。对于可持续建筑顾问来说，模拟软件成为其必不可少的使用工具。

4. 房地产开发商

与建筑的使用者不同，房地产开发商对于建筑环境状况及能耗水平信息的视角更为宏观。环境及能耗模拟不仅可以帮助他们对方案进行优选，以获得最佳的使用舒适性和更经济的运行能耗。而且，开发商还可以在模拟的基础上优化销售方案。国外的成功案例表明，对于某些高品质的项目来说，各种建筑性能的模拟不仅具有较高的经济回报率，在一定程度上还可以提升客户的认可和市场竞争力。

四、软件模拟的现状和展望

随着可持续建筑理念的深入人心，越来越多的人开始关注建筑环境及能耗模拟。但就目前的现状来说，真正能将建筑环境及能耗模拟应用到实际工作中的人可能并不多。原因主要有以下几点：一是因为模拟软件出现的时间不长，虽然在国外的工程设计中已经开始大规模运用，但在国内还是一个新兴事物；二是由于建筑环境及能耗模拟领域还没有专业和规范的培训机构和教材，缺乏足够的信息支持。此外，传统的建筑学专业教育过于注重功能、形式与空间，忽视了数字化和模拟方面的教学内容，造成建筑师对软件模拟认识不足。

在传统的设计流程中，概念设计阶段主要由建筑师独立完成，其他专业工程师一般不参与，最多根据专业特点提出一些整体需求。当进入详细设计阶段后，能耗和环境性能才开始被考虑。虽然在概念设计阶段建筑师具有很大程度的主导权，但是大部分人还是倾向于在施工图设计阶段引入能耗及环境模拟。实际上，在整个设计流程中，早期的设计决定对于建筑的环境及能耗性能的影响最大，随着设计阶段的深入，影响逐渐减小。图5-10说明了设计流程各阶段对建筑性能的影响的变化趋势。

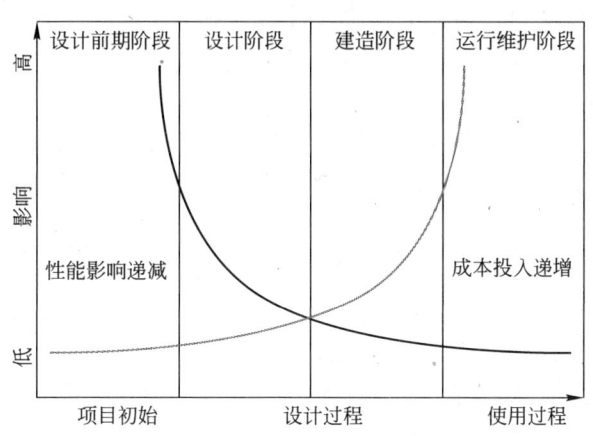

图5-10 设计流程对建筑性能的影响趋势

加拿大在2004年开展的一项网络调查表明，大部分建筑师都认为遮阳类型和控制策略是自然采光模拟要确定的首要影响因素，接下来是窗户尺寸、玻璃类型和人工照明的方式，对于像建筑朝向和平面布局等影响较大的设计因素反而考虑较少。究其原因，是因为建筑师在设计过程中对于建筑朝向和平面布局等因素的考虑实际上更多的是从功能、造型及客户需求等相对宏观的角度出发的。这些大多是在概念设计阶段中就已经确定了的。而事实上建筑朝向和平面布局对于自然采光的效果具有深远的影响，而施工图设计阶段中的设计策略影响程度则相对要小得多。

近年来，建筑环境及能耗模拟的相关基础和理论已经有了长足的发展，但尚未成为一个系统的学科，因此迫切需要建立一套完整的体系和规范化的框架，以此来规范建筑环境及能耗模拟的研究和应用。从应用层面上看，存在着软件难以上手和工程应用实例较少等问题，加上部分业主和使用者对这些内容的模拟缺乏必要的认识，因此软件模拟的普及还有很长的路要走。即便如此，也不能掩盖建筑环境及能耗模拟的巨大发展潜力，建筑行业未来的发展中，建筑环境及能耗模拟必将发挥更大的作用。

第二节　建筑模拟分析软件及工具

一、建筑能耗模拟软件

建筑能耗模拟软件可以用来模拟建筑及空调系统全年逐时的负荷及能耗，有助于

第五章 集成化设计中的模拟分析软件

建筑师和工程师从整个建筑设计过程来考虑如何节能。大多数的建筑全能耗分析软件由四个主要模块构成：负荷模块（Loads）、系统模块（Systems）、设备模块（Plants）和经济模块（Economics）——LSPE。这四个模块相互联系，形成一个建筑系统模型。其中负荷模块模拟建筑外围护结构及其与室外环境和室内负荷之间的相互影响；系统模块模拟空调系统的空气输送设备、水输送设备、风机、盘管以及相关的控制装置；设备模块模拟制冷机、锅炉、冷却塔、能源储存设备、发电设备、泵等冷热源相关设备；经济模块计算为满足建筑负荷所需要的能源费用。有些软件没有经济模块，有些软件把系统模块和设备模块合并为一个模块。目前世界上比较流行的建筑全能耗分析软件主要有：EnergyPlus、DOE-2、TRNSYS、DeST 等。

1. EnergyPlus

EnergyPlus 是在 BLAST 和 DOE-2 的基础上开发的，兼具两者的优点以及一些新的特点。它是在美国能源部的支持下，由美国劳伦斯·伯克利国家实验室（LBNL）、伊利诺斯大学（University of Illinois）、美国军队建筑工程实验室（U.S. Army Construction Engineering Research Laboratory）、俄克拉荷马州立大学（Oklahoma State University）及其他单位共同开发的。EnergyPlus 于 2001 年 4 月正式发布，截至 2010 年 10 月已经发布了 EnergyPlus 5.0 版。

EnergyPlus 整合了 DOE-2 和 BLAST 的优点，并加入了很多新的功能。它被认为是 DOE-2 的一个很好的替代软件。EnergyPlus 吸收了 DOE-2 的 LSPE 结构，并做出了改进，它采用如图 5-11 所示的集成同步的负荷、系统和设备的结构，在上层管理模块的监督下，模块之间彼此有反馈，而不是单纯的顺序结构，计算结果更为精确。EnergyPlus 与其说是个建筑能耗模拟软件，不如说是个建筑能耗模拟引擎。它在开发的时候就把重心放在计算方法上，并没有在软件的界面上下很多功夫。它的源代码是完全开放的，鼓励第三方来开发合理的界面调用 EnergyPlus 并完成模拟。

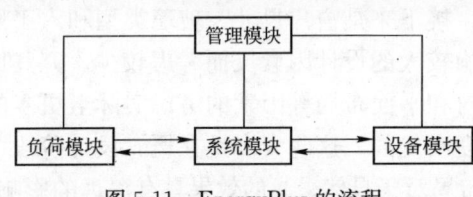

图 5-11 EnergyPlus 的流程

由于很多的资料对于 EnergyPlus 软件的特点都有介绍，这里不再累述，而介绍针对 EnergyPlus 开发的一款用户图形界面软件 Design Builder。

DesignBuilder 是专门针对 EnergyPlus 开发的用户图形界面软件，包括了所有 EnergyPlus 的建筑构造和照明系统数据输入部分，也移植了所有的材质数据库，包括建筑和结构材料、照明单元、窗户和加气玻璃、窗帘遮阳等。Design Builder 是第一个针对 EnergyPlus 建筑能耗动态模拟引擎开发的综合用户图形界面模拟软件。

2006 年 6 月，DesignBuilder V 1.2.0（内置计算引擎 EnergyPlus V 1.3.0）通过了 ANSI/ASHRAE Standard 140-2004 的围护结构热性能和建筑能耗测试。ANSI/ASHRAE Standard 140-2004 采用特定的测试程序对用于建筑热环境和能耗模拟的软件的适用范围、模拟能力和建筑环境控制系统进行了评测。评测认定 DesignBuilder V 1.2.0 适用于大多数建筑类型的热环境和能耗模拟。对比表明，DesignBuilder 的模拟结果与 EnergyPlus 单独运行的结果吻合。Design Builder 的主要特点如下：

(1) 软件界面

DesignBuilder 采用了易用的 OpenGL 三维固体建模器，建筑模型可以在三维界面上通过定位、拉伸、块切割等命令来组装，如图 5-12 所示。建筑几何模型可以由 CAD 模型导入，然后通过 DesignBuilder 创建块和隔断，划分区域。用户也可以根据自己的模型特点创建特定的数据模版。模型编辑界面与环境参数之间的切换方便，不需要任何外部工具，就可以查看所有设置参数的详情。

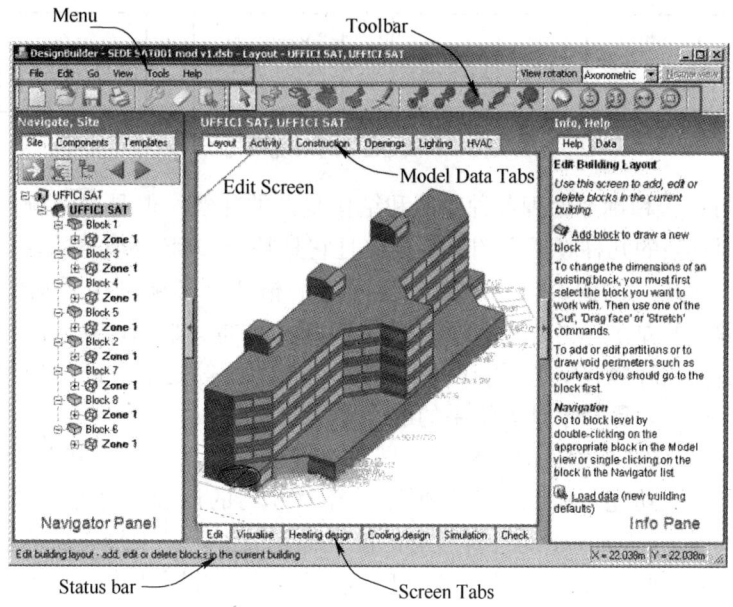

图 5-12　Design Builder 的操作界面

(2) 模拟能力

建筑环境模拟结果的显示和后处理分析无需导入任何外部工具，整个模拟过程和结果的显示分析由软件自动完成。整合的 HVAC 系统描述提供了一个详细分析普通制冷和供热系统的简易方法。可模拟的系统的种类包括：1）末端再热的 VAV 系统；2）定风量系统；3）单元式系统；4）风机盘管系统；5）热量回收系统；6）热水散热器系统；7）地板辐射采暖；8）包含新风控制的全空气系统；9）生活用热水系统；10）自然通风；11）窗户及遮阳的设置；12）采光系统；13）日光照明等。

(3) 模拟结果后处理

综合的模拟结果，包括当地气象资料可以显示为年、月、日、小时，甚至低于 1h 的时间步长。可输出的模拟结果包括：1）建筑能耗，表示为燃料或电能的消耗；2）室内空气温度、平均辐射温度、有效操作温度和相对湿度；3）舒适度，包括温度分布曲线及 ASHRAE 的 55 种舒适标准；4）通过建筑围护结构的传热量，包括墙体、屋顶、渗透、通风等；5）供热和制冷负荷等，并可在一定范围内改变方案设置参数，对结果进行分析对比。Design Builder 生成的 IDF 文件可以导入其他模拟工具，模拟 Design Builder 没有提供的功能，也可以自由选择不同的 EnergyPlus 模拟器，包括 DOE-2 或其他任何可用的 DOE 程序。

2. DOE-2

DOE-2 在建筑能耗模拟软件发展的历史上具有重大意义。DOE-2 是公认的最权威、最经典的建筑能耗模拟软件之一,被很多能耗模拟软件,如 eQUEST、EnergyPlus、CHEC 和 PowerDOE 等借鉴和引用。DOE-2 采用经典的 LSPE 结构,即 Load 模块、System 模块、Plant 模块和 Economic 模块,如图 5-13 所示。许多软件至今仍采用 DOE-2 的 LSPE 结构,并在其基础上改进与创新。

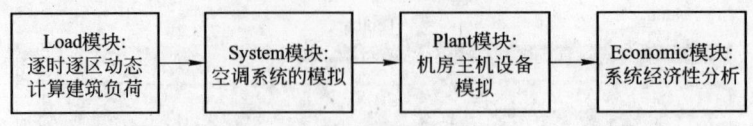

图 5-13 DOE-2 的系统结构

DOE-2 可以很精确地处理各种功能和结构复杂的建筑,但是对系统的处理能力有限,只能处理有限的几种暖通空调系统,并且它是基于 DOS 环境下的软件,界面不太友好。其次,DOE-2 的输入较为麻烦,有固定的格式,必须采用手动编程的方法输入,且有关键字的要求。另外,顺序结构是 DOE-2 的重大缺陷,在实际的暖通空调过程中,建筑室内热环境、空调系统以及主机的运行情况等是耦合的,顺序结构的理念造成彼此没有反馈,影响了计算结果的准确性。

虽然 DOE-2 软件在建筑能耗模拟领域具有开创性的功能,但其 DOS 操作界面缺乏良好的人机交互功能,输入较为麻烦,需经过专门的培训,对专业知识要求较高。因此,出现了很多以 DOE-2 为计算核心的能耗模拟软件,其中最有名的就是由美国劳伦斯伯克利国家实验室(LBNL)和 J. J. Hirsch 及其联盟共同开发的 eQUEST,其界面如图 5-14 所示。

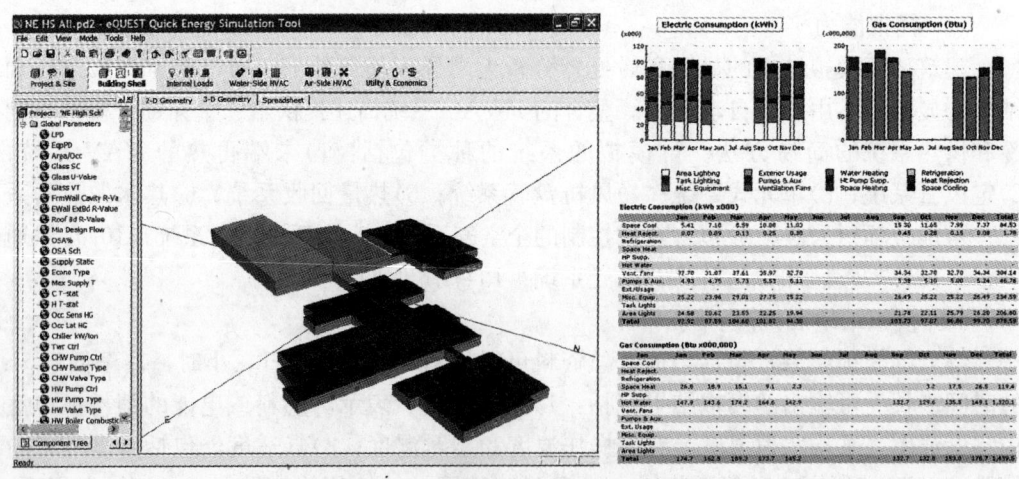

图 5-14 eQUEST 操作界面及分析结果

eQUEST 不仅吸收了能耗分析软件 DOE-2 的优点,并且增加了很多新功能,使建筑建模过程更加简单,结果输出形式更加清晰,具有以下主要特点:

(1) eQUEST 能耗计算软件运用动态计算方法计算建筑的能耗及各个组件的影响

因素。该软件采用反应系数法计算建筑围护结构的传热量。

(2) eQUEST 软件的计算过程是一个动态平衡的过程,后一时刻室内温度、冷热负荷以及采暖空调设备的耗电量要受前一时刻的影响。eQUEST 软件根据输入的建筑情况(建筑结构、围护结构材料、采暖制冷方式与系统布置形式、室内人员活动规律、照明设备情况)和室内设计温度值,动态地计算出建筑的全年能耗。

(3) eQUEST 能够模拟地源热泵系统、水侧变流量系统、热电联产、蓄能系统等一些特殊空调系统。

3. DeST

DeST(建筑热环境设计模拟工具包)是清华大学空调实验室在十余年的科研成果基础上,开发的面向暖通空调设计师的辅助设计计算软件,其界面如图 5-15 所示。设计过程中可配合建筑师定量评价不同围护结构方案的节能效果,从而优化设计方案。DeST 主要有以下特点:

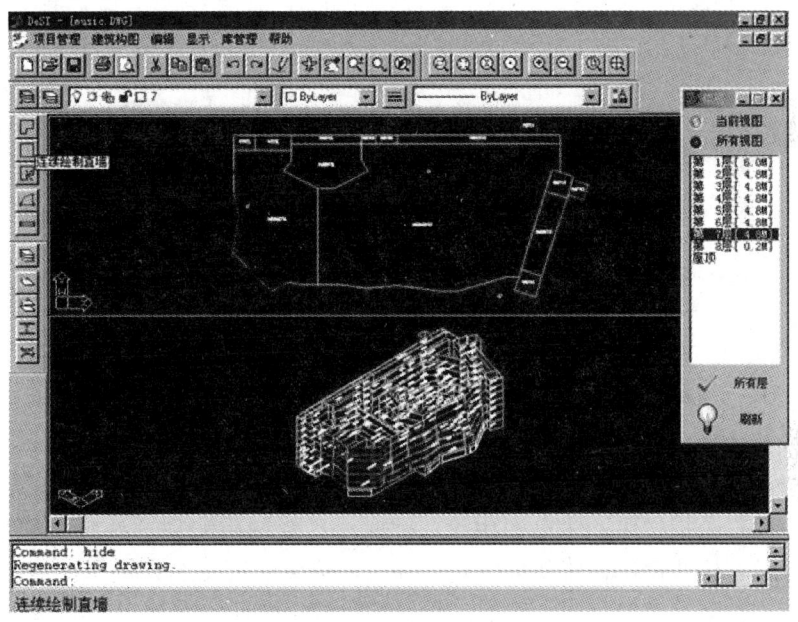

图 5-15　DeST 操作界面

(1) DeST 采用的是现代控制理论中的"状态空间法",求解时空间上离散、时间上保持连续,其求解的稳定性以及误差与时间步长的大小没有关系,所以在步长的选取上较为灵活。DeST 嵌入在 AUTOCAD 中,界面友好,所见即所得,但无法从 AUTOCAD 中读取数据,用户必须自己建模。

(2) DeST 模拟设计时采用建筑负荷计算、空调系统模拟、空气处理设备方案模拟和冷热源模拟的步骤,完全符合设计的习惯,对设计有很好的指导作用。并且,DeST 也可求解比较复杂的建筑,它考虑了邻室房间的热影响,可以对围护结构和房间联立方程求解。

(3) DeST 吸收了 TRNSYS 的开放式特性,以期成为应用建筑能耗模拟成果的一个优良的通用平台,为将来的扩展提供了坚实的基础。其次,DeST 的适用范围十分广泛，针对不同的使用对象，DeST 推出了不同的版本，如评估版和分析版等。

4. TRNSYS

TRNSYS 软件(A Transient System Simulation Program)，即瞬时系统模拟程序，是美国政府资助的研究项目，由威斯康星大学太阳能实验室的 S. A. Klein 教授领导的研究小组共同研究的成果。它可以用来仿真建筑物及暖通空调系统的运行及控制特性，是目前世界范围内用的最普遍的环境模拟软件之一，其界面如图 5-16 所示。

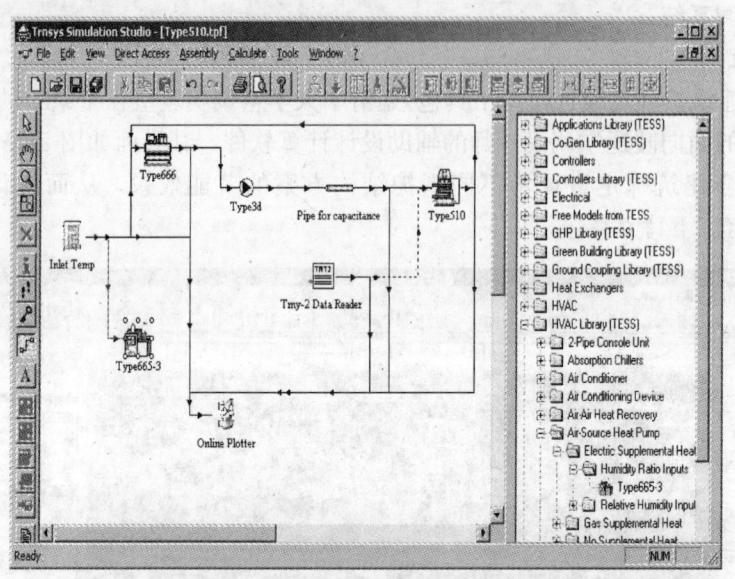

图 5-16　TRNSYS 的操作界面

TRNSYS 采用了和 EnergyPlus 以及 DOE-2 等软件完全不同的设计思想。有些文献也把它们认为是不同的两类软件。TRNSYS 最大的特点是采用了模块化的思想，每个模块代表一个小的系统、设备或者一个热湿处理过程，如热水器模块、单区域分析模块、太阳辐射分析模块、输出模块等。因此，只要调用实现这些特定功能的模块，给定输入条件，这些模块程序就可以对某种特定热传输现象进行模拟，最后汇总就可对整个系统进行瞬时模拟分析。比如：在分析建筑的能耗时，可以用到单区域分析模块(Single-zone analysis module，TYPE19)或多区域分析模块(Multi-zone analysis module，TYPE56)，前者假定室内各处的空气温度是相等的，其主要用于对室内热环境以及建筑的能耗进行相对简单的分析；而后者则考虑到房间温度分布的不均匀性，因此，分析的结果更为精确。除此之外，要对某建筑进行能耗分析，还需要气象数据处理模块、各朝向太阳辐射计算模块、数据处理模块以及输出模块等。而这些模块在对其他热传输系统的分析中同样还要用到，但我们无需再单独编制程序来实现这些功能，只要调用这些模块，给予其特定的输入条件就可以了。由此可以看出该分析系统的优越之处。

TRNSYS 采用开放式的结构，用户可以根据自己的实际情况在它提供的平台下编写并改进组件嵌入到 TRNSYS 中完成模拟，而且它与很多专业软件，如 EES、GenOpt、RansFlow、COMIS 和 CONTAM 等都可以完成链接，同时也可以很方便地使用 EnergyPlus 等软件的气象文件和处理结果。这些特点使得 TRNSYS 成为了一个分享计算机能耗模拟成果的很好平台。TRNSYS 的另外一个重要优势是，由于软件开发者本身在太阳能领域具有优势，它在新能源系统尤其是太阳能系统的模拟上具有其他软件无法比拟的优势，而且 TRNSYS 中的土壤耦合模型经过一些权威机构鉴定，被认为是较为准确合理的，可以很好地应用于地源热泵的设计和研究中。

二、建筑光环境模拟软件

按照模拟对象及其状态的不同，光环境模拟软件大致可以分成静态、动态和综合模拟三种。

静态光环境模拟软件可以模拟某一时间上的自然采光和人工照明环境的静态亮度图像和光学指标数据（照度和采光系数）。静态光环境模拟软件是光环境模拟软件中的主流，比较流行的有 Desktop Radiance、Radiance、AGi32 等。

动态光环境模拟软件可以根据全年气象数据动态计算工作平面的逐时自然采光照度，并在上述照度数据基础上根据照明控制策略进一步计算全年人工照明能耗。这类软件与静态软件的区别是综合考虑了全年 8760h 的动态变化，而静态软件只针对全年的某一刻，不过动态软件无法生成静态亮度图像。动态光环境模拟软件可选择余地很小，只有 Daysim 一种。

对自然光环境模拟就是对太阳辐射的模拟，而太阳辐射除了提供自然光以外，还会带来热量，因此某些能耗模拟软件为了追求更精确的模拟结果，也能进行光环境模拟，如 DesignBuilder，但这些综合能耗模拟软件不能算作是单纯意义上的光环境模拟软件，准确地说它们只是涉及了光环境模拟，相对于专门的动态光环境模拟软件来说，综合能耗模拟软件在光环境模拟方面的计算精度要低一些。但 TRNSYS 和 EnergyPlus 等能耗模拟软件均能导入 Daysim 输出的光环境数据，这可以在一定程度上克服计算精度的问题。

1. Radiance

Radiance 最初是作为研究光线跟踪原理的一项实验性工作于 1986 年在美国劳伦斯伯克利国家实验室（Lawrence Berkeley National Laboratory，LBNL）和瑞士洛桑联邦理工学院同步开展的。初步的研究结果表明，光线跟踪在建筑光环境模拟领域有很大的应用潜力，因此这一项目随后获得了来自美国能源部和瑞士联邦政府资金支持。第一个正式的官方版本 1.0 版，于 1989 年 1 月份发布，从那时起，Radiance 开始步入茁壮成长期，其在研究和工程设计领域的用户不断增加。LBNL 于 2002 年开放了 Radiance 的源代码，Radiance 随之成为开源项目。近几年来，Radiance 基本上一直保持着每年一次的更新速度。当前最新版本是 2008 年 5 月发布的 3.9 版。现在，Radiance 已经广泛应用于建筑光环境模拟领域。例如，有关自然采光模拟的国际论文中至少有 80% 以上都是使用 Radiance 完成的。由此可见其在这一领域的领先地位。

Radiance 的开发始于 20 世纪 80 年代中期，那时在科学计算领域占统治地位的是 Unix 系统。作为经典的多用户多任务操作系统，Unix 在科学计算领域中有很大的优势。因此，Radiance 最初是针对 Unix 系统开发的，它继承了重定向和管道等 Unix 程序的大部分特性，这些特征使得 Radiance 具有灵活的功能和强大的扩展性。但是 Unix 下的 Radiance 程序采用典型的命令以及相关的参数。人机交互界面不够友好，上手相对较难。

鉴于 Radiance 在光环境模拟领域极其优秀的表现，很多第三方公司都为其开发了可视化图形用户界面或者以其为核心做了二次开发，其中包括了 ESP-r、IES<VE>、Ecotect、Rayfront、Daysim、Desktop Radiance 等。

Radiance 算法的特点：
（1）混合式光线跟踪

Radiance 在每一个表面上以递归方式使用光线跟踪模型求解 Kajiya 渲染方程。在方程中，传统的两点之间的能量传输被代之以能量从一点沿指定方向的传输（辐亮度的物理定义）。

对于渲染方程来说，光线跟踪是一种非常适合的求解方法，它使用投影半球内的出射辐亮度代替了入射辐亮度。在此要考虑的主要问题是光线与特定表面点的交互过程以及怎样根据出射光线对其进行积分。光线跟踪对于表面的数量是没有限制的。同时也不需要对场景进行离散（分网格）。

（2）辐照度缓存技术

经过多次漫反射的间接照明光一般来说较为均匀，Radiance 根据这一特点通过在表面像素上散布间接照明计算点（即间接辐射照度计算点）来获得相对平滑和精确的结果。这与光能传递计算中使用有限元方法将表面分成很多小面片是类似的。但 Radiance 中没有使用网格，并且可以随意调整计算点的密度以适应不同的照明环境。同时，由于光线跟踪与视角有关，因此不需要均匀计算场景中的所有表面。

Radiance 所使用的基于辐照度缓存技术的混合式光线跟踪算法具有以下特点：1）不需要对表面划分网格；2）只需计算可见点处的辐照度，无需计算不可见点，这可以大幅降低计算量；3）辐照度计算的强度随着反射次数的增加而减小，不会呈几何数级增加；4）可以根据辐照度的变化自动分布计算点的密度，这可以大幅度提高计算的精度和效率。

综上所述，Radiance 的算法特点决定了其能以相对较小的计算成本取得精确的计算结果。因此，与同类软件相比，Radiance 非常适合于在建筑光环境模拟领域中应用。

2. Desktop Radiance

Desktop Radiance（以下简称 DR）是由美国劳伦斯伯克利国家实验室（Lawrence Berkeley National Laboratory）、美国太平洋煤气和电力公司（PG&E）旗下的太平洋能源中心（Pacific Energy Center）以及美国 Marinsoft 公司合作开发的一款基于 Radiance 核心和 AutoCAD 平台的建筑光环境模拟软件。在 DR 项目中，劳伦斯伯克利国家实验室和太平洋能源中心主要负责软件的规划和整体设计，而 Marinsoft 则负责 AutoCAD 平台可视化二次开发。作为各个行业的领军人物，上述三者都具有强大的研发和技术实力，这也为 DR 提供了强大的技术后盾，因此 DR 是一款不可多得的优秀软件，如图 5-17 所示。

DR 是 Radiance 在 Windows 系统下一个衍生版本，它内嵌于 AutoCAD R14/2000 软件中，通过下拉式菜单和命令窗口为用户提供对 Radiance 进行控制的界面。Radiance 的大部分命令可以通过 DR 的图形界面实现，非常方便。借助 Radiance 强大的模拟能力，DR 可以用于各种条件下的自然采光和人工模拟。DR 可以通过 AutoCAD 的

第二节 建筑模拟分析软件及工具

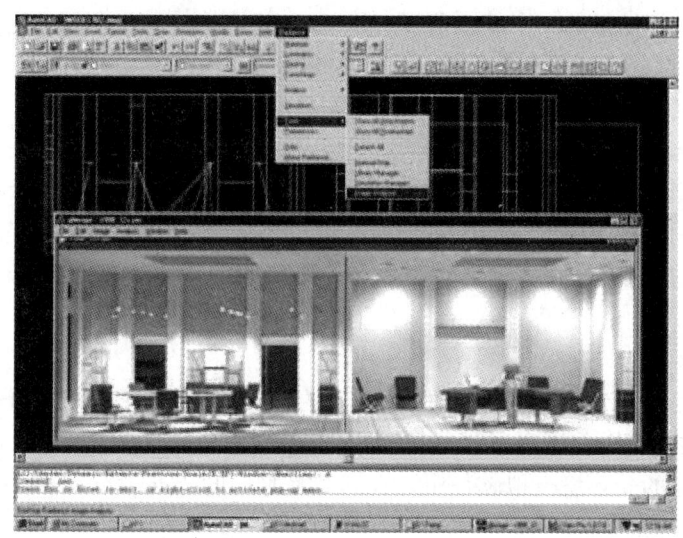

图 5-17 Desktop Radiance 操作界面及模拟效果图

三维模型创建 Radiance 格式的文件并调用 Radiance 程序进行模拟，提高了 Radiance 程序的易用性。

DR 项目的资金来源于美国政府，与 Radiance 一样，它不是一个商业项目。由于缺乏研究经费，Radiance 于 1998 年成为开源项目，而 DR 则在 2001 年停止开发，最终版本是 2.0beta。虽然版本没有再更新，但这并不妨碍 DR 成为一款优秀的光环境模拟软件。在软件技术突飞猛进的今天，DR 也许在易用性和用户体验方面与现代软件有较大差异，但从软件模拟技术来说，它仍然是一款优异的光环境模拟软件。

3. Daysim

Daysim(Dynamic Daylight Simulation)是一款基于 Radiance 内核的动态光环境模拟软件，主要用于模拟建筑在全年中的自然采光性能及相关的照明能耗。Daysim 由加拿大国家研究委员会(National Research Council Canada)和德国弗劳恩霍夫太阳能系统研究所(Fraunhofer Institute For Solar Energy Systems)共同开发，同时提供了针对 Windows 和 Linux 平台的版本。另外，Daysim 还具有极强的扩展性和兼容性，可以与 SketchUp、Ecotect、EnergyPlus 以及 TRNSYS 软件进行协同模拟。

以 Daysim 为代表的动态光环境模拟软件仍然使用 Radiance 的核心算法。计算年中不同天气状况下随时间步长变化的照度序列。这一照度序列可以用来求解一些绿色建筑评价标准的光环境评价指标。Daysim 有以下主要特点：

（1）自然光系数

为了计算建筑全年照度序列，传统的方法要根据逐时变化的天空状况执行数千次的光线跟踪模拟。这样一来，使用 Radiance 来计算所需时间将会非常长。Daysim 将 Radiance 的方向光线跟踪算法和自然光系数(Daylight Coefficient)的概念完美的融合在一起，有效地克服了动态光环境模拟中的时间成本太高的难题

（2）气象数据

对于动态光环境模拟来说，详尽和符合实际情况的气象数据是必不可少的，同时

也是取得精确模拟结果的一个基本前提。Daysim 使用的是包含全年逐时直散辐射数据的 EnergyPlus 的 epw 格式气象数据，epw 格式气象数据是当前模拟领域使用最广泛、兼容性最好的气象数据格式之一。

(3) 用户行为模型

定义了模型和表面材质以后，要进行全年的逐时光环境模拟还需要确定的一个重要的条件就是用户行为模型。因为用户所采取的不同人工照明和遮阳措施对建筑光环境影响是巨大的。在 Daysim 中，对于人员控制行为的预测被整合到 lightswitch 用户行为模型中。

(4) AGi32

AGi32 是美国 Lighting Analysts 公司开发的一款基于光能传递技术的光环境模拟软件，其可以模拟从简单住宅到大型场馆在内的一系列不同类型的建筑场景，如图 5-18 所示。在这里介绍的光环境模拟软件中，AGi32 是唯一的与 Radiance 没有任何关系的模拟软件。

图 5-18　AGi32 的模型文件及模拟效果图

AGi32 提供了简单的建模功能，对于不是很复杂的模型来说。使用起来非常方面。同时，AGi32 可以导入及导出 dwg 和 dxf 格式的模拟文件，几乎可以接受 AutoCAD 中从简单的直线到复杂的面域实体在内的所有类型的对象。

AGi32 的光源库中提供了数量众多的光源供用户直接调用，同时用户也可以调入配光曲线文件自行建立光源。

AGi32 为用户提供了一套非常实用的默认参数配置系统，这一系统可以在保证精度的前提下提供非常高的计算效率。如果用户对 AGi32 非常熟悉，也可以自定义更高的精度进行模拟。AGi32 中的计算相对于其他的外部程序来说具有较低的优先权，因此要执行另外的程序时并不需要暂停计算。完成模拟后，用户可以直接在 AGi32 中撰写报告，并在其中导入模型图像，分析结果及各种示意图。

AGi32 采用了典型的 Windows 图形用户界面，并借鉴了 AutoCAD 的设计理念。如果用户对 AutoCAD 熟悉的话，工作效率将会非常高。但同时 AGi32 也具有 AutoCAD 的一些不便之处，例如，对象选择和视图操作上都不能充分利用鼠标，命令划分过细，操作界面略显凌乱。但是 AGi32 还是一款各个方面都比较均匀的优秀软件。

三、建筑声环境模拟软件

建筑声环境控制主要包含两个方面的内容：音质设计和噪声治理。前者主要应用于一些大型的公共听闻场所，例如音乐厅、剧院、会议厅及体育馆等，目的是获得良好的音质听闻效果。后者主要是降低噪声影响，避免噪声干扰。如果研究室内外声传播及控制可以使用 RAYNOISE 和 Cadna/A 等软件。

1. RAYNOISE 软件

RAYNOISE 软件是全球在声学振动软件开发比较著名的比利时 LMS 公司为声学工程师研制的声学 CAD 软件，如图 5-19 所示，主要用于建筑声学计算机辅助设计。计算模型所采用的方法为镜像声源法和声线跟踪法。可在封闭空间、半封闭空间、开敞空间内进行众多声学参数的计算，该软件有如下特点：

（1）计算模型表面数量无限制，因此可以尽可能详细，符合实际待预测声场的表面形状。

（2）吸声材料使用的数量无限制，模型有多少表面就可定义多少种吸声材料。

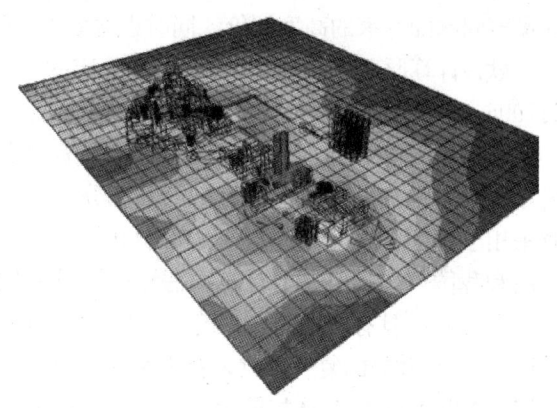

图 5-19 使用 RAYNOISE 模拟的室外声场环境

（3）数据库是开放式的，用户可随时根据实际情况对其修改，且可接受为文本文件格式的数据文件。

（4）基于赛宾公式的墙面吸声计算。

（5）模型中声源的数量无限制，可以根据实际需要来设定足够数量的各种声源，并可在所定义的声源中任意选取所需数量的声源进行计算。

（6）声像法中的反射阶数及声线法中的声线数皆可自定义等。

（7）内含各种 CAD 接口，如 AutoCAD，I-DEARS 等。

（8）友好的用户界面。

（9）彩色图或等高线图输出。

（10）计算结果有：声压级、A 声级、混响时间、混响半径、侧向反射率、早期反射声、清晰度 D30、明晰度 C30、STI、RASTI。在指定计算点后可得到该计算点的时间序列及对应声线、该点的频率响应、该点的双耳脉冲响应及主观音质评价声音文件等。

声学模型的建立将分为三个步骤来进行，首先将待预测的整个声场进行三维建模处理。由于 RAYNOISE 拥有众多的软件接口，因此用户可用 AutoCAD 等通用软件建立模型，由于该软件的特点，用户可以较详尽地模拟整个声场的地形地貌，包括声场内的各种建筑物。然后定义声波传输介质特性；各种吸声材料特性；分配吸声材料；定义声源特性：包括声源性质(点、线、面、体声源)、声源位置、声源频响特性、声源发射方位角、声源指向性特性，定义衍射边等。最后定义预测计算区域。据此建立好计算模型。计算时用户可根据需要选定全部或部分声源，选定计算频率段。该软件有较高的效率，一次计算将得到全部结果，包括线性声压级、频带声压级、计权 A 声级、计权频带 A 声级、NC/NR 曲线等一系列建声、电声结果。

2. 德国 Cadna/A 环境噪声模拟软件介绍

德国 Cadna/A 系统是一套基于 ISO 9613 标准方法、利用 Windows 作为操作平台的噪声模拟和控制软件。该系统适用于工业设施、公路、铁路和区域等多种噪声源的影响预测、评价、工程设计与控制对策研究。

Cadna/A 软件是由专业声学工作者和计算机软件工程师共同开发完成——这是使软件实用快捷的完成噪声评价工作的先决条件。灵活的软件设计思想，不但得到了经常处理噪声问题的专家的高度评价，同时也适用于对噪声的传播原理不太熟悉的非专业人员。

软件计算原理源于国际标准化组织规定的《户外声传播衰减的计算方法》ISO 9613—2：1996。软件中对噪声物理原理的描述、声源条件的界定、噪声传播过程中应考虑的影响因素以及噪声计算模式等方面与国际标准化组织的有关规定完全相同。由于我国公布的《声学户外声传播的衰减第 2 部分：一般计算方法》GB/T 17247.2—1998，等效采用了国际标准化组织规定的 ISO 9613—2：1996 标准。因此，Cadna/A 软件的计算方法和我国声传播衰减的计算方法原则上是一致的。

Cadna/A 具有较强的计算模拟功能：可以同时预测各类噪声源（点声源、线声源、任意形状的面声源）的复合影响，对声源和预测点的数量没有限制，噪声源的辐射声压级和计算结果既可以用 A 计权值表示，也可以用不同频段的声压值表示，任意形状的建筑物群、绿化林带和地形均可作为声屏障予以考虑。由于参数可以调整，可用于噪声控制设计效果分析，其屏障高度优化功能可以广泛用于道路等噪声控制工程的设计，如图 5-20 所示。

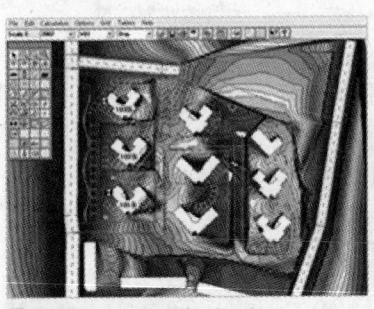
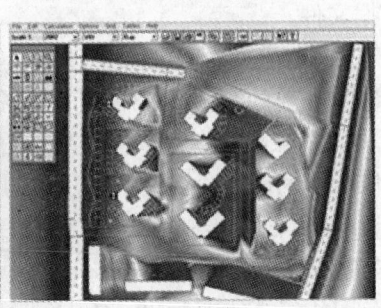
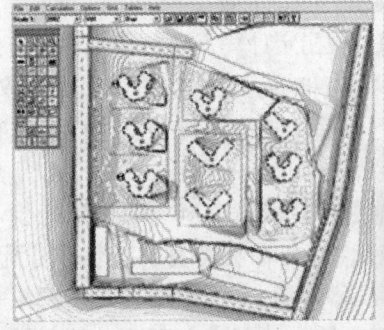

图 5-20 Cadna/A 软件的模拟结果

在实际的模拟运用中，Cadna/A 软件适用于多种噪声源的预测评价工程设计和研究以及城市噪声规划等工作，其中包括工业设施、公路和铁路、机场及其他噪声设备。

Cadna/A 软件的主要有以下特点：

(1) 声学模型建立部分

1) 适用于 Windows 各个版本操作系统；

2) 图形用户界面工具栏采用简单易懂的图标显示；

3) 可通过鼠标数字化仪或键盘对所有的物体的坐标进行定义，如：公路、铁路、停车场等，并可在任意时刻切换输入方式；

4) 可以对多边形物体（如：建筑物、面声源等）和线状物体（如：线声源、公路声屏障等）的形状任意定义；

5) 对声源和预测点的数量没有限制，任何复杂的噪声源都可以通过点声源线声源或面声源来模拟；

6) 通过鼠标简单的点击，用户可以对 Cadna/A 软件中的物体进行编辑和修改，在多种三维显示方式下可以从任意角度观察模型；

7) 可以一次完成建筑物群和绿化林带任意形状的定义；

8) 用户可以自由定义或从已有的列表中选取声屏障的反射系数。

(2) 模拟计算部分

1) 噪声源的辐射声压级和计算结果可以 A 计权值或是不同频段值给出；

2) 可以直接引用基于 ISO 3740 标准测量的噪声辐射值，即机器设备上的声功率级标定值；

3) 输入公路铁路机场的相关参数后自动计算噪声辐射值；

4) 在全局（适用于所用的项目）或局域（只适用于当前项目）数据列表中定义列车类型和流量；

5) 任意形状的建筑物可以作为屏障，如果需要的话也可以作为声辐射体参加计算；

6) 可以输入任意形状的面声源并允许定义每平方米的声功率级值，自动计算总声功率值；

7) 通过输入相关参数计算公路铁路等重要噪声源的噪声辐射级；

8) 通过改变以上噪声源相关参数实时计算出噪声源辐射级——这是一种快捷的获得降噪方案的有效方法；

9) 分组的概念使用户可以区分城市中复杂的噪声源。

(3) 结果输出部分

1) 通过 Windows 剪贴板可将 Cadna/A 软件生成的数据列表图形输出到任何其他 Windows 应用程序，如 Word、Excel 中，同时可以导出为 DXF、ASCII、RTF 等文件格式；

2) 开放式的数据接口可将数据导出至任意数据库，如 dBase、MSAccess、FoxPro、Paradox、SQL 等，方便的与其他应用程序共享数据；

3) Cadna/A 软件可以根据用户定义的网格密度计算噪声等值线图或彩色噪声分布

图,用户可以自由编辑这些噪声分布图添加文字说明或图例,并打印输出。

四、风环境模拟软件

建筑风环境在当前的建筑设计中的重要性已经日益明显,良好的建筑风环境不仅可以改善人体热舒适,提高室内空气洁净程度,对建筑空调能耗的节省也有明显的效果。因此,在建筑设计中进行风环境模拟,提前预知室内外风环境状况具有重要意义。目前风环境模拟主要采用CFD软件来实现。

CFD软件是计算流体力学(Computational fluid Dynamics)软件的简称,是专门用来进行流场分析、流场计算、流场预测的软件。通过CFD软件,可以分析并且显示发生在流场中的现象,在比较短的时间内,能预测性能,并通过改变各种参数,达到最佳设计效果。

CFD是一类软件的统称,对于建筑室内外风环境的模拟主要有Fluent、Airpak和PHOENICS,下面对其进行简单的介绍

1. Fluent

FLUENT软件是美国Fluent公司开发的通用CFD流场计算分析软件,囊括了Fluent Dynamic International、比利时Polyflow和Fluent Dynamic International(FDI)的全部技术力量(前者是公认的粘弹性和聚合物流动模拟方面占领先地位的公司,而后者是基于有限元方法CFD软件方面领先的公司)。2006年2月,Fluent软件被ANSYS公司收购。

Fluent是通用的CFD软件,用来模拟从不可压缩到高度可压缩范围内的复杂流动。由于采用了多种求解方法和多重网格加速收敛技术,因而Fluent能达到最佳的收敛速度和求解精度。灵活的非结构化网格和基于解算的自适应网格技术及成熟的物理模型,使Fluent在层流、湍流、传热、化学反应、多相流、多孔介质等方面有广泛应用,如图5-21所示。

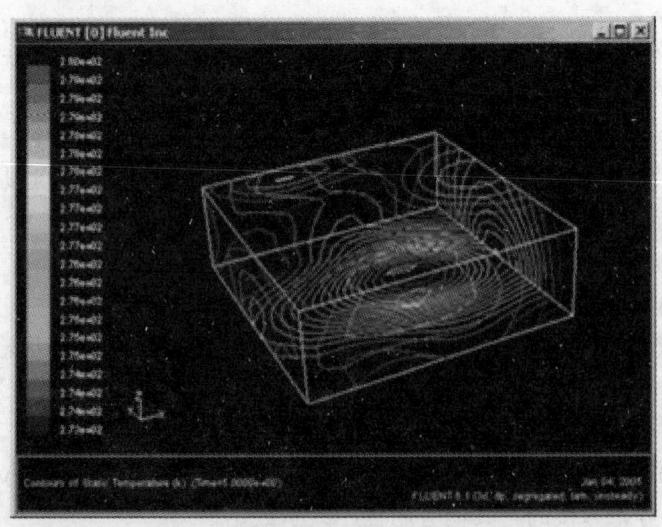

图5-21 FLUENT的流体模拟

Fluent 软件包由以下几个部分组成：GAMBIT——用于建立几何结构和网格的生成；Fluent——用于进行流动模拟计算的求解器；prePDF——用于模拟 PDF 燃烧过程；TGrid——用于从现有的边界网格生成体网格；Filters(Translators)——转换其他程序生成的网格，用于 Fluent 计算。

利用 Fluent 软件进行求解的步骤如下：(1)确定几何形状，生成计算网格(用 GAMBIT，也可以读入其他指定程序生成的网格)；(2)输入并检查网格；(3)选择求解器(2D 或 3D 等)；(4)选择求解的方程：层流或湍流(或无粘流)、化学组分或化学反应、传热模型等；确定其他需要的模型，如：风扇、热交换器、多孔介质等模型；(5)确定流体的材料物性；(6)确定边界类型及其边界条件；(7)条件计算控制参数；(8)流场初始化；(9)求解计算；(10)保存结果，进行后处理等。

2. Airpak

Airpak 是 Fluent 公司开发的面向 HVAC 领域的软件，它可以准确地模拟通风系统的空气流动、空气品质、传热、污染和舒适度等问题。目前已在住宅通风、排烟罩设计、电讯室设计、洁净室设计、污染控制、建筑外部绕流、运输通风、矿井通风、烟火管理、电站通风等方面得到了广泛应用，如图 5-22 所示。由于是针对 HVAC 领域开发的软件，因此 Airpak 在建筑风环境模拟方面具有以下独特的优势。

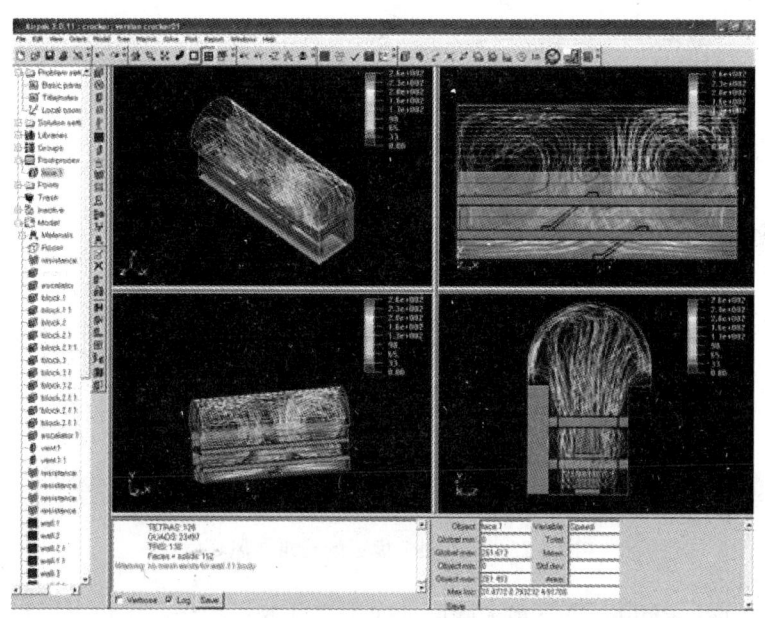

图 5-22 Airpak 对气流的模拟

(1) 基于"object"的建模方式，使得 Airpak 能快速建立模型，这些"object"包括房间、人体、块、风扇、通风孔、墙壁、隔板、热源、阻尼板(块)、排烟罩等模型。此外，Airpak 还提供了各种各样的散流器模型，以及用于计算大气边界层的模型。同时 Airpak 还提供了与 CAD 软件的接口，可通过 IGES 和 DXF 格式导入 CAD 软件的几何。

第五章 集成化设计中的模拟分析软件

（2）Airpak 具有自动的非结构化、结构化网格生成能力。支持四面体、六面体以及混合网格，因而可以在模型上生成高质量的网格。Airpak 还提供了强大的网格检查功能，可以检查出质量较差（长细比、扭曲率、体积）的网格。另外，网格疏密可以由用户自行控制，如果需要对某个特征实体加密网格，局部加密不会影响到其他对象。

（3）广泛的模型能力：包括强迫对流、自然对流和混合对流模型；热传导模型、流体与固体耦合传热模型、热辐射模型。

（4）强大的可视化后处理功能：面向对象的、完全集成的后处理环境，可以生成矢量图、温度（湿度、压力、浓度）等值面云图、粒子轨迹图、切面云图、点示踪图等，图片可以通过以下格式输出到文件：Postscripts、PPM、TIFF、GIF、JPEG 和 RGB 格式，动画可以存成 AVI、MPEG、GIF 等格式的多媒体文件。

3. PHOENICS

PHOENICS(Parabolic Hyperbolic or Elliptic Numerical Integration Code Series)是英国 CHAM 公司开发的模拟传热、流动、反应、燃烧过程的通用 CFD 软件，已经有 30 多年的历史。所有的流动和传热都可以使用 PHOENICS 程序来模拟计算，如图 5-23 所示。除了通用计算流体/计算传热学软件应该拥有的功能外，PHOENICS 软件还具有以下独特的功能：

图 5-23 Phoenics 模拟的建筑群风环境

（1）开放性：PHOENICS 最大限度地向用户开放了程序，用户可以根据需要任意修改添加用户程序、用户模型。PLANT 及 INFORM 功能的引入使用户不再需要编写 FORTRAN 源程序，GROUND 程序功能使用户修改添加模型更加任意、方便。

（2）CAD 接口：PHOENICS 可以读入任何 CAD 软件的图形文件。

（3）MOVOBJ：运动物体功能可以定义物体运动，避免了使用相对运动方法的局限性。

（4）大量的模型选择：20 多种湍流模型，多种多相流模型，多流体模型，燃烧模型、辐射模型。

(5) 既提供了欧拉算法，也提供了基于粒子运动轨迹的拉格朗日算法。

(6) 计算流动与传热时能同时，也可计算浸入流体中的固体的机械和热应力。

(7) VR（虚拟现实）用户界面引入了一种崭新的CFD建模思路。

五、综合模拟软件

随着软件技术的发展，出现了一类集成了建筑环境和能耗模拟功能的综合性模拟软件。这类软件或提供了各模拟程序的接口，在模拟过程中调用其他程序模拟计算；或在程序内嵌入具有各种模拟功能的模块，根据使用目的增减相关模拟模块。这类软件的出现，不仅使得整个模拟的效率得到提高，而且同一软件平台上的输出结果也使得分析和对比更加简便。

1. ESP-r

ESP-r是由位于格拉斯哥的斯特拉思克莱德大学能源系统研究中心（Energy System Research Unit）开发的一款综合建筑模拟分析软件。Esp-r具有悠久的历史和丰富的工程实践经验，是在欧洲应用非常广泛的建筑能耗模拟分析软件，其界面如图5-24所示。

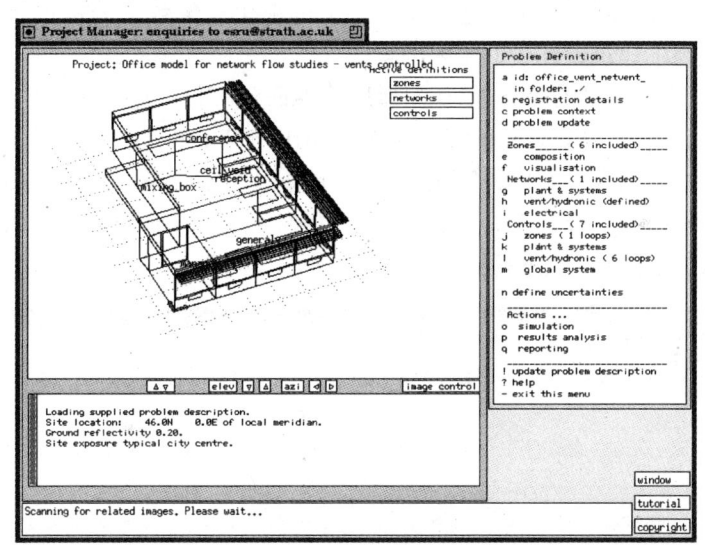

图5-24　Esp-r的操作界面

ESP-r是一个集成的模拟分析工具，可以模拟建筑的声、光、热性能，还可以对建筑能耗以及温室气体排放做出评估以用于环境系统控制。可模拟的领域几乎涵盖建筑物理及环境控制的各个方面。在建筑的热性能以及能耗分析方面，该软件可以对影响建筑能耗以及环境品质的各种因素作深度的研究。其基本的分析方法为计算流体力学（Computational Fluid Dynamic，CFD）中的有限元法（Finite Volume Method），可以对建筑内外空间的温度场、空气流场以及水蒸气的分布进行模拟，因此它不仅可以对建筑能耗进行模拟，还可以对建筑的舒适度、采暖、通风、制冷设备的容量及效率、

第五章 集成化设计中的模拟分析软件

气流状态等参量做出综合的评估。除此之外,该软件还集成了对新的可再生能源技术(如光伏系统、风力系统等)的分析手段。

2. Ecotect

Ecotect 是 Square One 公司研发的辅助生态设计软件,这一软件的构想最初出现于其主要研发者安德鲁·马歇尔博士在西澳大利亚大学建筑与艺术学院的博士论文。这篇论文认为建筑的各种性能应该是建筑师在概念构思阶段考虑的首要因素。它不应该是建筑设计中最后考虑的内容,如果从一开始就关注到这个因素,那么建筑师就会节约大量的时间和精力,并且创造出更宜人、更舒适的建筑。使用 Ecotect,对于建筑师来说,不仅可以在方案设计阶段考虑各种环境影响因素,同时也为他们提供了一种可持续建筑设计的理念和方法。

Ecotect 从最初到现在发生了很大的变化,1997 年的 2.5 版是第一个商业版本,1998 年推出了 3.0 版,2000 年推出了 4.0 版,2002 年推出了 5.0 版。2003 年,Square One 推出了 5.2 版,这一版本革命性地推出了即时分析,实时消隐和可视化草图等新功能,并重新优化了主要的算法。2008 年,Autodesk 公司收购了 Ecotect,截至 2010 年,最新的版本是 Ecotect Analysis 2011。

Ecotect 中包含了热环境、光环境、声环境、日照、太阳辐射、经济性及环境影响、可视度六类分析功能,另外还附带了一个可视化气象数据分析模块。上述六类分析基本上涵盖到了建筑设计中的主要因素。

Ecotect 采用了标准的 Windows 图形用户界面(GUI),只要用户熟悉 Windows 操作就不难上手。另外,Ecotect 的很多功能和操作与 AutoCAD 相类似。第一次启动软件后,默认的主界面由主菜单、区域/指针工具条、主工具条、捕捉工具条、页面选择器、控制面板选择器、查看工具条、状态栏以及绘图区的部分组成,如图 5-25 所示,下面对 Ecotect 的主要功能进行简单的介绍。

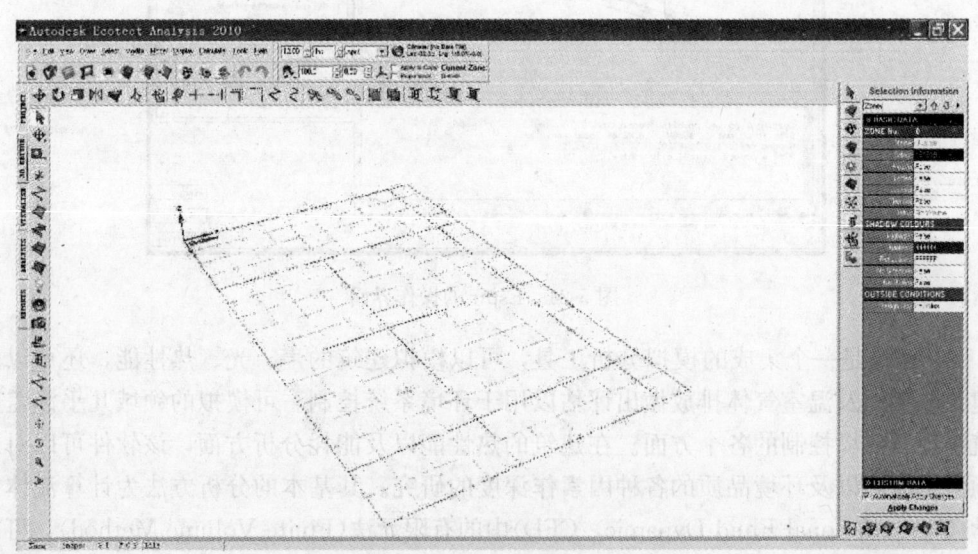

图 5-25 Ecotect 的操作界面

(1) 热环境分析

Ecotect 提供了一系列的建筑热环境分析功能，其中涵盖了室内温度、舒适度、得热及负荷等诸多内容，借助于这些分析，建筑师可以掌握和分析建筑热性能的主要特点，并在此基础上对建筑方案进行各种对比和优化，从而找出最佳的发展方向。通过 Ecotect 的帮助，建筑师可以在方案设计过程中更全面地考虑各种影响因素，从而为使用者提供更具舒适性的生活和办公热环境。

Ecotect 中的热环境分析基于英国注册工程师协会(CIBSE)所核定的准入法，这是一种动态负荷计算方法，它的特点是计算速度快且操作简单，其精度完全满足建筑设计各个阶段不同的要求。准入法的另一个特点是非常灵活，其对于建筑的形体和模拟分区的数量没有限制。虽然它不可能如高级模拟程序那样精确，但是对于辅助建筑设计这个个目标来说无疑是最好的选择。

(2) 光环境分析

光具有波动性和粒子性两种属性，其传播机理较为复杂，用计算机模拟单个场景也可能会花费较长时间。对于建筑来说，情况可能更加复杂。这是由于一年之中太阳在天空中的位置随着时间的变化而变化，而且随时会被云遮挡，因此直接对建筑进行全年模拟是不现实的。基于以上考虑，Ecotect 的基本采光分析中所采用的是全阴天模型，这是一种最不利的采光条件，它非常适合于对建筑进行综合采光评价。在我国目前的采光相关规范中也采用了类似的定义和方法。同时，Ecotect 也提供了对于 Radiance 的支持，可以对各种复杂条件下的光环境进行精确分析。

采光系数是 Ecotect 在光环境分析方面的核心指标，其他数据都是根据采光系数计算而来的，可以说是采光系数的副产品，采光系数是室内某一点的天然光照度和同一时间的室外全阴天水平天然光照度的比值，这里的室外照度是指全阴天时的天空扩散光，不考虑直射阳光。在 Ecotect 中，使用英国建筑研究中心(BRE)的分项法(Split Flux)来计算采光系数。

(3) 声环境分析

声环境是建筑环境中的一个重要组成部分，它在一定程度上影响着使用者的空间听觉感受，在 Ecotect 中也提供了较好的声环境分析功能。其主要是指厅堂音质的优化和设计。包括了混响时间分析、几何声学分析及声学响应分析三个方面。其中声学响应分析是 Ecotect 中最有特色的功能之一，它同时考虑了几何声学和统计声学方面的影响因素，能够较为直观地反映室内的声场特点。

Ecotect 中采用了经过简化的声线跟踪法，其主要着眼于从建筑师的角度对室内声场的特点进行分析，作为建筑师的辅助设计工具，它并没有提供完全意义上的声场模拟，但用户依然可以根据各种分析结果对设计方案进行全面优化。与其他声学设计软件相比，Ecotect 的可视化程度更高，并且界面和操作都非常直观和简单，很适合建筑师使用。Ecotect 还吸收了 Odeon 等其他声场模拟软件中的很多成熟的功能并同时提供了部分软件的输出接口。

3. IES＜VE＞

IES＜VE＞(Virtual Environment)是由英国 Integrated Environment Solutions 公

司开发的一套集成化建筑性能模拟软件。IES<VE>可以在一个框架下建立和导入统一的建筑物理模型,并分别用于建筑性能的模拟和分析。IES<VE>采用模块化设计思想,使用同一套集成数据模型就可以对建筑中的热环境、光环境、设备、日照、流体及造价等方面的内容精确的模拟和分析。同时,IES<VE>也提供了友好的人机交互界面和方便的操作流程。IES<VE>由10类共20余个子程序模块构成。下面是其主要的子程序模块。

(1) ModelIT:建模模块组

ModelIT可以使用不同的三维物体来建立一个三维模型,然后在这些模型上开窗、开门或者是开任意形状的洞口,并且可以根据设定产生所需的屋顶。ModelIT还可以读入二维DXF格式的平面图,然后生成三维的计算模型,这样就在广泛使用的CAD和IES<VE>之间建立一座桥梁。

(2) Thermal Applications:热分析模块组

热分析组块包含了以下子程序:

1) ApacheCalc:根据CIBSE(英国皇家注册设备工程师协会)的规定进行冷热负荷的计算;

2) ApacheLoad:根据ASHRAE(美国采暖、制冷与空调工程师协会)标准进行冷热负荷的计算;

3) ApacheSim:是先进的动态负荷模拟软件,可以对全年任意时间段内的动态负荷进行计算,还可以计算全年的室内舒适度以及二氧化碳排放量;

4) ApacheHVAC:提供了空调系统建模的界面,在这里使用者可以设计所需的任意空调系统,并可以将控制系统包含在内,然后在ApacheSim中对空调系统的全年能耗进行模拟,从而优化空调系统的设计(见图5-26);

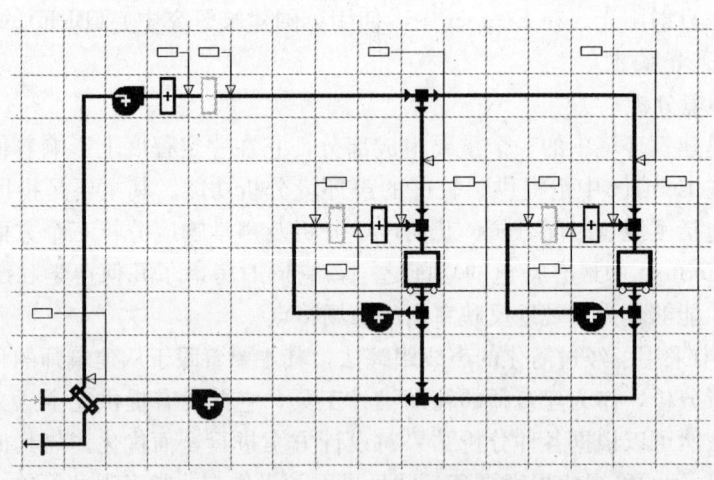

图5-26 在ApacheHVAC中对空调设计进行详细设定

5) MacroFlo:提供了对自然通风、渗透风、热压风压通风进行设置的界面,使用者可以对任意壁面或开口的通风属性进行设置,还可以设置通风的时间,然后在ApacheSim中对全年的通风能耗以及室内舒适度等进行模拟,从而确定设计方案中的自然通风或者渗透风是否可行。

(3) SunCast：日照分析模块

SunCast 是 IES＜VE＞中分析日照的专用软件，它可以对建筑内部的日照情况进行分析，也可以对建筑之间的相互遮挡进行模拟。SunCast 可以输出某个时刻的日照状况图片，也可以针对某个时间段，输出连续的日照状况图片，还可以生成动画，让客户更加直观地了解建筑内外的日照状况。当用户想了解建筑内部的日照状况时，还可以将某些墙面定义成不显示，这样就可以直接观察建筑内部的日照变化。另外，使用者还可以对建筑全年（包括外墙和内墙）的遮挡状况进行计算，这些数据可以输入 ApacheSim 中进行能耗模拟，以了解太阳能在建筑节能设计中所起的作用，如图 5-27 所示。

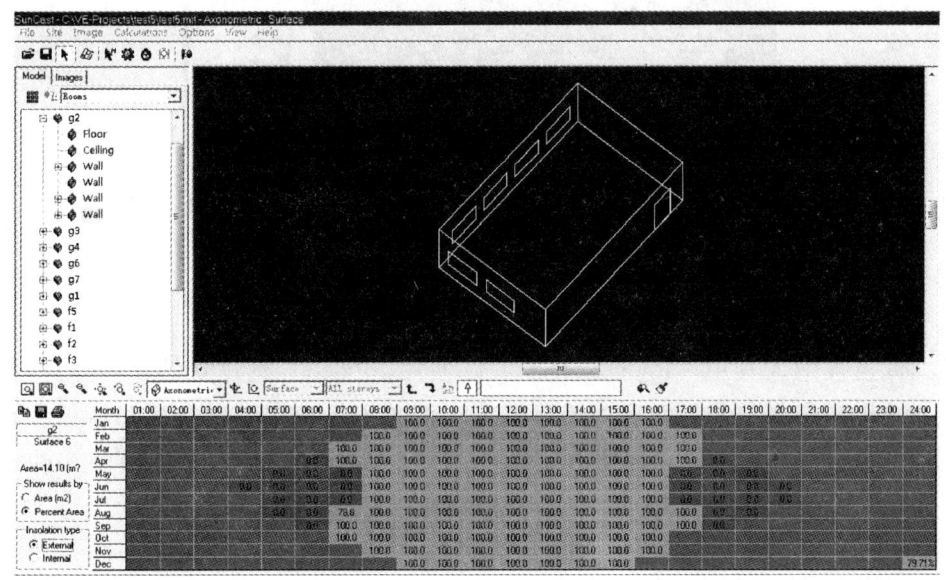

图 5-27　建筑某个墙面在各个季节的日照遮阳结果

(4) Lighting：照明分析模块组

照明分析模块组由以下子程序组成：

1) LightingPro：是 IES＜VE＞照明分析模块中对建筑内部的人工照明进行布置的软件，它自带有大量的照明灯具及光源的数据库，可以根据设计师的需要选择适当的型号，设定其相应的照明属性，并合理地布置在建筑室内。

2) FlucsDL：是对建筑的自然采光进行计算和分析的软件，它可以以等值线或者云图的方式显示建筑内部各个壁面的照度和亮度，并可以显示"Daylight Factor"等参数，以此来判断室内自然采光的优劣。

3) FlucsPro：是对建筑的自然采光和人工照明进行分析的软件，相比于 FlucsDL，它可以分别对自然采光、人工照明以及两者的混合模式进行计算和分析。在 FlucesPro 里，使用者可以对建筑壁面和玻璃的反射、透射等属性进行设置，可以对室内的照明按照某个标准（比如照度大于 300Lux）进行设计计算，可以分析房间的自然

第五章 集成化设计中的模拟分析软件

采光是否满足 LEED 的要求(如 LEED NC 2.2 Credit 8.1),可以显示房间内任意壁面和工作面的照度和亮度,为室内的自然采光和人工照明提供了一个很好的分析计算工具,如图 5-28 所示。

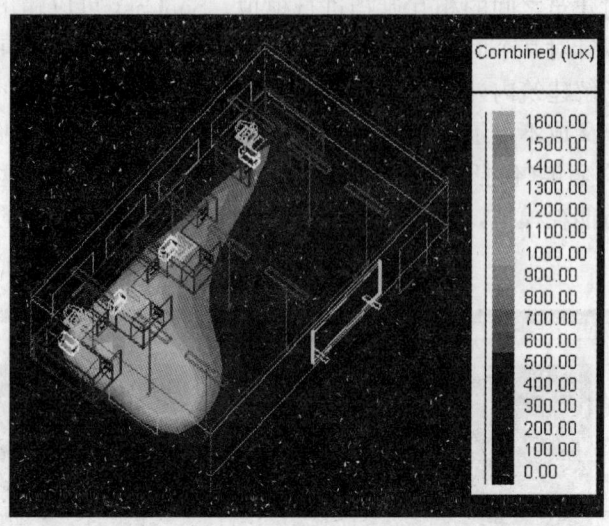

图 5-28　在 FlucsPro 里显示自然采光和人工照明的共同照度

4) RadianceIES:在 Lighting 分析模块中,世界著名的采光和照明表现软件 Radiance 也被纳入其中。RadianceIES 可以使用 ModelIT 所建立的模型,在 FlucsPro 或 FlucsDL 计算后,对室内的自然采光或者人工照明进行逼真的表现。除可以表现照度和亮度外,还可以根据亮度来分析眩光,是一款非常杰出的光环境表现软件。

(5) Evacuation:疏散分析模块组

包含以下两个子程序:

1) Simulex:是对建筑内部的人员在遇到紧急情况时的疏散进行模拟分析的软件。在这个软件里,通过读入 DXF 格式的平面图来确定各个楼层的布局,然后在各个楼层之间通过楼梯连接。除对建筑出口及楼梯的出入口可以进行设置外,还可以对建筑内的人员情况进行设定,从而更加逼近真实的状况。Simulex 可以计算建筑内各个地方距离出口的远近,并且以动画的形式模拟建筑内人员疏散的全过程,最后得到疏散所需的总时间。这款软件已经成为世界范围内模拟人员疏散的行业标准,如图 5-29 所示。

2) Lisi:是一款对建筑的电梯系统进行设计和分析的软件。在对建筑的基本情况描述完后,Lisi 提供了几种优化的设计方案,使用者可以对这几种方案或者是自己的设计方案进行动态模拟,以确定各个楼层的等待时间以及电梯的运行效果,以此来优化电梯系统的设计。

(6) Mechanical:管路计算模块组

该模块由三个子程序组成:

第二节 建筑模拟分析软件及工具

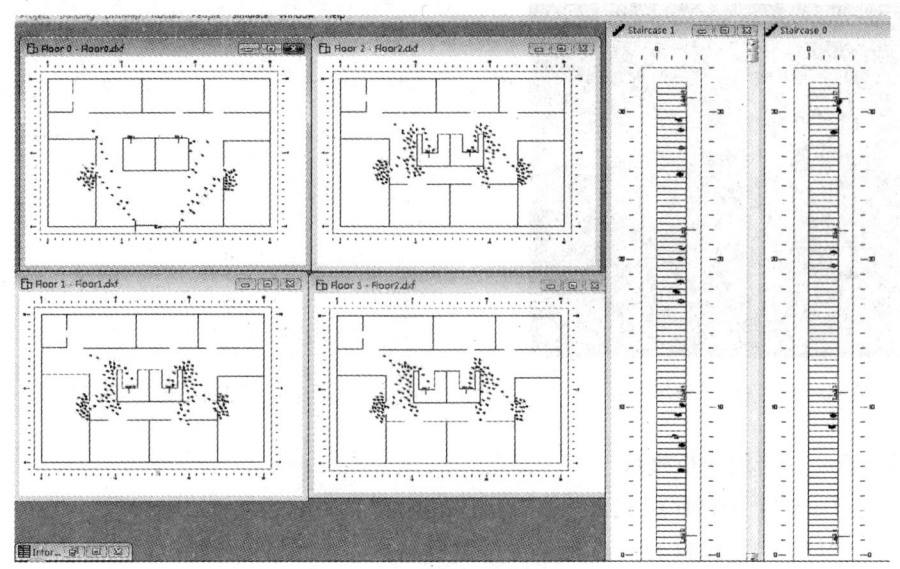

图 5-29　在 Simulex 里动态显示人员的疏散情况

1) IndusPro：拥有丰富的风管数据，使用者可以在 IndusPro 里设计所需的风管系统，IndusPro 可以适时以单线、二维或三维的方式来显示管路，如图 5-30 所示。在管路布置完毕后，IndusPro 可以根据使用者的设定来计算各个管路的管径，并在显示图上及时更新。IndusPro 可以将管路的管径显示在图上，并可以输出 DXF 格式的平面图。

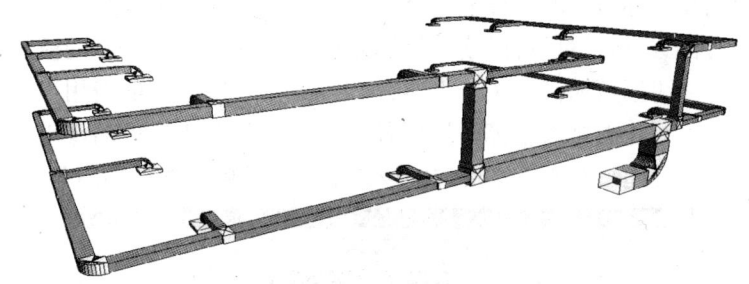

图 5-30　管路的三维立体表示

2) PiscesPro：是对采暖、制冷循环水路的管径进行计算的软件，与 IndusPro 类似，使用者可以在程序里布置水管管路，然后程序将自动计算管路的管径，并适时显示在各种表示图上。

3) Taps：是对自来水管路的管径进行布置和计算的软件。管路的三维立体表示管路。

（7）MicroFlo：室内外风环境分析模块

MicroFlo 是 IES＜VE＞里对室内外的风环境进行分析的 CFD 工具，利用这个软件可以对建筑群、单体建筑以及建筑内部的通风状况进行分析，对室内的气流组织进行模拟，并可以计算各种舒适性指标，以进一步提高建筑室内外的舒适度，如图 5-31 和图 5-32 所示。

123

第五章 集成化设计中的模拟分析软件

图 5-31 室外风环境模拟

图 5-32 室内自然通风模拟

(8) Cost：费用分析模块

模块组由两个子程序组成：

1) CostPlan：是建筑的初投资进行计算的软件，它可以接收来自于 ModelIT、Mechanical 等所建立的模型以及各种管路的信息，然后根据各种建筑部件的单价来计算建筑的总体造价。使用者也可以自主增减各种费用目录，使得最终的计算结果更加准确。

2) LifeCycle：是对建筑在全寿命周期内的费用进行计算的软件。它可以将全寿命周期内的所有费用按照设定的贴现率折算成现在的价格，然后对全寿命周期的费用进行核算。

(9) Value：方案比较模块

Deft 是 IES<VE>里的一个独特模块，它可以对多个方案从建筑面积、投资、运行费用、能量消耗、环境影响等各个方面对多个方案进行比较选择。在 Deft 里首先建立一个基础的对比方案，然后可以读入其他方案，在 IES<VE>里的模型信息可以传入到 Deft 内，包括模型的信息、CostPlan 和 LifeCycle 所计算的费用以及 ApacheSim 所得到的能耗和二氧化碳排放量等。使用者可以设置各个比较项的权重，然后与基础方案进行比较，得分超过基础方案的说明该方案优于基础方案，如图 5-33 所示。

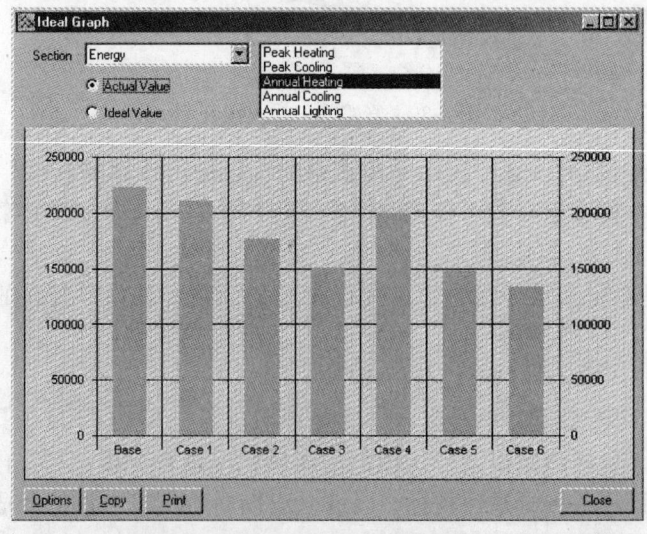

图 5-33 在 Deft 里可以对多个方案在多个方面进行比较

思考题

1. 为什么说模拟计算是实现可持续建筑的重要环节？
2. 软件模拟有哪几种方式？
3. 软件模拟有何作用？
4. 软件模拟工具有哪些适用对象？
5. 目前比较流行的建筑全能耗分析软件主要有哪些？
6. 目前比较流行的建筑光环境分析软件主要有哪些？
7. 目前比较流行的建筑声环境分析软件主要有哪些？
8. 目前比较流行的建筑风环境分析软件主要有哪些？
9. 综合模拟软件有何特点？

参考文献

[1] 张国强，徐峰，周晋. 可持续建筑技术 [M]. 北京：中国建筑工业出版社，2009.
[2] 云鹏. ECOTECT 建筑环境设计教程 [M]. 北京：中国建筑工业出版社，2007.
[3] 云鹏. 建筑光环境模拟 [M]. 北京：中国建筑工业出版社，2010.
[4] 李骥，邹瑜，魏峥. 建筑能耗模拟软件的特点及应用中存在的问题 [J]. 建筑科学. 2010，26(2)：24-28.
[5] 刘鑫，张鸿雁. EnergyPlus 用户图形界面软件 Design Builder 及其应用 [J]. 西安航空技术高等专科学校学报. 2007，25(5)：34-37.
[6] 潘毅群，吴刚. Volker Hartkopf. 建筑全能耗分析软件 Energy Plus 及其应用 [J]. 暖通空调. 2004，4(9)：2-7.
[7] 徐峰，张国强，解明镜. 以建筑节能为目标的集成化设计方法与流程 [J]. 建筑学报. 2009，(11)：55-57.
[8] PHOENICS Overview [OL]. http：//www. cham. co. uk/phoenics/d_polis/d_docs/tr001/.
[9] TRNSYS 英文介绍 [OL]. http：//product. caenet. cn/.
[10] ESP-r Applications Tutorial [OL]. http：//www. esru. strath. ac. uk/Programs/ESP-r_tut/.
[11] RAYNOISE [OL]. http：//www. grupooharaby. com. br/secoes/? op=imprime&id=41.
[12] AutoCAD CHM-Based Help [OL]. www. autodesk. com.
[13] Autodesk Ecotect Analysis [OL]. www. autodesk. com.
[14] Radiance Reference [OL]. http：//radsite. lbl. gov/radiance/framer. html.
[15] IES Support Centre [OL]. http：//www. iesve. com/Support/.
[16] Help and Documentation [OL]. http：//floyd. lbl. gov/deskrad/help. htm.
[17] AGI32 HTML Help [OL]. http：//docs. agi32. com/AGi32/.
[18] 柳孝图. 建筑物理 [M]. 北京：中国建筑工业出版社，2007.
[19] EnergyPlus Documentation [OL]. http：//apps1. eere. energy. gov/buildings/energyplus/.
[20] GB 50155—92. 采暖通风与空气调节术语标准 [S]. 北京：中国建筑工业出版社，1992.
[21] 王福军. 计算流体力学分析 [M]. 北京：清华大学出版社，2003.
[22] 吴硕贤，张三明，葛坚. 建筑声学设计原理 [M]. 北京：建筑工业出版社，2000.
[23] <Virtual Environment>：设计、模拟+创新 [OL]. www. topenergy. org.

第六章 集成化设计与决策评价体系

第一节 集成化设计决策评价体系简介及特性

集成化设计是一种综合、多元和动态的设计方法,与其对应的决策评价体系必须适应它的这些特点和要求。近十多年来,随着各国政府可持续发展战略的推行,以及使用者不断增强的环境意识和市场需求,绿色生态建筑得到史无前例的快速发展。为了引导和规范绿色生态建筑的发展,英国等发达国家的建筑与环境专家们经过多年研究,制定出了针对建筑整体表现的评价体系。由于绿色生态建筑本身所具有的集成化设计特征,使得针对此类建筑而制定的"建筑整体性能"评价体系,实际上为更广义上的"集成化设计"的决策评价提供了重要的参考和基础。

一、建筑整体性能评价的发展概况

随着绿色生态建筑研究与实践的不断扩展和深入,以及相关设计与监测方式的不断更新与进步,绿色生态建筑的评价在国际上受到越来越多的重视。从 20 世纪 80 年代开始,国际绿色生态建筑的评价大致经历了三个发展阶段,即:

(1) 早期,绿色建筑产品及技术的一般评价、介绍与展示;
(2) 中期,建筑方案环境物理性能的模拟与评价;
(3) 近期,建筑整体环境表现的综合鉴定与评价。

预计未来将对现阶段绿色生态建筑评价方式与模拟辅助建筑设计工具进行整合,并利用网络信息技术,使评价方式与辅助技术手段都得到更广泛和全面的应用和发展。

1. 建筑整体性能评价的内容

建筑整体性能评价,顾名思义就是"对建筑作为一个整体所表现出来的各方面性能的全面综合评价"。要做建筑整体性能评价,必须首先了解建筑具有哪些方面的性能,或者说人们期望/要求建筑具有哪些方面的性能。

(1) 从传统视角看,建筑主要具有"使用功能"和"美学表现"两方面的性能;
(2) 从可持续发展的视角看,建筑应当具有"环境、社会、经济"等三方面的性能。

传统上,人们对建筑的需求主要涉及"使用功能"和"美学表现"等难以量化的内容,因此对建筑的评价始终以主观评论为主要形式。

当可持续发展的概念被引入建筑领域后,根据可持续发展三基线(Triple Bottom Line)原则,人们又将建筑的性能归纳到"环境性能"、"社会/文化性能"和"经济性能"三大领域。

现有绿色生态建筑评价体系主要围绕建筑的"环境性能"展开评价。由于建筑的环境性能具有科学研究基础,并且大多具有"可以量化检测"的特征,使得当今的绿色生态建筑综合评价体系成为迄今为止最具可信度、可靠性、可比性和可操作性的建筑整体性能评价工具。

当然,由于现有绿色生态建筑评价体系中一般不包含建筑的"使用功能"和"美学表现"等指标,对建筑的"社会性能"和"经济性能"也很少涉及,所以从严格意义上讲,它们还不是最全面完整的建筑"整体性能评价"体系。真正全面完整的建筑整体性评价应当涉及建筑的"使用功能"、"美学表现"、"环境表现"、"社会性能"、"文化性能"、"经济性能"等各个方面。集成化设计的决策,需要采用尽可能全面完整的体系加以辅助和评价(见表 6-1)。

各种视角下对建筑性能的要求与相关评价内容　　　　表 6-1

	建筑的性能				
	使用功能	美学表现	环境性能	社会/文化性能	经济性能
传统的视角	√	√			有时涉及
可持续发展的视角			√	√	
现有绿色生态建筑评价			十分强调	很少涉及	很少涉及
集成化设计决策评价	√	√	√	√	√

2. 集成化设计决策与建筑整体性能评价的关系

建筑"整体性能评价"的主要作用在于设定预期的建筑性能目标(例如节能、节地、节水、经济、美观、适用等),并通过评价和比较单个建筑或建筑群实际达到这些目标的程度,从而从总体上促使市场中的建筑不断朝向所设定的整体性能目标发展。

建筑整体性能评价与集成化设计决策具有十分密切的关系。一方面,集成化设计决策是实现建筑整体性能目标的必要手段;另一方面,建筑整体性能评价的内容和结果又可以为集成化设计决策提供重要参考。

为了对建筑"整体性能评价"和"集成化设计决策"之间的关系,以及它们与建筑活动各相关因素之间的关系做出更加清楚的描述,图 6-1 建立了一个综合的观念框架,它由设计组成员、设计过程、各类建筑和建筑性能四个部分组成。

其中,第一部分是"设计组成员"(人物),包括规划师、建筑师/设计师、开发商、建造商、使用者/业主、建筑技术专家、经济学家、社会学家等;第二部分是"设计过程"(事件),包括经济分析、功能分析、结构分析、生态分析、经济分析、文化分析等;第三部分是"各类建筑"(对象),包括不同规模和类型的建筑项目;第四部分是"建筑性能"(结果),包括使用功能、美学表现、环境性能、社会/文化性能、经济性能等。

这个观念框架表达出集成化设计决策通过组织建筑设计活动中的"人物"、"事件"和"对象"等因素,达到建筑整体性能表现的最终"结果",两者之间存在密切的因果关系。对建筑整体性能表现的评价,反馈到设计组成员和设计过程中,可以指导后续建筑项目的集成化设计与决策。

第六章　集成化设计与决策评价体系

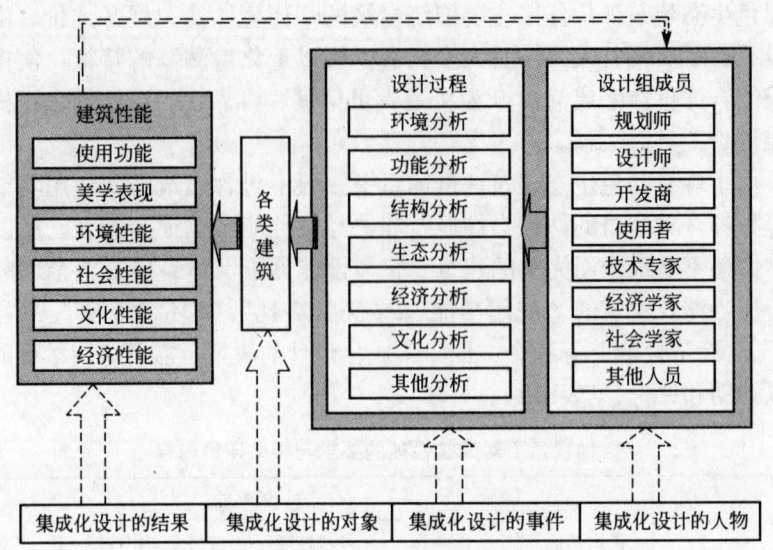

图 6-1　集成化设计决策与建筑整体性能的关系

二、建筑整体性能评价的特性

1. 内容的多学科性

建筑整体性能评价体系的建立，是一项重要而又复杂艰巨的工作。由于它涉及的专业领域广泛、复杂而且多样，因此要求多领域专家通力合作。一套既科学全面又简明易操作的评价体系和标准，将十分有利于促进各地区建筑事业的持续健康发展。

2. 使用的方便性

建立建筑整体性能评价体系的目的，一方面是检验建筑的最终性能；另一方面是将建筑最终性能的检验结果反馈给设计决策者，从而达到辅助支持后续建筑项目设计决策的作用。无论是以上哪一方面，都需要注意使用的方便性。尤其是对集成化设计的决策支持而言，对建筑在方案阶段的整体性能评价，只有能在有限数据的支持下，方便快速地得出基本可靠的评价结果，才能方便地用于方案的反复修改、比较和最终定案。

3. 评价的客观性

建筑的"使用功能"、"美学表现"以及"社会/文化性能"等是不容易量化评价的，一般需要采用主观评价的方法；而建筑的"环境性能"和"经济性能"是容易量化评价的，一般可以采用客观评价的方法。为了使评价体系具有更大的客观性，往往需要在评价内容上有所选择，大多数现有建筑整体性能评价体系，都将评价指标的内容限定在建筑的"环境性能"方面，个别体系涉及了建筑的"经济性能"，但很少涉及"社会/文化性能"和"使用功能"，以及"美学性能"。

第二节　现有建筑整体性能评价工具

多种形式的建筑性能评价工具已经在不同国家/地区得到开发和应用，其中有针对特定建筑性能的模拟软件，例如清华大学建筑技术系开发的建筑热环境模拟软件，就已经达到了国际先进水平；有针对特定建筑问题的手册和导则；也有针对建筑整体性能的评价体系，包括英国建筑研究中心开发的 BREEAM、美国绿色建筑协会开发的 LEED、多国共同开发的 GBTool、法国的 ESCALE、挪威的 Eco Profile 以及澳大利亚的 NABERS 等，还有中国绿色奥运建筑研究课题组开发的《绿色奥运建筑评价体系》等，每年还有其他新的工具不断出现。其中建筑整体性能评价体系的基本作用类似，评价内容与方式一般如下：

一、整体性能评价的基本模式

1. 评价内容

根据不同国情以及对绿色生态概念的具体理解，不同国家建筑整体性能评价的内容和项目不尽相同。但综合起来，其评价内容一般可以分为两个方面六大类指标：

（1）目标类指标

1）自然环境：主要考虑对自然资源的"消耗"和对自然环境的"破坏"两个方面，具体涉及能源、水、材料、土地、生物多样性等；

2）人类健康：主要涉及与人类健康密切相关的室内环境质量等；

3）社会经济：考虑建筑全生命周期的投资和回报等。

（2）方法类指标

1）设计：指设计中意在改进建筑绿色生态性能的手法等；

2）规划：包括以环境可持续发展为目标的选址规划、场地设计、交通规划等；

3）管理：考虑绿色生态建筑的施工管理和使用管理等。

其中，"环境"和"健康"是所有评价体系的重点内容。具体评价中，各指标项目又分出子项和次子项等多个层级，包括几十到几百条细则，需要输入定性和定量数值几十到上千条不等。

2. 评价机制

目前，各国建筑整体性能评价机制一般包括以下内容：

首先是确定评价指标项目，即根据当地的自然环境（包括地理、气候因素、生态类型等）以及建筑因素（包括建筑形式、发展阶段、地区实践）等条件，确立在当地（或本国）适用的建筑评价指标项目的详细构架。

其次是确定评价标准，这些标准可以是定性的，也可以是定量的，但一般都以现行的国家或地区规范以及公认的国际标准作为最重要的参照和准则。现行规范中没有规定的项目，则根据地区实践的实际水平和需要，组织专家进行编制。在有些评价工具中，评价标准还被设为标尺的形式，用来动态地反映地区实践的最佳水平和最新进展。

最后是执行评价，即根据以上标准，对有关指标项目展开评价。

3. 评价过程

建筑整体性能评价一般采用如下程序，即：

（1）输入数据：根据评价指标项目，输入相关设计、规划、管理、运行等方面的数值与文件资料。这些数值与文件资料可以通过记录、计算、模拟验证、调研分析等途径获得。

(2) 综合评分：由具备资格的评审人员，根据有关评价标准，对各评价项目进行评价。一般采用加权累积的方法评定最后得分。

(3) 确定等级：根据得分的多少，确定该建筑等级，并颁发相应的等级认定证书。

二、现有整体性能评价工具介绍

1. 英国的 BREEAM 评价体系

著名的"英国建筑研究所"(BRE)于 1990 年首次推出"建筑环境评价方法"(BREEAM)。它也是国际上第一套实际应用于市场和管理之中的绿色建筑整体性能评价体系。针对当时英国的市场需求和绿色建筑发展状况，其评价目标主要是英国的办公建筑。BRE 在开展建筑环境性能评价的同时，还为建筑师和开发商提供相关技术咨询，在国际上受到广泛关注。

"生态家园"(EcoHomes)是"建筑环境评价方法"(BREEAM)的住宅版，首次发布于 2000 年(见图 6-2)。它满足了近年来英国市场对住宅类建筑进行绿色生态评价的新需求。其评价内容包括能量、交通、污染、材料、水、生态与土地利用以及健康等七个大的方面。具体包括 CO_2 的年释放量，建筑外围护结构热工性能(与标准做法相比)的改进量，节能型室外照明系统的采用，场址规划使住宅接近公共交通的程度，家庭办公空间和服务设施的提供，低污染燃炉的采用，可持续木材资源的采用，可再生废物储存方式的提供，年节水量，对建设用地生态价值的影响和改变，建筑的自然采光程度，建筑物的隔声程度，半私密室外空间的提供等 20 多个分项。

图 6-2 英国评价工具"生态家园"

其评价机制和过程如前所述，评分标准根据评价内容有不同规定，例如：在"能量"一项中，当 CO_2 的年释放量少于 $50kg/m^2$ 时，可得 2 分；其后每减少 $5kg/m^2$ 则可多得 2 分；当达到零释放量时，得 20 分。在"交通"一项中，80%的住户距主要公共交通站在 500m 以内可得 4 分；在 1000m 以内得 2 分，超过 1000m 则为零分。在"水"一项中，每年每卧室节水 $45m^3$ 可得 6 分；其后，每增加 $5m^3$，可多得 4 分等。

最后的评价结果是根据总分高低，给出通过、好、很好、优秀四个不同等级的证书。由于英国建筑师协会的参与，该证书在英国具有相当的权威与有效性。

BREEAM 评价体系的推出，为规范绿色生态建筑概念，以及推动绿色生态建筑的健康有序发展，做出了开拓性的贡献。至今，它不仅在英国以外(如中国香港)发展了不同的地区版本，而且成为各国建立新型绿色生态建筑评价体系所必不可少的重要参考文献。

2. 美国 LEED 评价体系

"LEED 绿色建筑等级体系"由美国绿色建筑委员会于1993年开始着手制定(1998年8月发布LEED 1.0，2000年8月发布LEED 2.0，2002年发布LEED 2.1，2005年发布LEED 2.2，2009年4月发布LEED 3.0)。它受到英国BREEAM的启发，主要用于评价美国商业(办公)建筑整体在全生命周期中的绿色生态表现。其评价内容包括可持续的场址、能源与大气、用水效率、材料与资源、室内环境质量和设计过程的改进等六个大的方面。其中每一个方面又包括了1～3个必须满足的先决条件，以及2～8个(共计34个)评价子项目，每一个子项目又包括了若干细则。例如：在"室内空气质量"方面，就有"最低室内空气质量"和"环境烟雾控制"两项先决条件，其后有通风效率、CO_2浓度监测、室内空气质量管理计划、低辐射建材、室内化学和污染源控制、热舒适、日光和景观等子项目。

LEED的评价机制和过程如前所述。评价结果是根据得分(满分为69分)高低，给出通过(26～32分)、铜质(33～38分)、金质(39～51分)、白金(52分以上)四个不同等级的证书。由于美国绿色建筑委员会的权威性，该证书也具有相当的权威与有效性。

这套体系的主要优点体现在其透明性和可操作性。因为在评价要点之外，它还提供了一套内容十分丰富的使用指导手册。其中不仅解释了每一个子项的评价意图、预评(先决)条件及相关的环境、经济和社区因素、评价指标文件来源等，还对相关设计方法和技术提出建议与分析，并提供了参考文献目录(包括网址和文字资料等)和实例分析。这样就使建筑师、业主等能够更加明确评价项目的依据、自己努力的方向以及可以采用的改进措施等。

3. 加拿大的 GBTool 评价体系

"绿色建筑挑战"(GBC)是从1998年起由加拿大发起并有20多个国家参加的一项国际合作行动，其核心内容是通过"绿色建筑评价工具"(GBTool)的开发和应用研究，为各国各地区绿色生态建筑的评价提供一个较为统一的国际化的平台，从而推动国际绿色生态建筑整体的全面发展。

GBTool是一个较为特殊的绿色生态建筑评价工具，其特殊性具体表现为：

(1) 将地区适用性与国际可比性相结合

GBTool根据国际绿色生态建筑发展的总体目标，提出了基本的评价内容和统一的评价框架。具体评价项目、评价基准和权重系数则交给各个国家的专家小组，由他们根据本国家或地区的实际情况(建设状况和发展需求等)增减确定。因此，各个国家都可以通过改编而拥有自己国家或地区版的GBTool。由于基本框架的一致性，以及具体评价项目和权重的地区性特征，使得这些不同版本的GBTool有可能同时具备地区适用性和国际可比性。这正是GBTool研究和发展的重要目标之一，也形成了它不同于别的评价方法(工具)的一大特色。

(2) 以现有软件为评价的载体工具

GBTool是一个建立在EXCEL基础上的软件类绿色生态建筑评价工具，其所有评价内容(包括：资源消耗、环境负担、室内环境质量、服务质量、经济、使用前的管理和社区交通等七大项和"全生命周期中的能量消耗"、"土地使用及其生态价值的影响"

等相关子项、分子项 100 多条)及全部评价过程均在 EXCEL 软件内表现和进行,最后评价结果(包括总体表现以及每个大项和子项的表现),根据预设在软件内的公式和规则自动计算生成,并以直方图的形式直观地表现出来(见图 6-3)。

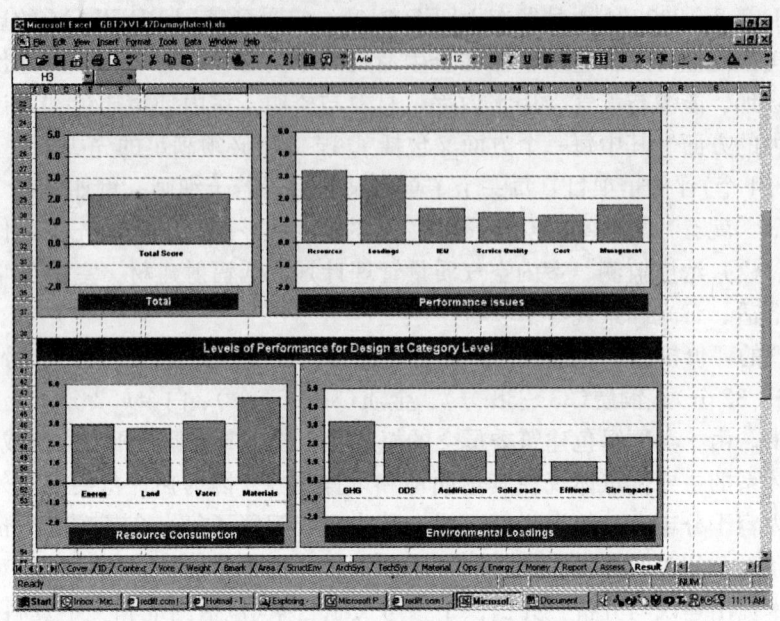

图 6-3　GBTool 各项指标评价结果直方图

(3) 评价基准的灵活性

GBTool 的评价机制也是先确定评价指标项目,再确定评价基准,最后进行评价。不同之处在于,它的评价基准是一套动态的、相对的数值。任何建筑成果都可以在评价的标尺上找到自己的位置,并与该地区内的其他项目进行横向和纵向比较。这种评价的目的,不是给某个项目确定一个绿色生态设计的等级,而是通过评价与比较,看到其优点,找到其差距和继续努力的方向,从而有利于鼓励和促进在绿色生态建筑方面的各种有益的尝试和探讨。

(4) 评价机制的研究性和复杂性

总体来讲,GBTool 是一个研究型和较复杂的新型绿色生态建筑评价工具。从实用的角度看,其内容显得过于细腻,操作比较复杂(评价过程中需要输入各类设计、模拟、计算数据以及相关文字内容上千条),结果也不适应市场对生态建筑评定等级的需求。但它兼具国际性和地区性,以及评价基准上的灵活性特征还是吸引了越来越多的国家加入共同研究和实践的行列。目前,每两年一次的国际"可持续建筑"会议的一项重要议题就是各国 GBTool 小组交流并展示该工具在本国绿色生态建筑评价中的应用实例与问题,其目的是促进 GBTool 的改进完善,以及国际绿色生态建筑事业的共同发展。

4. 澳大利亚的 NABERS 评价体系

NABERS 是一个适应澳大利亚国情的绿色生态建筑评价工具,其目标有三个:首先,将来澳大利亚所有类型的绿色生态建筑都要通过该工具的评价;其次,该标准同时适用于新建筑和旧有建筑;第三,该项评价将每年进行一次。

NABERS 的评价内容包括:生物多样性、材料含能、能源、室内空气质量、资源高效利用、选址问题等六个方面(其中对材料含能的研究和评价在国际上具有领先地位)。其评价机制仍然是先确定评价指标项目,再确定评价基准,最后进行评价。但它在研究和总结本国原有的建筑评价体系(ABGRS,澳大利亚绿色住宅等级评价系统等),以及国际现行各主要绿色生态建筑评价体系特点和问题的基础上,适应了当今澳大利亚国情和国际绿色生态评价总的发展趋势,形成了自己的一些特点。

(1) 简单易操作

为了使 NABERS 简单易操作,它以一系列由业主和使用者可以回答的问题作为评价项目,因此不需要培训和配备专门的评价人员。这些问题包括两部分:一部分是关于建筑本身的,叫做"建筑等级";另一部分是关于建筑使用的,叫做"使用等级"。

(2) 采用"星级"的形式评价等级

NABERS 采用了"星级"这个人们已经十分熟悉的评价概念(在澳大利亚原有评价体系 ABGRS 和 NatHERS 中均采用这个概念),其评价结构由项目嵌套一系列子项目构成,每个子项目可以评为 0~5 星级,项目的星级由子项目星级平均后取得。

(3) 采用更清楚的直方图形式反映评价结果

像 GBTool 一样,NABERS 也采用直方图的形式反映评价结果。不同的是,在 NABERS 的直方图中,各分项指标和综合指标项目所要求达到的最低水平(通常来源于国家或地区相关建筑规范)、具体实践中已经达到的最好水平以及同类实践的平均水平,全部更加清楚地反映在直方图中。因此,任何一个建筑在该指标项目上所达到的水平和所处的位置,都是一目了然的(见图 6-4)。

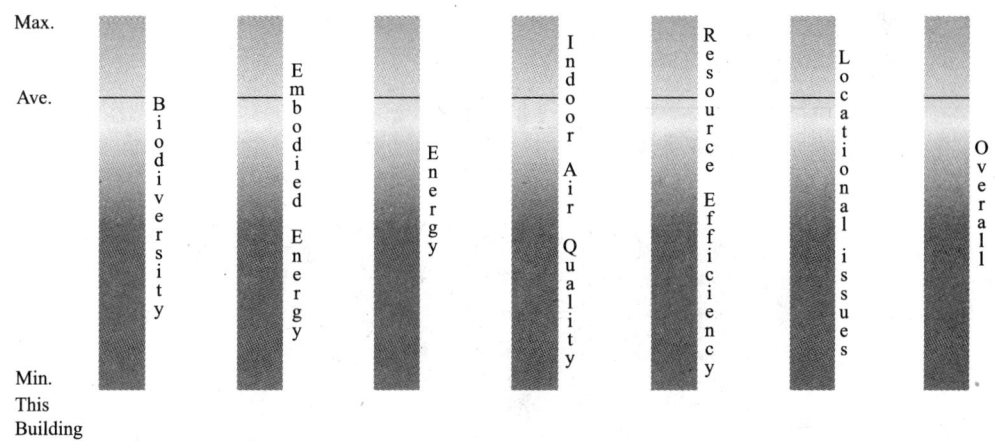

图 6-4 NABERS 预期采用的评价结果显示方式

(4) 开放的系统

首先,如 GBTool 一样,NABERS 在不影响基本框架结构的情况下,允许在项目中增加和调整子项目,以反映技术的进步或填补认识的缺欠。因此,在保证其清晰易

第六章 集成化设计与决策评价体系

操作特征的同时,该评价工具可以随着实践的进步,不断改进和完善。

其次,NABERS允许地区专家根据当地实际情况,调整评价子项目的优先级。例如,某地的"生态多样性"被认定为在当地有特殊重要的意义,则该地权威机构可以规定"生态多样性"方面必须达到某个星级,才能给予其规划上的批准。这样就保证了该评价方式对地区实际需求的充分尊重和适应。

5. 日本的CASBEE评价体系

日本的CASBEE(建筑物综合环境性能评价体系,Comprehensive Assessment System for Building Environmental Efficiency),由日本的"建筑物综合环境评价委员会"研究制定,委员会成员来自多所大学、研究机构、政府机构和设计企业的100多位专家学者组成。项目研究开始于2001年,2003年发布CASBEE第一版。

CASBEE评价体系的特点主要表现在以下方面:

(1) 评价工具采用成套开发的模式

该体系的完整构架由一套四个不同功能的工具组成,他们分别适用于建筑发展的不同阶段:1)初步设计工具;在项目初步规划阶段,向业主和规划人员提供决策辅助,以帮助他们合理进行建筑选址,并对项目的基本环境影响做出评价;2)环境设计工具;在项目设计阶段,为设计者或工程师提供比较简练的自我评价测试;3)环境标签工具;评价建筑物建成后的最终环境性能,同时也可用于资产评价;4)环境性能诊断/改造设计工具;在运营阶段供业主或物业管理人员了解其建筑环境性能实际运行状态,以及如何提高运行中的建筑环境性能。CASBEE首先研究开发了其中的"环境设计工具"、"环境标签工具"和"环境性能诊断·改造设计工具"。

(2) 评价指标分为Q和R两类(见图6-5)

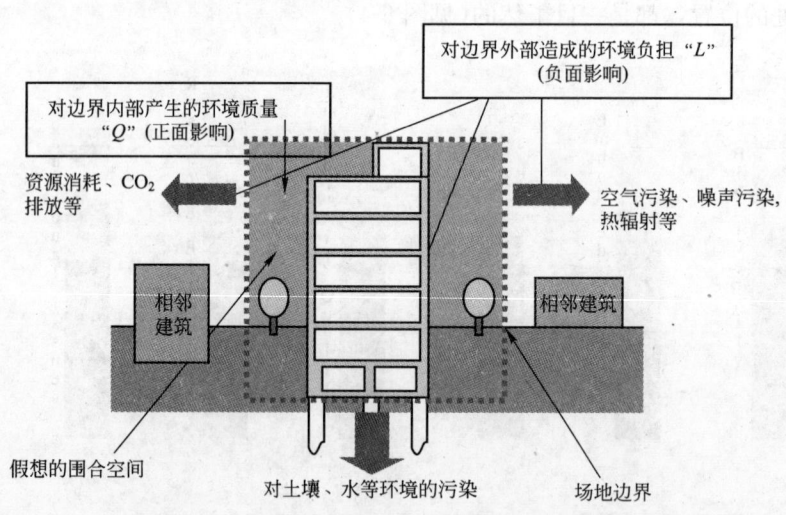

图6-5 CASBEE评价体系的概念框图(评价指标分为Q和R两类)

Q(Quality)指建筑物的环境质量,包括室内环境、服务设施和室外环境(建筑用地内)三项;L(Load)指建筑物的环境负荷,包括能源、资源与材料、环境。该体系旨在追求消耗最小的L而获取最大Q的建筑,即:

建筑环境质量(BEE)＝建筑物的环境质量(Q)/建筑物的环境负荷(L)

为便于使用者理解，在评价结果的表达中，将 L（Load，建筑物环境负荷）转换为 LR（Load Reduction，建筑物环境负荷的减少量），这样一来"建筑负荷降低越多，得分越高，表明建筑越好"则和常人思维一致。环境设计工具的基本构架如图6-6所示。

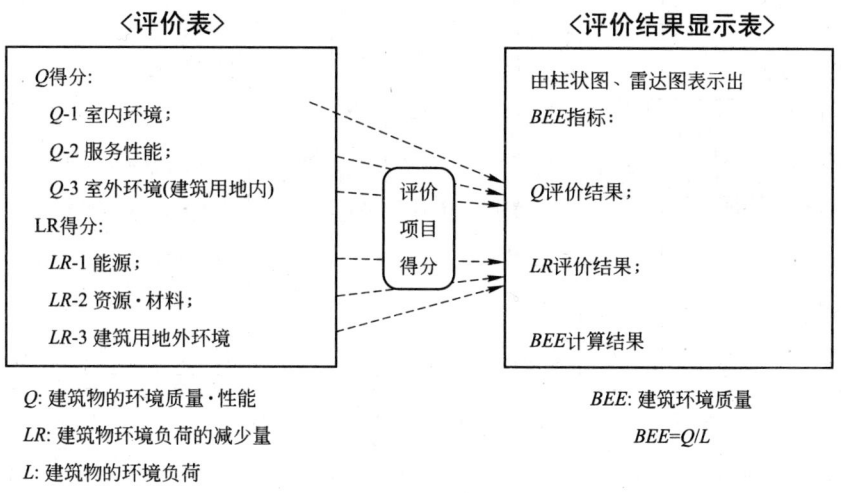

图6-6　环境设计工具的基本结构

（3）对评价项目设立权重系数

对不同的评价项目，设立了不同的权重系数（按表6-2选取）。各细目的权重系数，需根据不同用途进行讨论确定，其取值参照CASBEE所附参考资料中"权重系数"一节的内容来设定。

权 重 系 数 取 值　　　　　　　　　　　　　表6-2

评价内容	权重系数	评价内容	权重系数
Q-1　室内环境	0.50	LR-1　能量	0.50
Q-2　服务性能	0.35	LR-2　资源·材料	0.30
Q-3　室外环境（建筑用地内）	0.15	LR-3　建筑用地外环境	0.20

（4）分阶段对建筑性能进行评价

CASBEE是第一个采用分阶段评价方式的建筑整体性能评价体系，它包括了"设计阶段的评价"、"实施阶段的评价"和"竣工阶段的评价"，评价框架在各个过程均相同，即将建筑物环境质量·性能（Q：Building Environmental Quality & Performance）项，划分为"Q-1室内环境"、"Q-2服务性能"、"Q-3室外环境（建筑用地内）"三部分，将建筑物环境负荷低减性（LR：Load Reduction）项也划分为三部分，即"LR-1能量"、"LR-2资源·材料"、"LR-3建筑用地外环境"。CASBEE评价软件的主界面如图6-7所示。

（5）评分基准考虑地区差别

第六章 集成化设计与决策评价体系

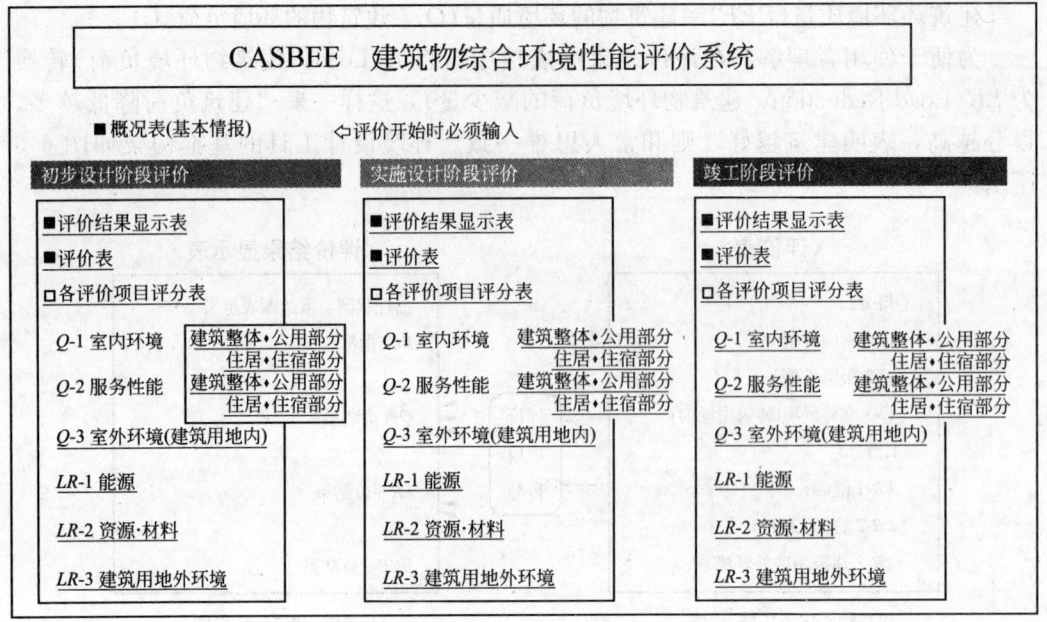

图 6-7 CASBEE 评价软件主界面

CASBEE 评分以当时的社会与技术发展水平为基准,并在选择参考建筑时考虑地域差别。具体采用 5 级评分方式,满足法律规定的最低水平时评为 1 分,达到一般水平时评为 3 分,达到最佳水平时评为 5 分。

(6) 通过多种形式表达评价结果

CASBEE 的评价结果通过多种形式表达出来,其中"建筑环境质量(BEE)"通过直方图、雷达图表达,"建筑环境负担的减少量"通过直方图表达(图 6-8)。

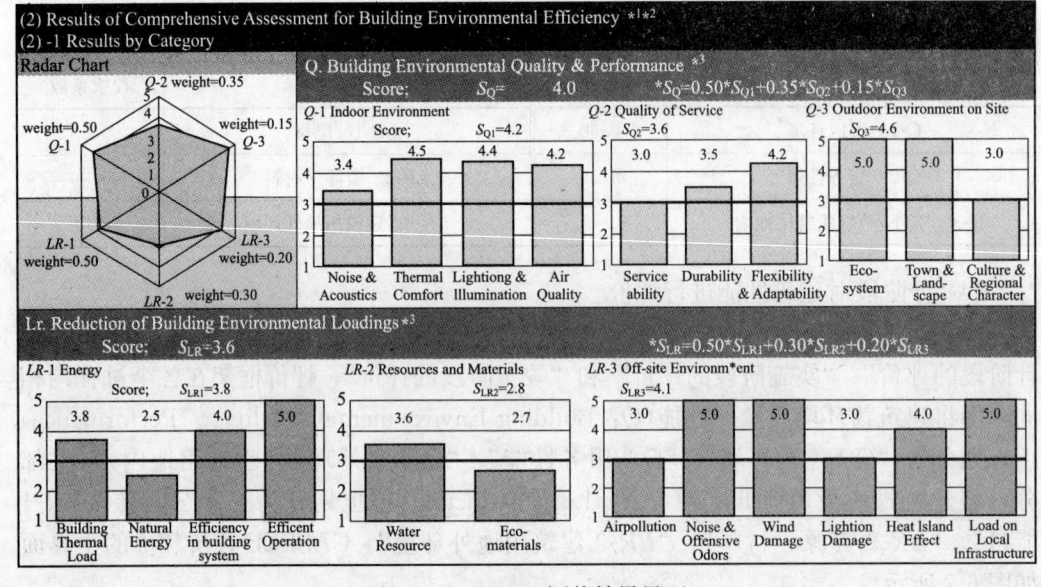

图 6-8 CASBEE 评价结果界面

建筑整体性能评价由 Q/L 的比值决定，并通过图6-9的形式表达。评价结果和评定等级的对应关系如下：

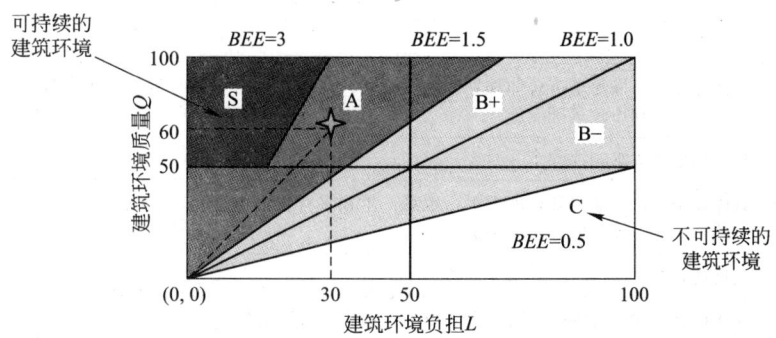

图6-9 CASBEE体系中建筑整体性能评价结果由 Q/L 的比值决定

1) 如果某建筑的评价结果落在S区（$BEE>3$），表明该建筑环境质量很高，同时对环境造成的负担很小，因此是具有可持续性的建筑环境，评价等级为"优秀"；

2) 评价如果落在A（$1.5<BEE<3$），等级为"很好"；

3) B+（$1.9<BEE<1.5$），等级为"好"；

4) B−（$1.0<BEE<1.5$），等级为"一般"；

5) 如果某建筑的评价结果落在C区（$BEE<1.0$），表明该建筑环境质量很低，同时对环境造成的负担很大，因此是不具有可持续性的建筑环境，评价等级为"差"。

6. 中国的绿色奥运建筑评价体系（GOBAS）

中国为承办2008年奥运会提出了"绿色奥运、科技奥运、人文奥运"的口号，并在申奥成功之后，在科技部和北京市科委支持下，通过清华大学等单位的共同研究，于2003年推出了针对北京2008年奥运会场地规划和场馆与运动员村建设项目的《绿色奥运建筑评估体系》（GOBAS）（见图6-10）。该体系借鉴了如前所述的各类建筑整体性能评估工具，尤其是参考了日本CASBEE评价体系的做法。

图6-10 绿色奥运建筑评估体系（GOBAS）

GOBAS评估体系的主要特点如下：

（1）采用了分阶段评价的方法。针对建筑项目的规划阶段、设计阶段、施工阶段和竣工运行阶段的特点和要求，从环境、能源、水资源、材料与资源、室内环境质量等方面制定了具体评估标准。只有在前一阶段达到绿色建筑的基本要求，才能继续进行下一阶段的设计、施工工作。当各个阶段都达到评估要求时，该项目就被认定为达到了绿色建筑的整体性能标准。该体系的主要评价指标和各指标的具体评分点如表6-3所示。

第六章 集成化设计与决策评价体系

GOBAS评估体系的主要评价指标和评分点　　　　　表6-3

编号	评价指标
第1部分	规划阶段
1.1	场地选址
	具体评分点：满足城市总体规划；防灾减灾；建设用地；水系与地貌；生态环境；场地环境质量；现有交通和市政基础设施
1.2	总体规划环境影响评价
	具体评分点：土地规划；地下水；水系；生物多样性；电磁污染；噪声污染；日照；室外热舒适和热岛效应；风环境；文物保护
1.3	交通规划
	具体评分点：交通网络，公共交通设施；停车；人流组织
1.4	绿化
	具体评分点：原有绿化；绿化率
1.5	能源规划
	具体评分点：能源转换效率；对城市能源供应体系的冲击；可再生能源与新能源；对环境的影响
1.6	资源利用
	具体评分点：设施数量与规模；材料消耗总量；现有建筑；赛后利用；固体废弃物处置
1.7	水环境系统
	具体评分点：用水规划；给水系统；排水系统；污、废水处理与回用；雨水合理利用；绿化与景观用水；湿地
第2部分	设计阶段
2.1	建筑设计
	具体评分点：建筑规模、容积与面积控制；结构材料选择；建筑主体节能；室内热环境设计；自然采光；日照；隔声与噪声控制；自然通风；建筑功能性和适应性设计
2.2	室外工程设计
	具体评分点：场地工程设计；绿化和园林工程设计；道路工程设计；室外照明；光污染控制
2.3	材料与资源利用
	具体评分点：资源消耗；能源消耗；环境影响；本地化；旧建筑材料利用；固体废弃物处置
2.4	能源消耗及其对环境的影响
	具体评分点：冷热源和能量转换系统；能源输配系统；部分负荷、部分空间条件下可用性；新风热回收技术；其他用能系统；照明系统对环境的影响；空调制冷设备中工质的使用
2.5	水环境系统
	具体评分点：饮用水深度处理；污、废水处理及资源化；再生水回用；雨水合理利用；绿化用水；景观用水；设备与器材
2.6	室内空气质量
	具体评分点：室内通风换气；空调通风系统设计；装饰装修材料；排风与换气
第3部分	施工阶段（略）
第4部分	验收与运行管理阶段（略）

(2) 建筑设计中通常需要解决的功能问题、质量问题、社区问题等，没有被列入 GOBAS 评估体系的范畴。

(3) 在具体评分时把评估条例分为 Q 和 L 两类：Q(Quality)指建筑环境质量和为使用者提供服务的水平；L(Load)指能源、资源和环境负荷的付出。绿色建筑被定义为"消耗较小的 L 而获取较大的 Q 的建筑"。GOBAS 的研究人员认为，绿色建筑的目标是消耗最少的能源和资源，给环境和生态带来最小的影响，同时为居住和使用者提供最健康舒适的建筑环境与最好的服务，这本身就存在一定的矛盾。以大量的能源消耗和破坏环境的代价所获得的舒适性的"豪华建筑"不符合绿色建筑要求；而放弃舒适性，回到原始的茅草屋中，虽然不消耗能源和资源，却也不是绿色建筑所提倡。因此，在评估体系中节省能源、节省资源、保护环境的条例与室内舒适性、服务水平以及建筑功能的条例性质不同，不能彼此相加或相抵。尤其我国目前建筑环境质量的现状和要求存在很大的差异，不像发达国家总体水准较高，差别较小，问题的主导方面是能源、资源与环境代价的最小化。通过把评估条例分为 Q 和 L 两类，可以更科学地描绘出所评价项目的"绿色性"。

(4) 评价结果可以通过图 6-11 得到直观的解读：当评估结果处于图中 A 区时，表示该项目通过很少的资源、能源和环境付出，得到了优良的建筑品质，是优秀的绿色建筑；当评估结果处于 B 区、C 区时，表明该项目仍属绿色建筑，但资源与环境付出较多，或者建筑品质略低；当评估结果处于 D 区时，表明该项目资源、能源与环境付出多，同时建筑品质不太高；当评估结果处于 E 区时，表明该项目不仅资源、能源与环境付出很多，而且建筑品质低劣。

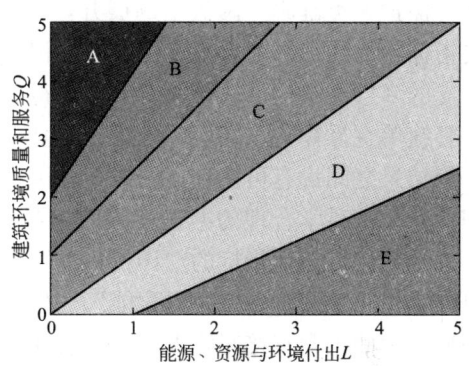

图 6-11 GOBAS 建筑整体性能评价结果由 Q/L 的比值决定

(5) 采用了系统开发的模，其中包含了评估纲要、评分手册、条文说明、评估流程和参评所需资料以及案例分析等。此外还在 2004 年推出了《绿色奥运建筑实施指南》，使 GOBAS 的体系具更加完整，也具有了更好的集成化设计决策支持功能。

7. 中国的绿色建筑评价标准(GB 50378—2006)

《绿色建筑评价标准》是中国的国家标准，编号为 GB/T 50378—2006，由建设部标准定额研究所组织中国建筑科学研究院、上海市建筑科学研究院等单位编制而成，自 2006 年 6 月 1 日起实施。该标准是总结我国近年绿色建筑方面的实践经验和研究成果，同时借鉴国际先进经验制定的第一部多目标、多层次的绿色建筑综合评价国家标准。该标准的具体条文包括了总则、术语、基本规定、住宅建筑、公共建筑和条文书说明等内容。具体评价依据为节地与室外环境、节能与能源利用、节水与水资源利用、节材与材料资源利用、室内环境质量和运营管理六大类指标。每类指标又包括控制项、一般项与优选项。

该标准的主要特点如下：

（1）明确区分了住宅和公共建筑的评价标准，其中公共建筑指办公建筑、商场建筑和旅馆建筑。

（2）采用了定性和定量相结合的评价方式。

（3）注重对建筑规划、设计和建造过程的指导，并使之与建筑最终性能结果的评价相结合。

（4）注重使用阶段的评价，参评项目必须为投入使用一年后的建筑。

（5）采用1~3星级的形式表达评价结果，其中3星为评价的最高级别。

这些特点符合国际绿色建筑评价体系研究的最新导向，也是目前国际上采用较多和较成熟的一些做法，反映出绿色建筑评价标准作为国家标准所具备的相对稳定和成熟的特征。

三、小结

总体看来，现有典型绿色生态建筑评价体系的内容，均围绕"促进环境持续发展"和"保护人类健康"两大主题展开，并在能源、材料、水、土地、室内环境质量等主要指标项目的选择上形成了一定的共识。同时，在指标项目的组织上，都采用了树状分支的多层级结构形式，并在实践中得到了较好的应用。然而，目前国际上尚未形成一套简单宜操作的、通用（同时适应地区差异性）的评价体系，因而各国家（及地区）的评价结果之间没有可比性。同时，各国现有评价体系在指标权重的设立方面，尚未找到一套公认科学合理的办法，因而对各指标项目的整体相关性反映不足或存在偏差。另外，在许多单项指标的"评价标准"及"评价方法"方面还需要做大量细致的基础研究工作，尤其是在"材料含能"、"生物多样性"、"室内空气质量"等比较新的概念领域，这些因素直接影响着绿色生态建筑评价的合理性和可操作性。总之，绿色建筑性能评价体系的研究和建立，正处于一个快速发展和不断更新完善的时期，目前已经取得了一些有益的经验，还有许多问题需要通过更加深入细致的研究加以探讨和解决，世界许多国家和地区的相关研究人员正在这一领域积极地研究、探索和实践着。

思考题

1. 建筑整体性能评价包含哪些内容？
2. 建筑整体性能评价有哪些特性？
3. 现有建筑整体性能评价工具有哪些？
4. 整体性能评价的基本模式是怎样的？
5. 中国的绿色建筑评价标准有何特点？

参考文献

[1] 张国强，徐峰，周晋. 可持续建筑技术 [M]. 北京：中国建筑工业出版社，2009.
[2] Top Energy 绿色建筑论坛. 绿色建筑评估 [M]. 北京：中国建筑工业出版社，2008.

[3] 绿色奥运建筑研究课题组. 绿色奥运建筑评估体系［M］. 北京：中国建筑工业出版社，2003.
[4] （日）日本可持续建筑协会. CASBEE——绿色设计工具［M］. 北京市可持续发展科技促进中心，绿色奥运建筑研究课题组，石文星译. 北京：中国建筑工业出版社，2005.
[5] 聂梅生，秦佑国，江亿. 中国生态住宅技术评估手册(第四版)［M］. 北京：中国建筑工业出版社，2007.
[6] 中国建筑科学研究院. 绿色建筑在中国的实践［M］. 北京：中国建筑工业出版社，2007.
[7] 刘煜，Deo Prasad. 国际绿色生态建筑评价方法介绍与分析［J］. 建筑学报. 2003，3：58-60.
[8] 刘煜. 绿色建筑工具的因素分析与成套开发［J］. 建筑学报. 2007，7：34-38
[9] 建设部标准定额研究所. 绿色建筑评价标准 GB/T 50378—2006. 中国建筑工业出版社，2006.

第七章 集成化设计案例分析

第一节 国内可持续公共建筑案例分析

一、上海建筑科学研究院生态示范楼

1. 基本资料

地点：上海市建筑科学研究院莘庄科技园区（见图7-1）。
规模：高17m，系南两层、北三层结构。
建筑设计：上海市建筑科学研究院。
竣工时间：2004年。
建筑面积：1994m^2。
造价：4603元/m^2。

图7-1 上海建筑科学研究院生态示范楼

2. 可持续性能

该建筑集成了国内外最新生态技术及产品，形成了自然通风、超低能耗、天然采光、健康空调、再生能源、绿色建材、智能控制、资源回用、生态绿化、舒适环境等十大技术特点，并实现建筑一体化匹配设计和应用。

（1）节能

大楼综合能耗为普通建筑的1/4，再生能源利用率占建筑使用能耗的20%，室内综合环境达到健康、舒适指标，且再生资源利用率达到60%。

大楼的节能措施具体体现如下：

1) 超低能耗围护结构

通过能耗指标和节能效果能耗模拟分析，采用最佳的超低能耗综合节能技术系统：四种复合墙体保温体系，三种复合型屋面保温体系，绿化平屋面采用倒置式保温体系。

保温层采用耐植物根系腐蚀的挤塑式聚苯乙烯隔热保温板（XPS板）和泡沫玻璃板置于屋面防水层之上，再利用屋面绿化技术，形成冬季保温、夏季隔热又可增加绿化面积的复合型屋面。

U值分别为：

外墙：东向外墙$0.32W/(m^2·K)$；南向外墙$0.27W/(m^2·K)$；西向外墙$0.29W/(m^2·K)$；北向外墙$0.33W/(m^2·K)$。

屋顶：不上人平屋面$0.31W/(m^2·K)$；上人平屋面$0.31W/(m^2·K)$；东向坡屋面$0.16W/(m^2·K)$。

玻璃：坡屋面天窗$1.82W/(m^2·K)$（考虑窗框）；各向外窗$1.65W/(m^2·K)$。

采用节能门窗与多种遮阳技术（见图7-2和图7-3）。天窗外部采用可控制软遮阳技术达到有效节省空调能耗的作用；南立面根据当地的日照规律采用可调节的水平铝合金百叶外遮阳技术，通过调节百叶的角度，达到节能效果；西立面通过太阳光入射角度采用可调节垂直铝合金百叶遮阳技术。通过以上综合措施的应用分析可知，仅围护结构节能措施可降低能耗47.8%。

图7-2 示范楼天窗内部帘幕遮阳

图7-3 示范楼外遮阳构件

2) 太阳能综合利用建筑一体化

斜屋面放置太阳能真空管集热器和多晶硅太阳能光电板，通过集成太阳能热水器、低温地板辐射采暖系统和热水型太阳能吸附式空调机组，实现建筑一体化设计，有效解决示范楼冬季采暖、夏季制冷和全年热水供应问题；在过渡季节，利用太阳能热水强化自然通风。此外，在斜屋顶下部选用光电转换效率≥14%的高效率多晶硅太阳能光电板，建立5kW光伏电站，并实现并网。

3) 节能系统设备

如高效、环保、健康新型空调系统。除了利用太阳能、太阳能热水型吸附式空调和采暖复合系统外，研发热泵驱动的热、湿负荷独立控制的高效、环保、健康新型空调系统。示范楼的采暖空调能耗达到 $30kWh/m^2$，而未采取任何节能措施时所需的全年能耗为 $102kWh/m^2$，节能率达 70.7%，其中遮阳占 32.2%，外窗占 18.9%，墙体屋面占 25.8%，自然通风占 9.6%，空调设备占 13.6%。年节约能源费用共计 17.06 万元。

4) 再生能源利用

示范楼设计了斜屋面放置太阳能真空管集热器（$150m^2$）和多晶硅太阳能光电板（$5m^2$），实现太阳能光热综合利用与建筑一体化。太阳能真空管集热器为太阳能热水型吸附式空调和地板采暖（$300m^2$）提供热源，其主要作用是：夏季利用太阳能吸附式空调与上海建筑科学研究院设计的溶液除湿空调耦合，分别负担一层生态建筑展示厅的显热冷负荷以及潜热冷负荷；冬季利用太阳能地板采暖系统负担一层生态建筑展示厅以及二层大空间办公室的热负荷。太阳能地板采暖系统负担的总采暖面积为 $390m^2$，采暖设计热负荷为 25kW；在过渡季节，利用太阳能热水强化自然通风。

(2) 节材

该楼采用钢筋混凝土结构，3R 材料（Reduce、Reuse、Recycle）使用率达到 80%，采用大量绿色材料，如墙体采用再生骨料混凝土空心砌块；基础应用了 C20 垫层再生混凝土和 C30 再生混凝土；环保装饰装修材料 100% 采用环保低毒产品材料。以天然材料的运用为主。竹子是华东地区非常普及的一种纯天然材料，不仅成材速度极快，而且加工简单，自防腐等耐久性相对较好。该工程中大量用于制作室内通风百叶，没有用任何油漆、胶粘剂等附加材料。室内走廊与楼梯的栏杆扶手全部用废弃木材碎屑加工而成的仿实木制作，观感与手感均与实木一致，而市场价格大大低于同种木材。当然，这类材料的加工过程必须符合环保原则，使用期间和废弃后处理不应产生有害物质，寿命期应满足相应要求。

设计中考虑使用一些回收利用的旧木屋架、木地板等废弃原木型材，用作非承重构件，如屋顶花园护栏、外墙护板等。由于目前这类回收再利用产品还非常缺乏，施工采购遇到了极大困难。最后仅用上了一些矩形断面的木方，作为屋顶设备空间的外墙格栅。

示范楼墙体和外窗的隔声性能均达到预先设置要求，门窗关闭、自然通风及空调运行三种情况下室内背景噪声，均可控制在 50dB 以下。

(3) 节地

示范楼位于中春路和申富路两条市政道路的交叉口。出于保持预留用地完整性以利后续建设的考虑，环境实验楼选址在园区西南角，即紧靠道路交叉口的位置，临近园区入口，有利于展示与参观。

基地为东西向狭长矩形，建筑基底平面与之相似，可使大部分房间获得很好的正南朝向。

机动车道围绕于建筑的东、北、西三面，分别设主入口、工作入口和实验设备入口。结合景观水生态保洁技术专项研究，在建筑前面设置了景观水池，延续江南地区"临水而筑"的传统，以调节小气候。

(4) 节水

生态示范楼的吸热塔顶设置了太阳能平板式集热器（$4m^2$），并采用电辅助加热，可提供 300L 热水供应。

采用中水处理回收系统，雨污水处理系统日处理水量为 $20m^3$，处理以后的中水提供给生态楼卫生间用水及景观水池补充用水。

(5) 治污

尽量减少废水、废气、固体废物排放；采用雨污水处理技术实现废水的无害化和资源化，选用洁净生产、无毒无污的绿色环保建筑材料，控制建筑施工过程污染，对固体废物分类收集并进行无害化和资源化处理，促其再生使用。

(6) 其他措施

其他辅助节能技术有：自然通风设计策略，通过室外气流的模拟计算及建筑物外形的风洞实验，对建筑自然通风效果进行分析，改进和优化建筑外形及房间功能；天然采光设计优化技术，采用天然采光模拟技术优化中庭天窗、外墙门窗等采光及遮阳设计，通过有效遮阳避免夏季太阳直射；白天室内纯自然采光区域面积大于 80%，临界照度为 100lx，在营造舒适视觉工作环境的同时有效降低照明能耗。

3. 环境与功能布局

设计首先从功能着手，按功能分区设计内部空间和交通流线。动、静分区，出入口分开。各种空间的尺度、开敞性和封闭性、自然采光、自然通风、视线设计等均遵循其功能的需要。整个建筑一、二层分为东西两区，东区为展示接待交流区和办公、员工休息区；西区为实验室，包括南面两层高的大实验间；三层全部为实验室。

东端主要大门为展示参观入口，向南偏转 35°，迎向园区主入口。公众活动主要在一层东区。主楼梯设在东、西区连接处，主要考虑员工日常使用的便捷。楼梯间底层向北开，为员工工作出入口。西端设一个大型设备和实验件的出入口，直接进入大实验间。辅助楼梯间也位于西端。三层屋顶为设备平台，被倾斜的太阳能集热板方阵所覆盖。

东区为整个建筑的重要区域，中部有一个大的共享空间，其底层是室内生态绿化园，分隔南面的展示区和北面的交流区；中庭二层周边设"跑马廊"，可通到数个屋顶花园，员工在楼内的活动围绕着中庭，因此有许多交流的机会；与回廊相连的休息室，可用于大家共进工作午餐，其西面是绿化中庭，东、南面则有屋顶花园。由于突破了一般办公楼类似旅馆客房的单调格局，设计者试图使整个实验办公楼成为一个让人心情愉快的场所。南低北高的梯形剖面，使得中庭的作用达到最大化，其天窗既给北面二、三层的小实验室和办公室提供了昼光照明和冬季阳光，又使中庭绿化获得充足的自然光（见图 7-4 和图 7-5）。

第七章 集成化设计案例分析

图 7-4 示范楼内庭院　　　　　图 7-5 示范楼外庭院

二、山东交通学院图书馆

1. 基本资料

地点：上海交通学院（见图 7-6）。
建筑规模：总建筑面积 15000m²，地下 1 层、地上 3 层。
建筑设计：清华大学建筑学院、北京清华安地建筑设计顾问有限责任公司绿色所。
竣工时间：2002 年。

图 7-6 山东交通学院图书馆北立面外观

2. 可持续性能

图书馆在有限的投资条件下，综合运用了诸多低成本的绿色建筑策略，不仅实现了建筑节地、节能、节水、节材的目标，同时还创造了优美的校园环境和宜人的学习空间。该项目 2005 年荣获了教育部优秀设计一等奖，2007 年荣获建设部绿色建筑创新奖综合一等奖。

（1）节能

1）外围护结构保温隔热技术：根据当地资源条件，外墙采用 240mm 多孔砖墙体加 60mm 膨胀珍珠岩；屋顶采用 350mm 厚加气混凝土，外窗采用中空塑钢窗。

2）外窗遮阳技术：在东、南、西三个不同朝向，分别采用了退台式植物绿化遮阳，水平式遮阳，混凝土花格遮阳墙三种不同的遮阳方式。在玻璃南边庭内采用了内遮阳方式。屋顶采用绿化遮阳。

3）自然通风技术：为加强自然通风效果，采取了使图书馆中庭体积由下往上越来越小的剖面形式，并在中庭天窗上增加拔风烟囱，加强拔风能力。通过风压、热压的耦合强化自然通风。

4）自然采光技术：图书馆设计中除了适当加大外窗面积外，在中庭、南向玻璃大厅和教师阅览室都充分利用顶部天窗增加室内照明，减少照明能耗。

5）地下风道对新鲜空气进行预冷预热处理技术：图书馆设计中结合地下人防通道设置了两条 45m 长和一条 80m 长的地道，埋深在 2m 以下，抽取地面新风后，通过地道进行预冷预热处理，降低冬季采暖和夏季空调能耗。

6）立体绿化：图书馆屋顶全部做成绿化屋顶，栽种小乔木、灌木和花草。室内中庭、玻璃南边庭内进行室内绿化用来调节并改善室内微气候。室外建筑场地实行乔灌木和花草复层绿化改善场地的生态环境。

7）选用高性能水冷空调机组，用湖水代替常规冷热源，优化常规能源系统（见图 7-7 和图 7-8）。

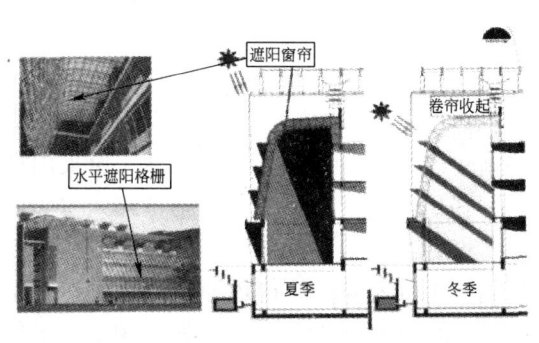

不同遮阳方式

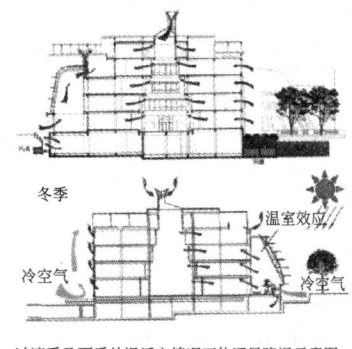

过渡季及夏季外温适宜情况下的通风降温示意图

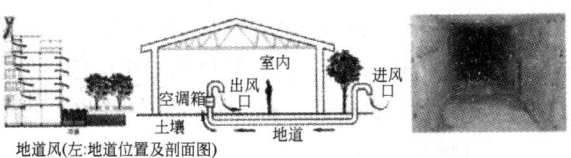

地道风（左：地道位置及剖面图）

池水冷却代替冷却塔

图 7-7　各种节能技术一览

第七章 集成化设计案例分析

图 7-8 中庭采光与屋顶绿化

经过多次实测和七年来实际耗能状况的检测,效果良好。如:夏季地道风降温效果显著,测试证明其平均降温可达 8℃左右,可节约 60%~90%新风负荷。夏季夜间自然通风可实现热压换气 $2.5 \sim 3.5 h^{-1}$,蓄冷能力约为 90kW。湖水冷却效果明显,实测单台冷机制冷量为额定制冷量的 130%,$COP > 5.5$。空调制冷设备年均耗电量仅 $13.6 kWh/m^2$。冬季采暖能耗约合标煤 $7.8 kg/(m^2 \cdot a)$,高于济南市节能标准标煤 $9.8 kg/(m^2 \cdot a)$。

(2) 节地

图书馆拟建地段的地势北高南低,东高西低,在地段北部由于人为大量挖砂取岩,造成一个低洼的污水塘,同时形成了地坑,成为城市居民的垃圾填埋场,植被状况很差,建设地段生态条件恶劣。

图书馆 2003 年交付使用,经过整治,场地环境得到了彻底改善。水塘水质经化验达标可养鱼养鸭,不仅成为校园水景,而且成为图书馆周边收集调蓄雨水的重要工具。水塘水还用作空调冷却水和绿化用水。场地中的大量垃圾经过彻底清理,原来因垃圾腐烂而造成的污臭气味已彻底消除,经测试场地空气质量良好,图书馆室内空气质量也完全达标。

图书馆周边按照设计规划栽种了大量的树木和花草,使得场地及周边生态环境得到极大改善。经过这些普通技术措施,把原来的垃圾场改造为学校教学用地,不仅节约了城市建设土地,而且改善了自然生态环境。

(3) 节材

充分使用地方材料,实现土建装修一体化设计,避免装修时的材料浪费。场地中遗留下的大量石块,施工中通过粗加工成为铺路和砌筑挡土墙的材料,不仅使这些石材得到有效利用,也降低了建设成本。在室内装修时,中庭的混凝土柱子不作外装修,保持原有素混凝土面,不仅节约了材料而且使中庭非常朴素清新,得到了学校的支持和认可。

（4）节水

利用北部池塘水作为冷却水。收集雨水，作水景水和绿化水，并循环使用。

三、浙江大学医学院附属妇产科医院科教综合楼

1. 基本资料

地点：浙江大学医学院（见图7-9）。

建筑规模：总用地面积 5384m²，总建筑面积 38685m²，建筑地下 3 层、地上 12 层，建筑总高度 45.5m。

建筑设计：浙江省现代建筑设计研究院、浙江城建设计集团。

工程造价：17000 万元。

图 7-9　浙江大学医学院附属妇产科医院科教综合楼鸟瞰

2. 可持续性能

浙江大学医学院附属妇产科医院科教综合楼在设计之初确定以绿色建筑二星级为目标，从节地、节能、节水、节材、室内环境舒适、运营六大方面进行全方位设计，打造浙江省首个绿色星级生态医院。它以独特的"绿色医院"理念和领先的"节能健康"理念作为建筑设计标准，实现了高效节能的绿色医院建筑。

（1）节能

项目采用围护结构保温隔热体系、固定遮阳和活动外遮阳体系、太阳能光伏和太阳能热水系统、照明自动控制系统、地下车库光导照明、实时监测系统等新技术，实现建筑节能 60% 以上。

建筑物的实体围护结构均采用外保温技术；透明部分采用的玻璃幕墙以及各个外窗均采用 Low-e 中空玻璃，加上部分幕墙位置设置活动外遮阳，能与固定式外遮阳相结合，有效地阻挡了太阳的热辐射。同时，外窗采用的窗框为隔热铝合金多腔密封窗框，$K \leqslant 5.8 W/(m^2 \cdot K)$，框面积 $\leqslant 20\%$，保证了围护结构的气密性，减少了空气渗透所导致的热损失。通过能耗的模拟计算，设计建筑和参照建筑物单位面积能耗分别为 45.98kWh/m² 和 48.37 kWh/m²。

综合楼选用固定遮阳＋活动外遮阳体系（见图7-10）。病房区域沿窗安排了卫生间，

病房的实际采光面较小,房间进深比较大,加大了热辐射向房间内的递减。所以固定式遮阳百叶可以使得病房空间节能效率大大提高,并且更为经济。主楼东西两向设置遮阳百叶,在立面幕墙形式中形成特殊的横向排列。通过预制混凝土单元有效解决了建筑遮阳构件的搭接,更安全节能。

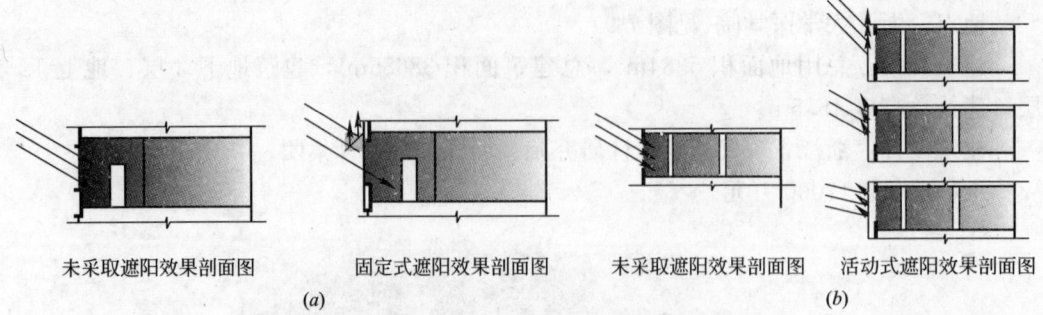

图 7-10 综合楼遮阳体系
(a)有无固定式遮阳效果对比图;(b)有无活动式遮阳效果对比图

门诊区域有多个大型的候诊开放空间,人员的流动量大,人员也相对比较的集中,沿窗的一侧没有任何遮挡,整个受光面大,尤其西晒对室内热环境的影响较大,故采用活动外遮阳,根据具体状况进行自动遮阳,活动的百叶可以在夏季提供90°的全面遮挡,并且镂空的单元百叶可以满足室内对采光的需求。下午百叶会随着时间和日光强度的变化自动进行方位调节,减少夏季室内太阳辐射得热,大幅降低空调运行能耗,达到明显的节能效果。等候区的北面建筑顶部设置高清显示屏,给整个建筑带来精彩的视觉冲击,也代表了新时代建筑追求科技数字化和多维度的一种变化(见图7-11)。

下午两点透视图

下午五点透视图

图 7-11 遮阳效果示意

在我国,照明用电量大约占发电量的10%左右,该项目所在地杭州属于光气候分区Ⅳ区,全年平均照度在22~24klx之间。在充分利用自然采光的前提下,该项目对照明系统进行优化设计,达到节能照明的绿色办公,主要措施为以下三方面:

1)在有足够条件利用自然光的主楼十二层、裙楼五层和照度标准要求不高的地下车库入口处设计使用索乐图日光照明系统,平均照度分别为198lx、358lx和142lx,在不考虑门窗采光的情况下,预计照明效果满足国家标准。

2) 使用高效的节能灯具和附件。

3) 采用高效照明控制方式,在地下车库、大厅、标准层护理单元、走廊、电梯厅出入口和护士站采用集中分组间隔控制;楼梯间照明采用红外移动探测及声光控开关的节能自熄开关控制,1~4层的公共走廊在电梯厅出入口或楼梯设开关集中分组控制。

综合楼对冷凝水进行回收,用来加热生活热水,年回收热量699.1kW,夏季可制热水40t/h。对排风系统进行了热回收,具体的设计方案为:

1) 二层、四层和五~十一层外区门诊用房采用风机盘管加新风系统,内区新风系统独立设置,新风机采用全热交换型水系统新风机(不带旁通),空调季节新风经全热交换及冷热处理至室内等焓点后送入室内。

2) 十二层大餐厅、中餐厅采用变频空调(VRV)室内机加新风系统,新风通过全热交换型水系统新风机与室内排风交换后送入室内。

此外,该项目采用了节能型电梯。

(2) 节材

该项目建筑风格简洁,充分考虑了减量化设计,节约使用的材料。建筑北面采用玻璃幕墙结构,其余各面均设计简约,并配有固定外遮阳及活动式外遮阳,屋顶设计有美化环境的屋顶花园。建筑外墙及屋顶都没有无功能作用的装饰构件。

在建筑设计选材时考虑材料的可循环使用性能,在保证安全和不污染环境的条件下,该项目使用的可再循环材料主要有结构钢筋、铝合金窗型材、楼梯间不锈钢扶手、石膏砌块隔墙、幕墙及门窗玻璃等,其重量占所用建筑材料总重量的10.38%。

(3) 节水

该项目采用雨水回用系统,雨水汇集分别来自综合楼的屋顶雨水,5楼裙房屋面雨水和200m^2的地面行车道雨水,雨水污染程度较少,处理后用于该项目水景补水、绿化浇灌和道路冲洗,富余雨水用于全院其他区域绿化用水和道路冲洗用水。采用雨水收集利用系统后,年雨水截流4698m^3,年节约新鲜自来水4456.8m^3,并大大减少雨水中悬浮物和污染物排放,节水意义显著。

此外,该项目采用节水坐便、龙头及节水喷灌等多种节水技术,节水率达到27%。节约水资源不但具有经济效益,而且具有重要的社会效益和生态效益。该项目的节水措施可以大大节省自来水资源的消耗,减少对地下水的开发,减少市政排污量,保护城市生态环境,具有较好的生态效益。而且杭州是全国节水型社会试点城市,在该项目中采用节水器具与杭州节水型城市的形象要求相符合,具有良好的社会效益。

该项目通过多种绿色设计收到了良好的生态效益。项目绿地率为30.3%,透水地面的面积占室外总面积的59.5%,可再生能源发电量占建筑用电量的2.1%,可再循环材料使用重量占建筑材料总重量的10.38%,非传统水源利用率达到43%。该项目采用了墙体保温、建筑外遮阳、节能照明、太阳能热水等技术,建筑节能达60%以上,年节能减排CO_2 2375t,年减排SO_2 71.5t,年减排氮氧化物35.7t。

四、绿地集团总部大楼

1. 基本资料

地点:上海杨浦区(见图7-12)。

建筑规模：总建筑面积24000m²，共19层。
建筑设计：中国建筑科学研究院上海分院。
竣工时间：2008年。

图7-12 绿地集团总部大楼透视

2. 可持续性能

作为国家第一批绿色建筑二星级设计标识认证项目的绿地总部大楼，在建筑形态、设备选型、非传统水源利用、智能化系统、太阳能发电等方面采用了相应的节能策略，按照《绿色建筑评价标准》进行方案设计并通过建材选择、设计、施工、运行管理等环节，因地制宜设计了一整套节能环保的策略及技术方案。

（1）节能

建筑设计从一开始就把降低建筑物的运行能耗作为主要目标，充分考虑如何最大限度地利用南向这一条件，并开发出一套基于建筑用地现状和上海气候条件，通过计算机辅助能耗模拟、室内通风模拟确定建筑围护结构节能，结合照明、设备使建筑节能率达到60%，同时优化建筑窗墙比、体形系数、经济性分析。

1) 围护结构节能设计及优化

为了加强围护结构的保温效果，采用外保温方式。外墙采用40mm厚的膨胀聚苯板，屋顶采用40mm厚的挤塑聚苯板。为了避免建筑热桥，在柱、梁、楼板等热桥部位加强处理，外墙平均传热系数仅为$0.64W/(m^2·k)$。

十八和十九层专门设计了双层呼吸式幕墙，但又有别于传统意义上的双层呼吸式幕墙，玻璃幕墙尺寸为15m×3.9m，玻璃幕墙空气层厚度为200mm。

通过CFD风速和温度模拟可知，双层幕墙内层Low-e玻璃的外表面平均温度为33.05℃，外层玻璃内表面的平均温度为44.1℃，双层幕墙内层Low-e玻璃的表面温度比外层玻璃内表面温度低了10℃左右。幕墙综合传热系数为$1.17W/(m^2·k)$，比传统单层幕墙节能约35%。

2) 地源热泵空调系统

该工程空调冷热源采用地源热泵系统对建筑物进行空调、采暖以及热水供应的技术（见图7-13）。该工程为双U形管垂直地埋管式换热系统，即打346个深约为100m的地埋管孔，地埋管孔直径为140mm，孔间距大于4m，占地面积约为10000m^2，U形管材为PE管，型号为PE80。根据该建筑8760h的逐时负荷确定地源热泵系统地运行方式及时间控制，每年可减少CO_2排放10813t，每年节水17963t。地源热泵系统的初投资比较高，但从运行费用来看，地源热泵系统比风冷热泵降低46%，比冷水机组＋燃油锅炉降低了48%。

地源热泵示意图

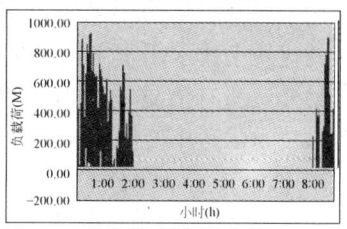
夏季逐时空调冷负荷

冬季逐时空调热负荷

图7-13 地源热泵分析图

3) 降低周边热岛效应

根据模拟结果及分析显示。办公楼东侧由于其南向无建筑物遮挡，夏季为东南风时此处通风较为通畅，可有效带走周围建筑和地面由于太阳辐射所散发的热量，此处温度约为32.5℃。办公楼南侧为商业区建筑群，西侧和北侧存在其他办公楼，故办公楼南、西、北三侧气流流动相对于东侧稍差，同时由于此处建筑较为密集，发热量也较大，故此处温度稍高约为33℃。

同时，该项目增大周边绿化面积，减少硬质铺装地面面积，从而减少太阳辐射路面产生的热量，尽可能减少热岛效应。在停车场处种植乔木，利用乔木的遮阳作用来减少太阳对地面的辐射，从而减少热量的产生，同时也可起到美观的作用。

4) 优化室内自然采光

大楼不受周围建筑的遮挡，通过计算机对采光进行模拟分析，办公楼的主要房间基本上都能满足规范规定的最小采光系数，但是，三～十九层大部分办公室的室内自然采光均匀度小于标准值0.7，因此考虑对这些房间进行遮阳设计。采用遮阳措施能够大大降低办公室内出现眩光的可能，但有遮阳的房间室内采光系数会明显下降导致照度不够，因此室内需要用照明来弥补照度的不足。

为了充分使用自然光，将自然光导入地下车库，白天为地下车库照明，该项目在地下车库采用6个直径为1200mm的圆形导光筒，集光器材料的透光系数大于0.92；

导光筒内壁反光材料的反射系数应大于 0.98；出光口漫射器材料的透光系数应大于 0.92。可满足地下车库采光 75lx 标准，每年可节约照明用电 3756kWh。

(2) 节材

为减少运输过程的资源、能源消耗，降低环境污染，该项目使用本地化建材。优先选择自然和可再生的材料，包括墙面的抹灰、油漆、胶粘剂。从控制室内污染源角度出发，提出在装修阶段应选用有害物质含量达标的装饰装修材料，防止由于选材不当造成室内空气污染。对全部建筑材料的挥发性有机化合物的散发特性及放射性进行考察，保证在使用过程中无室内空气品质问题。内隔墙采用轻钢龙骨石膏板进行灵活隔断，避免空间布局改变带来的多次装修和废弃物产生，减少空间重新布置时重复装修对建筑构件的破坏，节约材料。在建筑设计选材时考虑材料的可循环使用性能。在保证安全和不污染环境的情况下，可再循环材料使用重量占所用建筑材料总重量的10%以上。可再利用建筑材料的使用率大于 5%。

(3) 节水

大楼采用了雨水收集回用系统，把处理后的水用于屋顶绿化的浇灌和道路冲洒。收集办公楼的优质杂排水用于室内冲厕用水。室内管道采用聚丙烯静音排水管，减小室内噪声。另外，所有洁具均为节水型，感应式龙头和 3L/6L 坐便器采用及节水喷灌。多种节水技术的运用使得大楼的非传统水源利用率达到 24%，成为该项目的一大亮点。

屋顶面积达 1326m^2，年可利用雨水总量 617.65m^3，同时放置 2 个 5m^3 储水罐于十九层，承接雨水，由潜水泵送至屋顶原水罐。

按照 1326m^2 的屋顶面积计算收集雨水量，一般收集期为 6、7、8、9 月份，其他为设备间占地，根据《建筑与小区雨水利用工程技术规范》中的数据及规定，上海市多年平均降雨量为 1164.5mm，种植屋面雨量径流系数取 0.4，则年可利用雨水总量为 1326m^2×1.1645m×0.4＝617.65m^3。两年一遇设计一次降雨量为 27.6m^3，根据绿化面积及景观补水用水情况得雨水设计用水量约 3m^3/d（见图 7-14）。

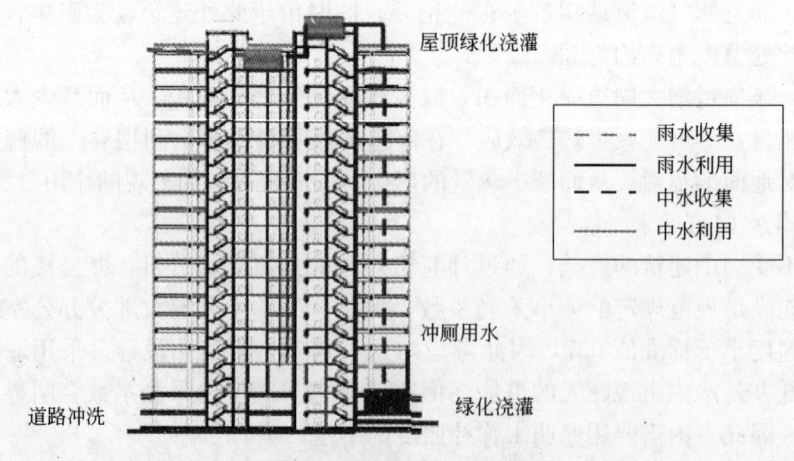

图 7-14 大楼节水系统示意

该项目设计污水日处理为 $22.5m^3/d \times 1.53 = 34.425m^3/d$。雨水收集量为 $3m^3/d$，优质杂排水回收利用 $34.425m^3/d$，建筑总用水量为 $155.1 m^3/d$。该项目的非传统水源利用率为：$(3+34.425)/155.1 = 24.1\%$。

（4）其他措施

大楼屋顶布置较多设备，空间较为零散，不适合做花园式屋顶绿化，而采用简单绿化方式，铺设种植佛甲草，在美化办公环境的同时，还起到保温、隔声和调节微气候的作用（见图7-15）。种植屋面保温、防水构造与建筑一体化设计施工，达到二级屋面防水等级要求，在屋面板上铺筑50mm厚的细石混凝土，内放一层 $\Phi 4@200$ 双向钢筋网，在混凝土中加入适量微膨胀剂、减水剂和防水剂，以提高其抗裂、抗渗性能。

 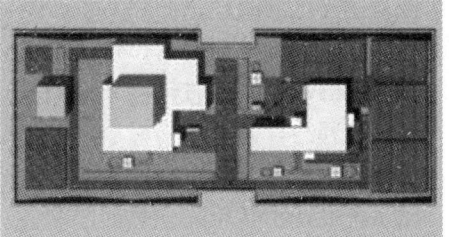

图7-15　屋顶绿化效果图

五、科技部示范楼

1. 基本资料

地点：北京市海淀区玉渊潭南路55号（见图7-16）。

建筑规模：占地面积 $2200m^2$，总建筑面积 $13000m^2$，地上8层，地下2层，建筑高度 $31m$。

建筑设计：北京城市规划设计研究院、中国科学技术促进发展研究中心、中广国际建筑设计研究院。

竣工时间：2004年。

造价：7780万元。

图7-16　科技部示范楼外景

第七章 集成化设计案例分析

2. 可持续性能

作为中美科技合作项目之一的节能示范楼，科技部示范楼是一座突出节能特点的绿色、智能的办公建筑。获得了美国 LEED 的金牌认证。

(1) 节能

大楼节能 72.3%，它采用先进的智能化数字控制技术，实现了全楼自动化运行和运行指标及室内空气质量指标的控制。

节能示范楼采用十字形的平面和外形设计，计算机模拟结果证明，对于办公和写字楼，在充分利用自然光照明以及春秋季节采用自然通风的条件下，这种设计比其他任何一种外形和平面设计至少节约能源 5%。

大楼采用先进的制冷、制热系统。空调系统冷源采用了两台冷量为 100RT 的双回路式电制冷机组，制冷剂为 R134A 绿色制剂，可实现 20~200RT 间的 12 种组合，适应不同制冷量的需要。同时辅以 200RT 的冰蓄冷系统，夜间用电低谷期蓄冰，白天用电高峰期化冰释冷，做到"消峰填谷"地使用外源电力，可满足极限或超负荷的制冷需求，使整个制冷系统具有短期提供 300RT 的制冷能力。

新风系统设计了转轮式全热回收装置。节能楼工程新风系统的新风量高于国家规定标准，为回收换气过程中外排空气中的热能，设计了转轮式全热回收装置，效率为 76%。

照明系统采用自控技术。照明系统的自动控制技术是节能楼节约能源消耗的又一亮点。办公室内没有灯具开关，采用光照传感器与红外人体感应传感器相结合的控制方式，办公室灯光实际使用效果低于 $4W/m^2$，既满足了阅读的需要，又显著地节省了照明用电。

充分利用太阳能。节能楼屋顶除绿化外，大部分用于太阳能光伏发电和太阳能热水系统，为全楼提供了约 5%~6% 的能源。15kW 的太阳能光电池板阵列，采用耦合变压器，将直流电变为交流，直接并入楼内电网使用。

使用节能电梯。节能楼电梯通过运行程序的智能控制和按乘载量调节的变频系统，既减少了空载，又避免了"大马拉小车"的现象，较大幅度地节省了电梯运行的能耗。

(2) 节地

节能示范楼体现了人性化的交通设计。它包括沿楼四周的标准消防通道和地面首层的架空设计，减少对周边自然表土的破坏。建有停车进出使用的环形通道和停车位，地下一层设车库，共设公共停车位 68 个，并可停放 200 辆自行车。

节能示范楼在绿化环境方面做了有益的探索。建设后在基地 $2200m^2$ 范围内，绿地率达到 31.1%，比建设前增加 5%。屋顶花园是绿色节能示范楼的一个亮点。松竹相映、四季常绿，70 余种乔灌草分布在总面积 810 m^2 的屋顶花园上，占屋顶面积的 70%。

(3) 节材

节能示范楼在建设中广泛采用了绿色建材，同时充分满足保温节能和采光的要求。

1) 节能楼外墙采用两侧空芯砖中间加聚氨酯发泡的舒布洛克复合外墙，实现了围护结构的有效节能，其 U 值分别为：外墙<0.62W/(m^2·K)；屋顶<0.6W/(m^2·K)；

玻璃<2W/(m²·K)。

2）节能楼采用铝合金反光板，做到遮阳反光，既避免了夏天室内的阳光直射，又将阳光反射到室内顶棚，漫反射于楼内空间，达到充分利用自然光照明的目的。

3）亚光型的浅色外墙，以乳白色为主，间以浅灰色的铝合金线条，既反射了阳光，减少了外墙的吸热，又避免对周边环境的光污染。在内墙建筑涂料的选用上，节能楼使用了价格不高、有害挥发物（VOC）含量低的涂料。

4）在室内装饰石材上，广泛使用含氡量低，放射性低的国产白麻花岗岩；在建筑木材上，采用速生的绿色木材。

在节能楼完成室内装修一周后，室内空气质量测试表明：办公室内的有害挥发性气体含量在国家环保标准的 1/4～1/11 之间，装饰石材、铝材使用最多的一层大厅，有害挥发气体的含量也仅为环保标准的 1/2～1/4。

（4）节水

节能楼使用雨水收集、节水器具和智能控制变频供水系统，极大地降低了全楼用水量。洗手间使用无水型小便器，不消耗任何水，尿液通过化学药盒，被分解为水和固体物，一个小便池全年节水约 14t，仅此一项全年可节水 450t；使用 4L 的节水型坐便器，以自来水压为动力，通过压力包内空气的压缩，实现压力冲洗，加上节水型红外感应式洗手龙头以及脚踏冲阀的应用，500 人使用时月用水量仅为 500～600t。如按设计标准人数（250 人）使用，与原定的用水指标相比，节水近 2/3。它采取了自动喷灌系统加防积水的雨水过滤基底导流技术，实现雨水全回收，可以满足夏秋季屋顶花园和周边绿地的浇灌用水。通过各种节水措施，示范楼每年可节水 10000t。38m³ 的雨水收集池，可满足屋顶花园和周边绿地在夏秋季的浇水需求。

此外，大楼采取了自动喷灌系统加防积水的雨水过滤基底导流技术，实现雨水全回收。

（5）其他措施

整个大楼共有 2000 多个各种类型的传感器，采集楼宇运行的水、电、空调、电梯等设备的状态、空气质量和温湿度、灯光照明、消防安全的各种信息，电脑可以有效监测和控制各项运行指标。自动控制系统在保证全楼使用高舒适度的同时，又可节能 15%～17%。另外，节能示范楼办公采用两套完全物理隔断的网络系统，实现设备和数据共享，并在国内率先实现无纸会议系统和虚拟网络会议系统。

六、清华大学节能示范楼

1. 基本资料

地点：清华大学建筑馆东侧（见图 7-17）。

建筑规模：建设用地 560m²，总建筑面积 3000m²；共 5 层，地上 4 层，地下 1 层。

建筑设计：清华大学建筑设计研究院。

竣工时间：2005 年。

造价：2400 万元。

第七章　集成化设计案例分析

图 7-17　清华大学节能示范楼东南侧外观

2. 可持续性能

清华大学节能示范楼位于清华大学校园内，紧临建筑馆，地下 1 层，地上 4 层。从南面看去，透明的玻璃幕墙，感觉很像普通的现代式建筑，幕墙外支撑着巨大的可调节遮阳板。示范楼体量较小，是北京市科委重点科研项目，作为 2008 年奥运建筑的"前期示范工程"，示范楼集中体现了"科技奥运、绿色奥运"的理念。同时，该楼还是国家"十五"科技攻关项目"绿色建筑关键技术研究"的技术集成平台，用于展示、实验和推广各种低能耗、生态化、人性化的建筑形式及先进的技术产品。

（1）节能

清华大学节能示范楼包括了对建筑物理环境控制与设施研究，声、光、热、空气质量等、建筑材料与构造、窗、遮阳、屋顶、建筑节点、钢结构等、建筑环境控制系统的研究，高效能源系统、新的采暖通风和空调方式及设备开发等、建筑智能化系统研究等。示范楼囊括了世界上 80% 的节能技术、产品，其实就是一个以真实建筑物搭建的节能技术集成平台。示范楼集成了国内外科研单位和制造企业的近百项建筑节能和绿色建筑相关的最新技术，中国、美国、德国、日本、丹麦等国家的近 50 家企业捐赠了产品，其中还有近十项产品和技术为国内首次采用。

1）自然采光

示范楼南侧有 3 个彩色立柱，其上安装自动跟踪太阳光的透射式采光机。这种采光机能自动跟踪太阳，进行阳光采集，再通过光纤传导，就能把太阳光引进地下室，最远阳光传导距离可达 200m。此外，示范楼屋顶还将设置碟式太阳光收集器，利用抛面反射镜将平行的太阳光汇聚，通过传输，也能为地下室提供照明。

2）太阳能光电利用

示范楼的南外墙装上了 $30m^2$ 的单晶硅光电玻璃。$30m^2$ 发电玻璃的峰值发电能力为 5kW。光电玻璃位于结构夹层外侧，不影响采光，同时与双层皮幕墙组成光电幕墙。光电幕墙的电能是一种净能源，发电过程无废气、无噪声、也不会污染环境，是一种"绿色幕墙"（见图 7-18 和图 7-19）。

第一节　国内可持续公共建筑案例分析

图 7-18　屋顶太阳能热水装置

图 7-19　南立面光伏电池板

3) 被动式蓄热

把特殊的相变材料作为蓄热体，填充到常规的活动地板就制成了相变地板。冬季，蓄热体白天可以蓄存照进室内的太阳光热量，晚上又向室内放出蓄存的热量，这样室内温度波动将不超过 6℃。

4) 空调设备系统

示范楼的大部分能源来自地下室的美国产燃气内燃机，燃烧天然气发电，再由发电后的烟气余热产生热水供热或作为空调吸收式制冷机的动力，燃料利用率非常高，为热电冷三联供技术。

示范楼顶棚采用了辐射吊顶技术，排列一根根直径为 6mm 的塑料管，靠毛细作用使一定温度的水充满其中，通过水循环带给房间增热或者降温。冬季取暖时，循环在系统中的热水温度为 22～24℃，夏季为 18～20℃。

示范楼二层铺的蓄热地板中部分为孔板送风地板，可以把新风送到二楼。地板送风可以更快、更直接到达人的活动区域。孔板送风地板的送风量和风速由藏在其下的控制系统控制，而控制系统连着屋顶测 CO_2 浓度的装置，作用是测试出屋内的人数，并由此决定送风的多少。

示范楼使用了温度、湿度独立控制技术。传统空调系统使用同一冷源对空气进行降温和除湿，不得不采用 5～7℃的冷源，单纯的降温则只需采用 15℃的高温冷源。示范楼通过"溶液热回收新风机组"，简单说来就是利用具有吸湿能力的浓盐溶液吸收水分、把新风弄干，干燥的新风将室内湿负荷带走，从而降低对降温的冷源温度要求。

5) 围护结构

建筑玻璃幕墙采用了国产 Low-e 玻璃，这种玻璃表面所镀的膜层厚度还不到头发丝的 1%，它的低辐射膜层能将 80% 以上的远红外热辐射反射回去。冬季，它将室内热量的绝大部分反射回室内，由此保暖；夏季，它又可以阻止室外的热量进入室内，具有极佳隔热效果。

建筑外立面使用了电动可调大型遮阳板，在遮挡眩目阳光的同时，尽可能多地获取自然光。夏天夜晚打开遮阳板，加快建筑散热速度；冬天夜间则关闭以减少楼内热量的散失。

围护结构墙体为轻质保温墙体,从外到内依次为聚氨酯发泡保温铝板、保温棉和石膏砌块,石膏砌块是利用发电厂烟气脱硫的副产品制成的;而聚氨酯保温材料的原料之一也是回收的废旧塑料瓶、光盘等。

屋顶为种植屋面,包含9块屋顶绿化区,每一块都由一类适应北京气候、抗逆性强、观赏价值高的植物组成。追求植物景观的季节变化,达到"三季有花,四季有景"的艺术效果,同时也具有较好的保温隔热效果。

6)自然通风

建筑布局上,楼梯间、厕所、新风机房等服务空间均安排在西侧中部被遮挡的部分,其余部分为使用空间,达到空间利用最大化,并为自然通风的组织创造了条件。建筑北半部外部有风压,因此采用风压通风方式,组织穿堂风。南半部无风压,则利用楼梯间,采用热压通风方式,发挥烟囱效应。

(2)节材

大楼采用有利于构造生态建筑的结构形式:主体为钢结构,楼层架空地板中填充相变蓄热材料。围护结构中的石膏砌块是利用发电厂烟气脱硫的副产品制成的;而聚氨酯保温材料的原料之一也是回收的废旧塑料瓶、光盘(见图7-20)。

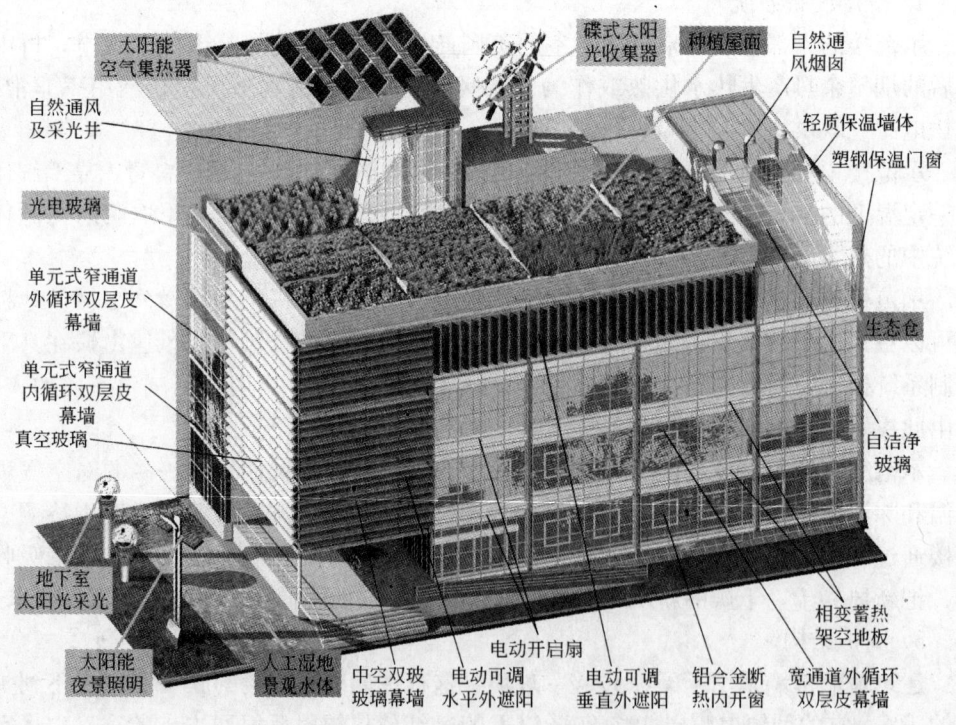

图7-20 节能示范楼可持续发展策略示意

通过上述一系列措施,包括照明、办公设备、空调通风系统在内,示范楼单位面积全年总用电量约为4kW,而北京市高档办公建筑则为100~300kW/(m²·a),平均电耗仅为北京同类建筑物30%。在夏季最热的月份,示范楼的空调耗冷量仅为常规建筑的 10%。

七、武汉中心

1. 基本资料

地点：武汉市王家墩中央商务区(见图 7-21)。

建筑规模：建筑高度 438m，共 88 层；总建筑面积 355760m²，地上面积 271770 m²，地下面积 83990 m²；1200 个停车位。

建筑设计：华东建筑设计研究院有限公司(ECADI)。

机电顾问：奥雅纳工程咨询(上海)有限公司(ARUP)。

绿色建筑顾问：中国建筑科学研究院上海分院(CABR-SH)。

勘察设计单位：机械工业第三勘察设计研究院。

外部交通顾问：武汉市城市综合交通规划设计研究院。

幕墙顾问：艾勒泰幕墙公司(ALT)。

结构顾问：美国 TT 结构师事务所(TT)。

垂直交通顾问：柏诚工程技术有限公司(PB)。

图 7-21 武汉中心效果图

消防性能化：四川法斯特消防安全性能评估有限公司(Fast)。

人防顾问：武汉人防建筑设计院。

风洞模拟实验：同济大学。

竣工时间：2013 年。

2. 可持续性能

武汉中心项目用地位于汉口几何中心的王家墩中心商务区西南角，东北、东面为核心区广场，西面为旅馆用地，南面为规划水体公园。该项目是实施 CBD 核心区开发战略的第一个项目，是实现核心区功能最重要的组成部分之一；武汉中心力求创造一座具有生命力的富含充足阳光、空间、绿化和景致的高耸的城市有机体，获得绿色建筑评价设计标识三星级以及 LEED-CS 金级。

(1) 节能

按照常规正南正北的布局方式，建筑只有 1/4 的南面朝向及 1/4 的良好景观面。因此，将建筑顺应基地现状进行旋转 45°，以获取更多的有利朝向与景观。现方案具有 1/2 的南面朝向及 1/2 的良好景观面。

武汉处于夏热冬冷地区，好的建筑外形及朝向设计可以充分减少空调及采暖能耗。现方案外形设计尽可能减少了外围护结构的表面积，从而减少围护结构的热量散失。同时，建筑的朝向尽量减少西向立面的面积，并保持南向立面最大化。此设计不但充分利用南向立面夏季自遮阳作用及冬季利用阳光采暖，同时确保了建筑免受西向阳光的过度照射。

武汉中心注重引入绿色空间，利用室内室外绿化设置热缓冲层减少能耗。

1）基地四周结合功能形成多景观空间，下沉式广场水景绿化，台地绿化，林荫车道，入口花坛等。

2）裙房屋面上结合宴会层设置了屋顶花园，常绿的植物，宽敞的高空视线，明亮的日光在密集商务会议间隙之时在自然环境中得到充分休息和调整。

3）企业馆办公层设置边庭绿色空间，为客户提供了休憩、交流的好去处，也使得整个工作环境更具有人性化。

4）酒店区设置景观中庭，顶部天窗将自然光引入，通过顶部造型材质将直射和间接的光线反射入酒店中庭，反射栏板进一步折射到建筑中心位置。日光的引入将有效提高中庭的空间品质。

可持续的能源利用及低碳排放：

1）呼吸式幕墙系统：该项目外表皮90%为玻璃幕墙系统，双层通风玻璃幕墙的运用能最大限度地减少能耗，由于呼吸层的作用相比单层幕墙节能约50%。

2）室内空气质量监测系统：大厦内部装有智能环境监控系统，可监控室内的温度、光照度，也可监控室内的二氧化碳等气体及污染物的浓度。一旦发现污染物超标，即可自动送风，实现室内环境的舒适健康。该系统还可监控大厦内的能耗情况。

3）同时，大楼内部采用水蓄冷系统、地源热泵系统、热回收技术、免费供冷技术、分项计量技术等措施来加强能源的高效利用与管理。

（2）节材

1）办公室采用灵活隔断；

2）采用高性能钢、高性能混凝土；

3）可再循环材料达到10%以上；

4）土建与装修一体化设计施工。

（3）节水

武汉中心内部采用水蓄冷系统，同时对空调凝结水、生活废水、雨水进行回收和利用，节省水资源；采取重力式消防给水系统，确保大楼消防的安全、可靠。

3. 环境与功能布局

武汉中心以多种功能的竖向集成将成为新的城市图腾，将商业、办公、酒店、公寓有机连接，模拟出不同层次的城市意象，成为这个不断升腾的大都会的物质空间缩影。

武汉中心的核心筒设计独具匠心。核心筒分为四个区：办公电梯区、酒店式公寓电梯区、酒店电梯区和观光电梯。办公电梯分低、中、高三区，自下而上递减排列有效提高办公区的房率；酒店式公寓穿梭梯由地下二～地下三层及底层进入到达塔楼三十六层进行转换；酒店穿梭梯也由地下二～地下三层及底层进入到达塔楼六十四层进行转换；观光梯由塔楼二层进入直接到达八十七层观光阁；分区明确，并且保证了两部楼梯和消防梯从底层直接到达顶层，减少了不必要的转换，方便后勤并且提升了消防效率，上下一致的梯井布置也减少了结构的过渡转换，使结构布置方式更合理。将服务电梯和消防电梯结合使用,有效避免了消防电梯占用很大的空间而真正的作用却很小的问题。

中心办公区位于塔楼六～三十四层,建筑面积约 85000m²,可同时为 9000 人提供 5A 甲级高档办公场所。八层楼面的豪华企业馆可自由上下垂直贯通,同时设置边庭,享受空中景观。

酒店式公寓位于塔楼三十六～六十一层,每 3 层一个小中庭的设计,布置绿化跌水,提升室内品质环境。公寓户型在 110～500m² 不等,平面通过水平及垂直组合,创造跃层的空中阁楼及 180°全景公寓。

塔楼六十四～八十四层为酒店部分,引进的国际酒店管理公司"凯悦"为其量身打造武汉乃至整个华中地区顶级的超五星级酒店。

塔楼八十七～八十八层为华中第一高观光阁,离地面约 410m,地处武汉 CBD 中心,面向武汉三镇、长江、梦泽湖,可同时容纳 200 人欣赏独一无二的江城景观。

4. 结构设计原则

武汉中心拟采用在超高层建筑中运用成熟的巨型柱—核心筒—伸臂桁架(环带桁架)结构系统,具有如下特点:

(1) 核心筒由布置型钢柱的剪力墙组成,为第一重抗侧结构体系。

(2) 外围 8 根巨型组合柱与核心筒之间通过 3 道伸臂桁架连接,形成第二重抗侧结构体系。

(3) 外围由 8 根巨型组合柱和 8 根框架柱以及钢梁组成的组合框架,能承担一定的侧向荷载,是第三重抗侧结构体系。

(4) 巨型组合柱由型钢和混凝土结合而成,可提供巨型构件需要的高承载力,也能方便与钢结构构件的连接,同时使巨型柱与核心筒竖向变形差异的控制更为容易。

(5) 计划对建筑的使用舒适度进行专项评估,并考虑消能减振措施的适用性。

八、慈溪香格国际广场二期

1. 基本资料

地点:宁波慈溪市(见图 7-22)。

建筑规模:建筑高度 200m,容积率 7.25;地上建筑面积 109545m²,地下建筑面积 30954m²。

方案设计:美国 SOM 建筑事务所。

工程设计:杭州城建设计院。

绿色建筑顾问:中国建筑科学研究院上海分院(CABR-SH)。

竣工时间:2013 年。

2. 可持续性能

慈溪香格国际广场二期获得了绿色建筑评价设计标识三星级以及 LEED-CS 金级。

图 7-22 香格国际广场效果图

(1) 节能

设计的节能理念主要体现在以下方面：

1) 舒适的室内环境：酒店、公寓室内声、光、热和 IAQ 等满足人体舒适性要求。

2) 合理的能源规划：合理规划能源方案，提高能源利用率，充分利用可再生能源和热回收能量。

3) 充分节水：雨水收集、中水利用、节水器具、泳池节水等。

4) 立体绿化：屋顶绿化、室内绿化等。

5) 其他方面：透水地面、地下车库光导照明、诱导通风和充分利用 3R 材料。

设计过程考虑了整个建筑和系统及其周围环境的交互作用。高性能的建筑设计全盘考虑了建筑哲学，包括场地、能量、材料、室内环境、自然资源以及它们相互间的关系。

室内空气质量、环境污染、能量有效性、材料保存、建筑形式以及安全的建筑材料等可持续性问题与项目的成功融为一体。以下描述了项目中可能会运用的策略。根据它们在效益及成本方面的有效性来分析并推荐这些策略。分析结果显示在初始成本、运营成本、能量有效性以及对环境的影响等方面，综合采用这些经济实用的可持续性设计方法可以提供最高的价值。

1) 为中央机房提供冷冻水和加热水变速泵。

2) 冷却塔将使用变速马达，其速度将由冷却水温度决定。

3) 为生活用水供水系统提供变速泵系统。

4) 直接数码控制(DDC)的楼宇自动系统将用来控制和监控所有建筑机电系统和设备。该系统将包括节能措施，例如，最佳启动/停止程序设计，时间安排，最小需求量，最优化冷冻机，供风重置和自动设备程序控制，以及完善的照明控制系统。

5) 塔楼中庭配有智能型通风系统，包括压力感应器和电动阀门能够根据风向和烟囱效应允许自然通风。

6) 根据使用荷载，为所有的空气处理机组提供二氧化碳监测器来控制新风量。

7) 为车库配备一氧化碳监测器系统，在需要的时候启动车库机械通风系统。

8) 提供利用水实现节能的节能装置，以利用免费制冷。

9) 为 100% 室外空气系统提供热回收轮，进行可感应和显热热回收。

10) 提供节能照明灯具。

11) 提供外围日照控制装置和光感应器。

12) 在适用的地方采用双重标准的照明开关。

13) 在适用的地方提供带有使用者感应器的照明控制器。

14) 在适用的地方采用调光系统。

15) 电梯：采用能量有效的电梯，通过采用以下先进技术实现节能。

(2) 节材

香格国际广场 208m 高大楼的结构系统由带斜向支撑的钢结构抗弯框架加每个塔楼角部的组合巨型柱以及带斜撑的核心筒所组成。

建筑系统包括与甲级住宅和酒店建筑一致的高质材料和饰面。外围护采用组合幕墙系统(由定制、型钢、不透明区域的窗间墙玻璃、横跨标准楼层地面至天花板下面的透明玻璃组成,可开启窗合并入窗墙系统内)。

大楼外围护:外围护将形成一个高质、防渗、密封且结构良好的系统。外围护性能标准包括结构荷载(风荷载和地震荷载)、热阻(U 值和遮阳系数)、防水层和气密层、隔声和消防将满足当地标准以及同意的国际标准。各个组成部分的外围护如下:

1) 屋顶系统:室外屋顶系统主要分布在五层裙房的顶部以及五十三层顶部。屋顶具有防水保护膜,带预浇混凝土铺地。

2) 室外铺地:每个主要建筑功能包括一个专用落客区和入口,拥有各自的景观和空间特征。这些区域内的水平表面采用花岗岩,具有各种颜色、饰面和图案,石材之间只有有限的嵌入面积,齐平不锈钢条与主要建筑入口大厅内的地面相连。

3) 公共空间饰面:公寓大堂墙面采用规则石板,地面采用具有各种颜色、饰面和图案的花岗岩和大理石。墙和顶棚具有拉丝不锈钢饰面和修边,在大堂区域内有明亮的玻璃天花板,带定制不锈钢修边。

4) 设备机房和服务空间装修:外露建筑顶棚,喷漆干墙或砌块墙以及密封混凝土地面。

(3) 节水

该项目给水排水系统包括分区生活用冷、热水分配系统结合酒店和住宅区域的双储水池、壳管式热交换器和循环泵使用,同时还包括完整、独立的排雨水和排废污水系统。节水系统主要有酒店的雨水收集系统为冷却塔供水,为公寓的水池、浴缸和淋浴提供中水废水排放系统,公寓的非饮用水系统为马桶水箱供水。

3. 环境与功能布局

塔楼底部由 5 层高的裙房构成,其中包括酒店、公寓休闲和辅助功能空间。项目主要部分为高档公寓和酒店。高档公寓总建筑面积为 61000m^2,大部分位于七~五十层。酒店位于建筑顶部 9 层(建筑的四十五~五十三层),面积约 23000m^2。裙房包括总面积约为 23000m^2 的酒店休闲和辅助空间,包括宴会厅和辅助会议设施。

九、珠江新城 B2-10

1. 基本资料

地点:广州市珠江新城(见图 7-23)。

建筑规模:建筑高度 309.4m,地上 68 层,地下 4 层;总建筑面积 211072m^2;地上面积 177274m^2,地下面积 33798m^2;800 个停车位。

建筑设计:华南理工大学建筑设计研究院。

图 7-23 珠江新城 B2-10 效果图

第七章 集成化设计案例分析

绿色建筑顾问：中国建筑科学研究院上海分院（CABR-SH）。

竣工时间：2012年。

2. 可持续性能

珠江新城B2-10获得了绿色建筑评价设计标识三星级以及LEED-CS金级。

（1）节能

通过CFD对规划设计方案进行风环境模拟（见图7-24和图7-25）：

1）B2-10周边人行区域流场分布均匀，基本没有涡流滞风现象，风环境状况良好；

2）风速：珠江新城B2-10项目迎风面1.5m高度处，人行区域的风速基本为0.6m/s，整体小于5m/s，风速放大系数为1.05。

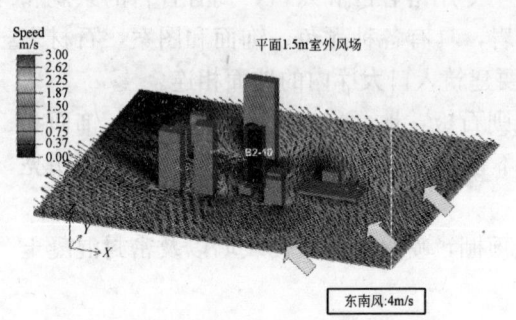

图7-24 1.5m高室外风场（三维视图）　　图7-25 1.5m高室外风场平面图（局部放大图）

同时采用能耗模拟软件进行模拟计算：

1）根据目前的设计条件分析，能够达到节能率60%的目标；

2）减少照明功率密度对节能率的贡献非常明显；

3）广州地区改善围护结构传热系数对节能效果并不明显，而提高玻璃遮阳系数则效果明显，能起到1%以上的效果；

4）建议玻璃自身遮阳系数不高于0.35。

太阳能热水集热器放在塔楼屋顶，建筑日均生活热水量20t，约7个楼层使用太阳能热水，即可满足可再生能源产生的热水量不低于建筑生活热水消耗量的10%。

该建筑使用21套索乐图导光筒设备，每两个设备之间间距8～9m，晴天状态下夏季导光筒正下方照度可达200lx，平均照度为180lx；冬天照度导光筒正下方照度可达180lx，平均照度为150lx。

采用离心冷水机组的方式，根据功能及负荷平衡，全楼分两个系统，系统一供地下一～三十四层；系统二供三十五～六十九层；系统一选用4台700USRT离心式冷水机组，5台冷水泵（其中1台备用），5台冷却泵（其中1台备用），4台冷却塔。系统二选用4台800USRT离心式冷水机组，5台冷水泵（其中1台备用），5台冷却泵（其中1台备用），4台冷却塔。冷源机房设于三十三层，冷却塔布置在该建筑屋面，冷水供/回水温度为5/13℃，冷却水供/回水温度为32/37℃。

用电分项计量：

该建筑为办公建筑，各部分用电分项计量如下：

1) 楼层公共用电计量：办公层每层拟设 4 块公用电表，包括公共应急照明计量、公共空调(风柜房)计量、公共一般照明计量(包括公共一般照明、电开水器等)和卫生间电热用电计量(包括洗手盆热水器、淋浴热水器、坐便器、烘手器等)。

2) 中央空调制冷机房用电计量：设有专用变配电房，在各变压器低压侧设总计量，共 4 块电表。

3) 其他用电计量：其他用电计量表均设在低压配电房低压柜内，低压柜每个回路均装设多功能智能仪表，均能读取计量数据。配电回路可按不同用电性质作区分，如照明、动力、空调等。双回路供电用户分设主用、备用两项计量，其中备用回路计量包含自备发电计量。

(2) 节水

广州属于降雨量很大的地区，在规划设计阶段要设计好雨水径流，包括地面雨水和建筑屋面雨水，减少雨水受污染几率，避免雨水污染地表水体，保证暴雨时周边地区的地表径流雨水对建筑无不利影响。

该工程生活用水量最高日为 $1568.7m^3$，最小时为 $206.4m^3$。生活给水系统采用串联水箱供水方式。为了充分体现节水节能的设计理念。该工程空调设备的冷凝水集中收集处理后回收用于补充空调水系统，并且办公生活给水系统与空调补水系统分开设置。消防给水系统采用屋顶消防水箱供水的常高压系统。

3. 结构设计与抗震设防

该工程采用混凝土核心筒＋巨型斜撑框架＋加强层结构体系。利用电梯井、楼梯间及设备间设置的混凝土核心筒和由钢管混凝土柱、钢斜撑组成巨型钢斜撑框架为主要的抗侧力结构。为进一步提高结构的抗侧力刚度，利用设备层两层的高度在核心筒与外围钢管柱设置外伸钢桁架，增强结构整体抗倾覆能力。

塔楼采用钢梁＋混凝土楼板的组合楼盖，核心筒内部为普通现浇混凝土楼盖，首层采用普通钢筋混凝土楼板，地下室采用钢筋混凝土无梁楼盖。

主塔楼采用岩石地基上的人工挖孔桩基础，持力层为微风化泥质粉砂岩、粉(细)砂岩、砾岩；主塔楼以外地下室采用浅基础，并用岩石锚杆抗浮。

十、上海博文学校

1. 基本资料

地点：上海青浦工业园区(见图 7-26)。

建筑规模：占地面积 $47721m^2$，总建筑面积 $24961.9m^2$，风雨操场面积 $5250.39m^2$。

建筑设计：中国建筑科学研究院上海分院。

竣工时间：2010 年。

2. 可持续性能

博文学校是国内首家按照国家标准——《绿色建筑评价标准》进行设计的项目，并申报列入联合国工业发展组织与教科文组织配合我国教育部、住房和城乡建设部、环保总局在中国启动实施的"节能减排与可持续发展学校——社会行动项目"。按此标准设计、施工，投入运行后可使综合能耗比传统学校降低 20%～40%。

第七章 集成化设计案例分析

图 7-26 博文学校鸟瞰图

(1) 节能

学校的立体绿化是其建构"绿色学校"的特色之一，立体绿化主要体现在：

1) 风雨操场立体绿化：风雨操场东、西立面面积大，太阳辐射强烈，可在东西立面外 1m 处加设一层钢结构挡板，在上面加设垂直绿化，种植绿色常青植物。能起到很好的遮阳作用，也可以达到绿化美观效果。

2) 教室外走廊绿化：教室早期设计方案中走廊为栏杆形式，为实现校区的立体绿化，在 A 区西向和南向外走廊和 B 区东向走廊改为钢筋混凝土形式，且在走廊外立面上加做种植槽。走廊绿化种植多种适合的观赏性植物，使人一进入校园就有耳目一新的视觉效果(见图 7-27)。

图 7-27 立面垂直绿化及种植槽

学校在自然采光方面也做得较为到位。首先在A区教室北向外窗内侧设置反光板，不但明显改善室内采光情况，还可以降低近窗处的眩光，同时提高远窗处的照度。

风雨操场采用天窗采光，当建筑的进深很大时，用常规的方法不能保证建筑深处的最小采光系数的时候，设置天窗是一个可以极大地改善建筑内部采光状况的方法。

根据天窗采光模拟分析，最终确定天窗与屋顶面积比 SRR 为 3.75%，天窗尺寸为 $0.91m \times 1.52m$，共布置 36 块。此时室内夏季冷负荷最小，人员舒适性最好(见图 7-28)。

同时，风雨操场体育教师办公室等采用导光筒，借用天然导光技术传输天然光，将光线传输到需要的场所；漫射器的作用是将光均匀分布到室内，为空间提供照明(见图 7-29)。

图 7-28　轻钢屋面天窗布置效果图

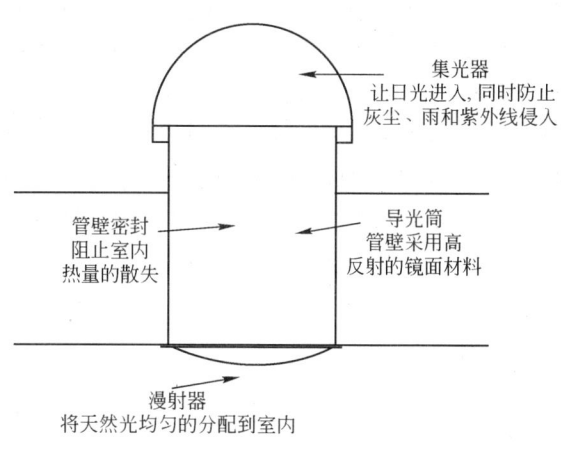 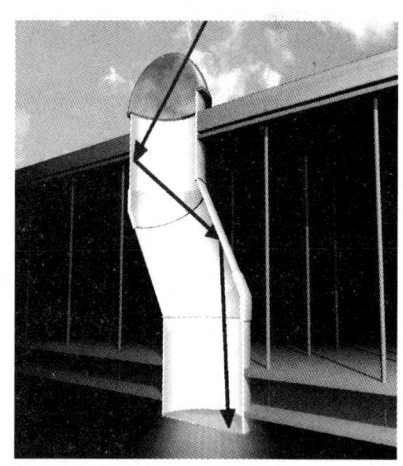

图 7-29　导光管系统原理图与实物图

风雨操场换气次数不应低于 $10h^{-1}$。根据 CFD 计算结果可以得出，风雨操场换气次数为 $6.5h^{-1}$，此时风向为夏季主导风南风，平均风速为 3.4m/s。而在其他风向时，南北立面风压差不会达到这么大，通风换气次数变差，达不到 $6.5h^{-1}$，因此需采用无动力风帽。

采用 A-880 型无动力风帽 21 个，这样南风且室外风速为 3.4m/s 时，无动力风帽的通风换气次数可达 $7h^{-1}$，而此时开窗依靠风压自然通风换气为 $6.5h^{-1}$，即此时总换气次数可达 $13.5h^{-1}$，大于 $10h^{-1}$，满足标准要求。

(2) 节材

学校在其全寿命周期内最大限度地节约资源(节能、节水、节材、节地)、保护环境和减少污染。其中较为突出的是学校建筑采用自保温墙体，采用节能型墙体材料及

第七章 集成化设计案例分析

配套专用砂浆,使墙体热工性能等物理性能指标符合相应标准的建筑墙体保温隔热系统。

3. 环境与功能布局

博文学校位于胜利路东侧,民惠佳苑小区内。学校主出入口置于东北侧,次入口位于南侧。博文学校为 9 年一贯制中小学校,共设 54 个班,可容纳 2400 多名学生就读。

学校总占地面积 47721m²,总建筑面积 24961.9m²,其中行政教学楼 A 区建筑面积为 8568.8m²,地上 4 层;B 区建筑面积为 7269.6m²,地上 4 层;C 区建筑面积为 3588.5m²,地上 4 层;风雨操场建筑面积为 5250.39m²。

4. 生态效益

采用这些可持续技术,不仅可以节约能源,同时在其生命周期内因节约能源而创造良好的生态收益率,还能获得明显外部生态效益,即通过减少燃料和电力消耗,减少 CO、CO_2、甲烷和其他有害气体的排放。改善了教室的室内空气质量,提供"宜人"的室内空间环境。包括健康宜人的温度、湿度、清洁的空气、良好的光环境等为学生提供了更健康的学习环境。此外,对学生的成长更具有教育意义,有利于从小就培养其节约资源和环保意识。

应用这些技术后,虽然增加了初投资,但由于大量使用自然采光技术、采用更好的围护结构等生态技术之后,建成的建筑在使用过程中的低维修、低运转成本的回报,因此综合成本较低。学校的能源运行成本平均比传统的学校降低 20%~40%。

这些绿色、生态技术施工简单,无需对施工图做大量的修改,通过采用这些技术,可将博文学校打造成为国内第一所"绿色学校",有力推动全国范围内"绿色学校"的发展;同时可以成为我国首个学校类国家认证"绿色学校",将在全国起到表率作用,达到较高的社会认同度,推动博文学校在"节能、减排"教育事业方面的发展。

十一、北京建工大厦

1. 基本资料

地点:北京市西城区(见图 7-30)。

图 7-30 北京建工大厦效果图

建筑规模：地下 3 层，地上 13 层，地上 19991.45m²，地下 13630m²，建筑高度 46.8m。

建筑设计：北京市建筑工程设计公司。

建筑顾问：北京方体空间建筑咨询有限公司。

绿色建筑咨询：中国建筑科学研究院上海分院。

竣工时间：2010 年。

2. 可持续性能

该项目为自用型办公建筑。在设计过程中，采用的绿色建筑设计方案均经过充分论证，而非新材料、新技术不合理的堆砌。同时注重各种有效数据的收集、保存、整理，使之成为可推广、可借鉴、可应用、可复制的绿色办公建筑。

（1）节能

大厦采用了空调新风系统，系统采用全热回收的方式，由于屋顶场地面积限制，故选择了一台 60000m³/h 的全热交换新风换气机，利用排风中的热量或冷量预热或预冷新风，夏季全热效率为 63%，冬季为 67%，电功率 60kW。采用该系统后，预计年节省运行费用 9 万元，投资回收期为 1.74 年。总能耗分别为：供冷能耗为 42.1kWh/(m²·a)；供热能耗为 23.1kWh/(m²·a)；风机能耗为 23.5kWh/(m²·a)；照明能耗为 18kWh/(m²·a)；设备能耗为 29.7kWh/(m²·a)；总计 136.4kWh/(m²·a)。

围护结构 U 值分别为：墙体 0.54W/(m²·K)；屋顶 0.49W/(m²·K)；窗户 2.0W/(m²·K)；架空楼板 0.47W/(m²·K)。

室外通风模拟结果表明，夏季和过渡季节建筑前后压差分别为 5Pa 和 2Pa，均大于 1.5Pa，有利于夏季与过渡季节室内的自然通风和周围污染物的扩散；在冬季北向来流风的作用下，建筑的南北侧压差为 4Pa，东西两侧的压差为 1.5Pa，均小于 5Pa，符合冬季防风的要求。此外，该项目外墙和或幕墙总体可开启率高达 38.2%，过渡季节可以开窗进行自然通风，不仅有利于室内人员的心理健康，还可降低空调运行能耗，节省运行费用。

室内热舒适的控制策略如下：

1）送风风量控制：会议室设置二氧化碳浓度传感器，送风管道设置风速传感器。机组启动时，根据会议室二氧化碳浓度，决定新风送风量，调整变频器输出功率，使送风量达到要求。

2）联锁控制：新风风阀与风机联锁控制，停风机时自动关闭新风阀，风机启动时自动打开新风风阀。

3）送风温度控制：在送风管道上加装风管温度传感器，机组运行时，根据送风温度与设定温度差值，对冷/热水阀开度进行 PID 调节，从而控制送风温度。机组运行时，送风温度始终保持在设定值范围内。

4）送风湿度控制：在送风管道上加装风管湿度传感器，监测送风湿度，冬季工况机组运行时，当送风湿度低于设定值(30%)时开启机组加湿器，当送风湿度达到设定值(50%)时停止机组加湿器，机组停机时，加湿不启动。

大厦采用玻璃幕墙结构，层高较高，首层为 4.2m，其余各层层高为 3.5m，主要功能空间设在了建筑外圈,房间进深约7~11m,因此该项目具有较好的采光性能。经模拟计算,该项目各主要功能空间平均采光系数为8.7%,主要功能空间采光系数满足《建筑采光设计标准》中规定的面积为13106.88m²,占主要功能区域总面积的95.66%(见图7-31)。此外,根据日照分析报告得知,该项目不会影响周边住宅的日照,住宅楼的日照时数满足北京当地标准的要求。

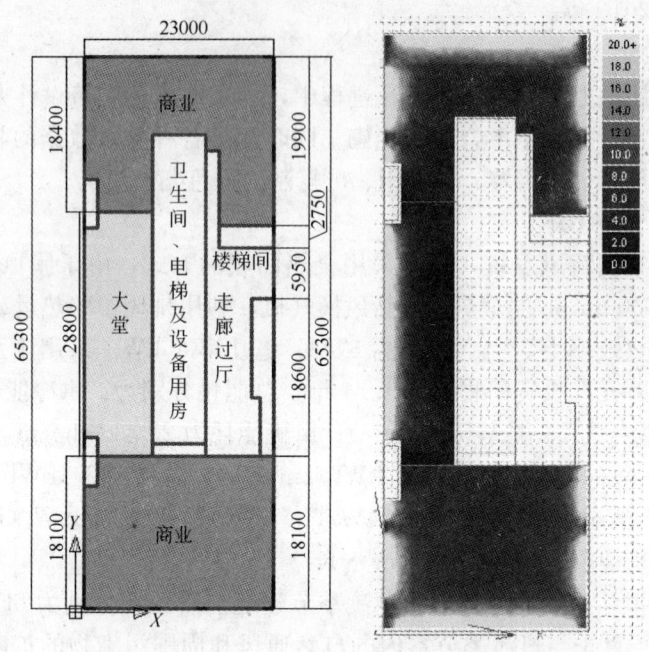

图7-31 一层平面及采光分析图

(2) 节材

建筑结构形式均为全现浇框架剪力墙结构,结构安全等级为二级,抗震设防类别为丙类,抗震设防烈度为八度。

为满足绿色建筑物的要求,该建筑物要求严格控制混凝土外加剂有害物质含量,避免建筑材料中有害物质对人体健康造成损害,以达到绿色环保的要求。同时,使用高性能混凝土可以尽可能地减小建筑结构中梁柱截面尺寸,并且提高结构的耐久性,同时采用高强度钢,以达到减少用钢量的目的。现浇混凝土采用预拌混凝土,能够减少施工现场噪声和粉尘污染,并节约能源、资源,减少材料损耗。

大厦使用大量的可循环材料,如钢材、铜、木材、铝合金型材料、石膏等,可循环材料利用率超过10%。该项目施工施行绿色施工,将金属废料、设备包装等折价处理。将建筑施工和场地清理时产生的木材、钢材、铝合金、门窗玻璃等固体废弃物分类处理并将其中可再利用材料、可再循环材料回收。

大厦实现土建与装修工程一体化设计与施工,通过各专业的密切配合及早落实设计、做好预埋预处理,即使有所调整,及时联系变更提早修正,加上各单位依据绿色施工原则结合自身特点制订相应绿色施工技术方案,指导项目施工施行,有效避免拆除破坏、重复装修。

该项目除了走廊、卫生间、设备房等不可改变功能房间外，大多为开敞式办公，方便进行不同形式的灵活分割。标准层面积1548m²，开敞式办公区面积大于750m²，故标准层有48%以上的空间采用灵活隔断设计。

(3) 节水

大厦收集住宅和办公的优质杂排水，经中水系统处理后，回用到冲厕、绿化和道路浇洒。中水利用过程对水质进行严格控制，在处理、储存、输配等环节中要采取安全防护和监（检）测控制措施，符合《污水再生利用工程设计规范》与《建筑中水设计规范》的相关规定（见图7-32）。中水系统设置市政给水补水管，以加强用水可靠性。冲厕用水量7053t，绿化浇灌2120t，道路浇洒1193t，这三部分用水均为中水。

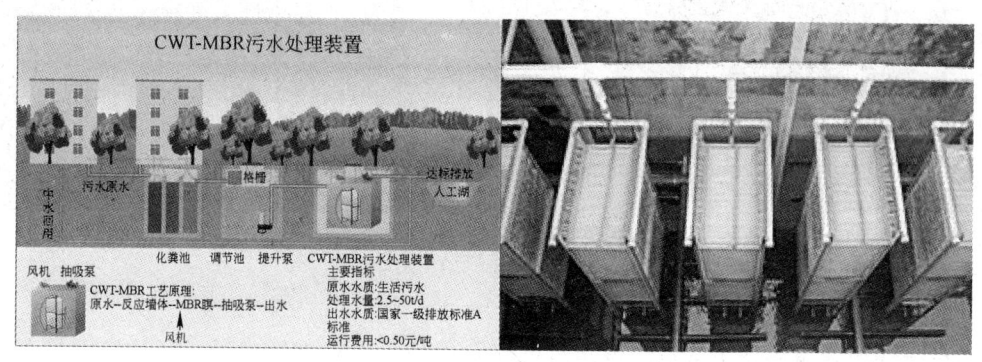

图7-32　MBR膜生物反应器

屋面雨水经管道收集后排入周围绿地，地下室顶板范围内的绿化覆土层中设疏水系统，将地面雨水疏导至地下室顶板以外的绿地中，多余的雨水排入室外雨水管网中。

选用节水型卫生洁具及配件，所有器具均满足《节水型生活用水器具》和《节水型产品技术条件与管理通则》的要求。

绿化灌溉采用滴灌、渗灌等高效节水等灌溉方式。根据《建筑给水排水设计规范》的要求进行建筑用水量计算，并对盥洗、冲厕、厨房餐饮、绿化浇灌、道路浇洒等进行分项计量。

(4) 其他措施

大厦的建筑布局动静分开。噪声源主要是冷冻机房、屋顶设备、新风机房、室内机电设备等。将有噪声的机房（冷冻机房、空调机房、进排风机房、泵房等）布置在地下三层，远离办公区和会议区。将电梯、新风机房集中在核心筒，与办公室隔开，减少设备运行对日常办公的影响。并在这些有噪声的机房内墙面、顶棚均作吸声处理，机房门均为隔声门。在有振动的设备下设置隔振器，必要的设备下设置减振垫。此外，采用的室内空调设备均选用低噪声的产品。经分析计算，办公室的室内背景噪声为47dB，小于55dB。

十二、杭州绿色建筑科技馆

1. 基本资料

地点：杭州市钱江经济开发区能源产业园区（见图7-33）。

建筑规模：总用地面积 10727m²，总建筑面积 4679m²，建筑共 5 层。

建筑设计：英国德·蒙特福特大学、清华大学建筑节能研究中心、中国建筑科学研究院上海

分院绿色与生态建筑研究中心、杭州市城建设计院、中国美术学院。

竣工日期：2009 年。

图 7-33 杭州绿色建筑科技馆效果图与外景

2. 可持续性能

杭州绿色建筑科技馆是对绿色建筑创新发展的一次突破性尝试，科技馆立足于节能环保，大胆采用建筑自遮阳体系、被动式自然通风技术等，是夏热冬冷地区超低能耗建筑和江南地区被动式节能设计的典范。科技馆以实用技术打造超低能耗绿色设计，绿色生态技术和节能产品的展示窗口，传播节能环保理念与责任的教育基地。

(1) 节能

1) 在分析杭州当地气候特点的基础上，采用被动式通风体系，尽可能实现室内热舒适环境(见图 7-34 和图 7-35)。

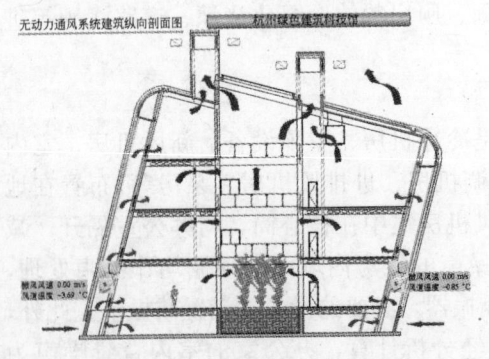 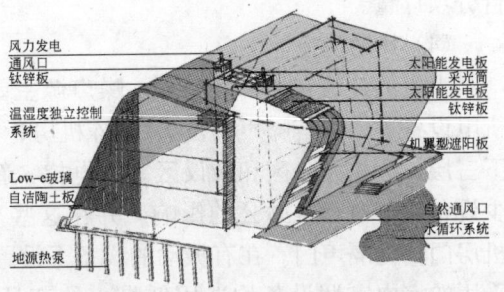

图 7-34 被动式通风示意图　　图 7-35 杭州绿色科技馆技术体系

① 热压通风：气流经地下室预冷，进入南北向自然通风井，由井壁风阀进入室内办公空间，再由室内进入中庭，最后通过屋顶自然通风烟囱拔出。为保证送风的质量，在地下室进风口设置电除尘、臭氧杀菌设施，能实现 18～25℃ 的非空调运行状况下与空调相同的舒适性能。

② 风压通风：在热压通风换热不足时(大于 25℃)，南北立面自动电动控制窗开启。是否开启、开启角度大小，根据室外气象站测得的气象数据进行自动控制，当检测到室外风速较大、室内换气量过大时，自动关小窗户开启度。窗户的立面划分开启扇位置，充分考虑人办公时候的通风舒适需求(900mm)与景观视野(900～2200mm)高度无横档遮挡。

2) 项目采用温湿度独立控制空调系统，通过不同系统分别控制室内温度和湿度。

① 溶液除湿新风系统被用来去除系统的潜热负荷，经过处理的干燥清洁新风被送入室内，排除室内的余湿和二氧化碳，保证定室内空气质量。

② 干式空调末端被用来去除室内的显热负荷，由于供水温度高于室内空气的露点温度，存在结露的危险。

③ 新风系统在冬天不改变新风的送风参数，承担室内湿度和空气品质的控制干式末端则被用来供热。项目新风系统选用四台热泵式溶液调湿新风机组为整个大楼提供新风，室外新风机组处理后通过风管送至每个房间，排风通过机组热回收后排出室外。

该项目空调末端用冷热源机组选用带部分热回收的地源热泵机组，地源热泵机组制冷 COP 为 6.42，制热 COP 为 6.89。

项目空调末端有四种，分别是辐射毛细管、冷吊顶单元、吊顶式诱导器和干式风机盘管，这几种空调末端不会产生冷凝水，并对比于一般的空调系统，具有更高的热舒适性。

3) 项目照明采用细管径，紧凑型荧光灯。

照明采用 I-BUS 智能控制系统实现照明的智能控制。项目在门厅、展厅等大空间区域设置了多场景灯光控制系统，满足不同的需要。同时，项目也设置了时间控制程序控制、人员感应控制系统及光感控制，在需要的时候可以将灯光控制到合适的照度以节约能源和降低运行费用。对于走廊和楼梯间，在上班期间定时开启，下班时定时关闭 50%～70%的灯，同时自动启动移动感应器，有人走动时开启灯，人走后自动关闭。杭州绿色建筑科技馆的二层和三层外区照明分别由 BA 系统根据外区照度传感器检测的照度来自动开启控制，以便充分利用自然采光，节约照明用电。

4) 项目设置了太阳能发电系统及风能发电系统。

该项目选用了两种太阳能发电系统，总装机容量为 42.5kWp，在科技馆的屋顶安装太阳能并网电站，总容量为 39.9kWp，采用高效率单晶硅 CHSM-175M 太阳能电池板组件 228 块。在科技馆的屋顶安装玻璃幕墙非晶硅太阳能并网电站，总容量为 2.6kWp，采用 CHSM-65TF 刚性非晶薄膜组件 40 块。经计算太阳能光伏一年可发 42962kWh。

5) 还采用了两台功率为 300W 的 EAWINWP300-3B 风机作为科技馆底层氢电池充电用。

6) 综合遮阳系统：

① 建筑自遮阳：建筑形体自遮阳(向南倾斜 15°)、机翼型电动智控外遮阳系统、玻璃自身遮阳。建筑体型设计考虑到遮阳(考虑直射光为主)与采光(考虑散射光为主)的综合需求，设计为向南倾斜的体形。南向的建筑自遮阳效果好，而北向可以更多地引入自然光线。

② 电控智能外遮阳：根据太阳运行角度，室内光线强度要求，采用机翼性电控遮阳系统，在太阳辐射强烈的时候打开，遮挡太阳辐射，降低空调能耗。在冬季和阴雨天的时候打开，让阳光射入室内，降低采暖能耗。

③ 玻璃自身遮阳：建筑各朝向立面玻璃遮阳系数为 0.25，中庭遮阳系数为 0.29。

(2) 节材

该项目采用钢结构形式，抗震设防类别为丙类，抗震设防烈度为 6 度，结构安全等级为二级。项目采用了 HRB400 级钢筋，钢板、型钢选用 Q345B 型。钢结构梁与柱连接采用柱贯通型，梁与柱刚性连接，梁翼缘和柱间采用全熔透坡口焊缝，梁腹板与柱采用高强螺栓连接，框架梁与框架柱之间的连接均采用刚性连接，连接方式采用内隔板式连接。砌体采用加气混凝土砌筑。建筑外饰面采用钛锌板材料，内设岩棉板保温材料，岩棉板厚度外墙为 75mm，屋面为 90mm。外窗采用隔热金属型材多腔密封窗框双银玻璃。围护结构节能率达 65% 以上。

该项目所有装饰装修材料均采用绿色环保材料，胶粘剂、密封剂和涂料均选用挥发性有机化合物含量远低于国家标准要求的材料。室内地毯采用 CRI 认证地毯。所用复合木材均选用无甲醛排放的材料。

材料中大量使用循环利用成分较高的钢材。该项目循环利用成分造价比例占土建材料总成本的 28.95%，包括铝型材、保温岩棉、玻璃、钢材、钛锌板、粉煤灰水泥等。材料中生产地及原材料加工地都在距项目 800km 范围内的本地建材，总造价占土建材料总造价的比例为 35.4%。项目所用的木材中按价格计算，82% 的木材均采用 FSC 认证木材，包括木门，木地板等均采用 FSC 认证木材。

(3) 节水

杭州市为缺水城市，该项目在节水方面考虑了以下措施：采用高性能阀门及管材管件，室内用水器具采用节水坐便器，感应水龙头及无水小便斗等节水器具。设置了中水回用系统，中水系统采用 MBR 生物膜处理技术，处理建筑内排放的污废水及雨水，回用于绿化浇灌，道路冲洗及室内冲厕。此外，该项目还设置了人工湿地，将本项目场地内汇集的雨水汇集起来，通过人工湿地进行预处理（见图 7-36）。

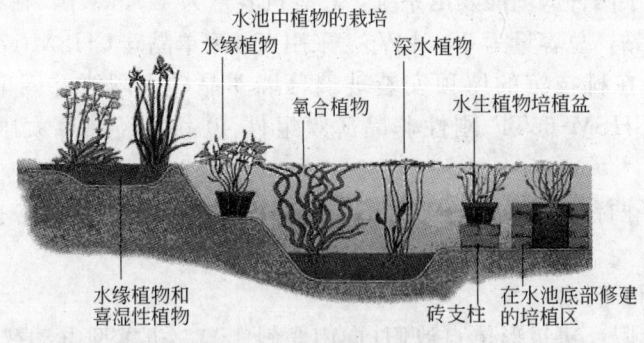

图 7-36 水系栽培示意

3. 环境与功能布局

该项目位于杭州市钱江经济开发区能源产业园区，该产业园区是中国节能投资公司在华东地区打造的节能环保产业园示范园区,该产业园通过打造完善的产业链吸引国内外相关产业聚集,形成能源与环境特色产业集群,成为长三角地区的经济亮点。绿色建筑科技馆是产业园区对外宣传和交流的窗口。

该项目共计5层,地下1层,地上4层,地下一层主要作为各专业设备机房。一层为开放式绿色建筑展览厅,主入口设在西面,二、三层为科研办公室,四层设有新风机房,档案室及活动室。从一层到顶层中间设置了长24m、宽7m的中庭,中庭可利用热压进行自然通风,中庭顶部设置玻璃采光顶,改善室内光环境。中庭底部设置了室内绿化。中庭北侧,设置了木制楼梯,通过中庭,将建筑内所有空间连接成一个整体。

十三、张江集电港总部办公中心改造

1. 基本资料

地点:上海市浦东新区张江高科技园区(见图7-37)。

建筑规模:总建筑面积约为23710m²,包括四幢办公楼、两幢餐饮会议楼、生态中庭、连接廊道等。地上3层。

建筑设计:上海现代建筑设计集团有限公司。

竣工时间:2007年。

图7-37 张江集电港总部办公中心鸟瞰

2. 可持续性能

张江集电港总部办公中心的改造,倡导绿色、生态、鼓励和引导走可持续发展的道路,通过营造高科技园区的"创新之家"、"服务之家"、"健康之家"的创业氛围,结合自身条件,综合国内外先进生态技术,使生态技术与建筑、景观设计相结合,融入园区生活、工作环境,创造节能、健康的高科技生态园区。该项目获得绿色建筑三星级的评价标识。

(1)节能

张江集电港办公中心项目采用了太阳能光伏、太阳能热水、地源(土壤)热泵空调

技术。结合先进高效的围护结构节能技术，大面积采用了建筑活动外遮阳、呼吸幕墙和外遮阳、种植屋面、外墙保温体系等，使示范建筑的节能率达到65%以上。

该项目中最大的亮点是设置了生态中庭，通过地源热泵空调系统以及太阳能光电技术的结合利用，使浅层地热能和太阳能提供的能量足以能够提供A～B楼中庭的所有供热供冷、机械、照明能耗（安全和应急能源除外），实现零能耗状态。同时利用太阳能光电板，设置在中庭顶棚和玻璃挑檐作为遮阳。既起到遮阳作用，又产生了电能（见图7-38）。

图7-38　太阳能光电实景图

为达到节能目标，通过设计分析计算，采用了宽通道和窄通道呼吸式幕墙，传热系数可低至 $0.87W/(m^2 \cdot K)$（冬季），$1.14W/(m^2 \cdot K)$（夏季）。

成套活动外遮阳技术利用光感技术，可自动探测太阳辐射强度，根据当前情况由电脑控制进行开闭控制。根据春夏秋冬四季和不同的周边环境情况，也可由控制系统自动按预设模式进行控制。夏季最大限度遮挡阳光，冬季充分利用阳光辐射采暖（见图7-39）。

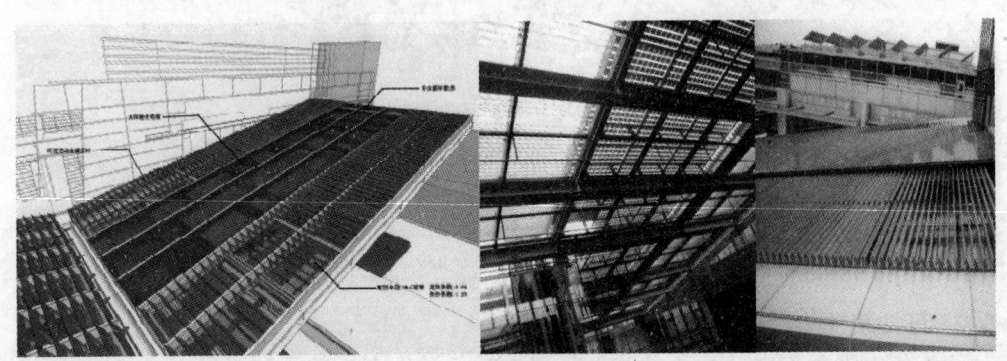

图7-39　建筑遮阳体系

根据项目实际情况，对室内采光进行了计算，大量设置反光和折射板，实现天然光照明。最大限度地实现采光和节能的协调。

该项目进行了风压和热压结合实现自然通风的设计，使用了玻璃拔风井道、通风百叶等产品和技术，在过渡季的办公区域实现全自然通风。

建筑照明节能设计，运用一系列节能灯具和设备，达到建筑照明节能要求。该项目屋面采用保温屋面和种植屋面相结合设计,外墙采用节能保温体系。

以上技术的综合使用实现了夏季低能耗、冬季超低能耗乃至零能耗的目标。

(2) 节材

该工程为改扩建项目,外墙主体及饰面已经施工完毕,为了不破坏原有建筑的外饰面,采用安全性高、维护成本低、使用寿命长、变温方式快的外墙内保温体系。通过热工计算,选用厚度为30mm的挤塑聚苯板,挤塑聚苯板导热系数为0.03W/(m·K),是外墙保温材料中性能比较好的材料,外墙主体传热系数达到0.86W/(m²·K)。项目所采用的内保温系统主要构造为:外饰面+20mm水泥砂浆+200mm混凝土空心砌块+30mm厚挤塑聚苯板+空气层+8mm粉刷石膏(见图7-40)。

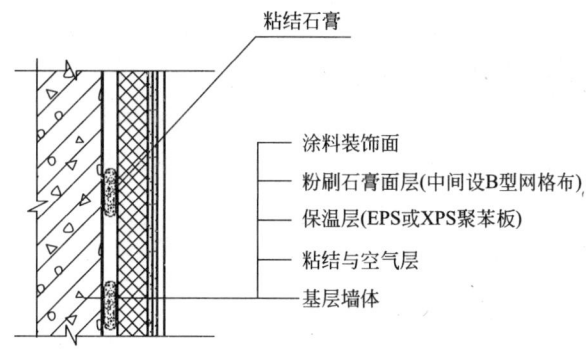

图7-40 天然粉刷石膏聚苯板外墙内保温系统构造图

该工程为玻璃幕墙体系,且为内框架结构,因此由钢筋混凝土形成的外墙热桥部位并不多,仅出现在部分外墙与屋顶、楼板、阳台连接的部位以及框架柱。考虑到内保温对热桥的割断作用较差,为了避免建筑热桥,在柱、梁、楼板等热桥部位加强处理。

该项目的部分屋顶荷载属于小于150kg的轻型屋面,因此要注重选择轻型、免维护的种植屋面,植物注意选择无需浇水维护的佛甲草(见图7-41)。

图7-41 种植屋面

(3) 节水

采用太阳能光热系统承担建筑物的所有生活热水负荷。通过采用中水回用技术，使建筑物所排放的所有生活污水能够回用于建筑物的冲厕用水和绿化用水。

为防止夏季中庭过热，引起空调能耗过大，方案设计了新型的水冷却玻璃屋顶系统。此设计不仅可以冷却屋面，而且动态流动的水给生态中庭带来了生趣，在炎炎夏日形成一道独特的景观。冷却水的水源采用人工湿地的中水，独立设置水箱形成自循环系统，在水箱设置水位探测仪，当水箱水位低于设计值后由中水池补水。

第二节 国外可持续公共建筑案例分析

一、德国法兰克福商业银行

1. 基本资料

地点：德国法兰克福（见图 7-42）。

建筑规模：地上 53 层，地下 2 层，高度 258.7m，总建筑面积 86000m^2。

建筑设计：福斯特建筑事务所。

竣工时间：1997 年。

图 7-42 法兰克福商业银行

2. 可持续性能

法兰克福商业银行被描述为"世界第一个生态摩天大楼"，为了最大限度地使用自然资源，设计尝试将外面的环境引进它的计划深度之内。通过采用简单的理念，与复杂的技术相结合，60 层高的办公塔楼将会空前程度地获得自然采光和通风。

(1) 节能

U 值设计分别为：墙体 0.11W/(m^2·K)；屋顶 0.10W/(m^2·K)；玻璃 0.9W/(m^2·K)；首层楼板 0.12W/(m^2·K)。

为保证空气质量，建筑机械系统可依照中庭需要的新鲜空气量调整开口大小，

14.5m 的花园每 1/4 的墙体上开口的大小是相等的，这样每层楼办公室朝向中庭一侧的窗户是可开启的，从而使室内获得了新鲜空气。换句话说，中庭空间给面向建筑内部的办公室提供了与面向外面的办公室相同质量的物理环境，而且越过空荡荡的中庭穿过起保护作用的花园，办公室内的人们还可以看到周围的城市景观。除此之外，经过花园的墙壁没有限制太阳光的照射，因此日光将会大量地涌入中庭之内，大大地减少对人工照明的需求。数据显示该建筑幕墙设计使开窗的时数达到最优化，通过设计师的精心设计，塔楼内能源需求将会被减到最少。

建筑管理中控系统（BMS Control）在法兰克福商业银行总部大厦中得到了应用，以此来创造更节能、更舒适的建筑空间。大厦的室内感光感温系统全部采用自动化，具体到每个办公室均由一个中心调控系统控制，室内的光照、温度、通风等均通过自动感应器得到相应的调整，以确保办公空间适当的光照和空气质量。供热和制冷的年能耗为 $140\sim150Wh/m^2$。

除了贯通的中庭和内花园的设计外，建筑外皮双层设计手法同样增加了该高层建筑的绿色性，外层是固定的单层玻璃，而内层是可调节的双层 Low-e 中空玻璃，两层之间是 165mm 厚的中空部分，室外的新鲜空气可进入到此空间，当内层可调节玻璃窗打开时，可完成室内外空气交换。在中空部分还附设了可通过室内调节角度的百叶窗帘，炎热季节通过它可以阻挡阳光的直射，寒冷季节又可以反射更多的阳光到室内。

（2）节地

该项目位于德国法兰克福老城区。在历史文化中心罗曼和火车总站之间，开发以高层建筑为特征的金融区，并配有方便的公共交通设施。

大楼和商业银行旧楼毗邻而建，并对周边原有建筑进行了维护和完善。在新建筑和城市街区交接的部分，设计了新的公共空间——一个冬季花园作为过渡，在花园内设有餐馆、咖啡馆以及艺术表演和展示空间。

（3）节材

大楼外部是由 12mm 厚的上过釉的外表面组成的，而外表面上有一层特殊涂料可以吸收外部百叶上的雷达信号。它还加入了一个自动化铝遮阳板系统来提供一个好的遮阳系数，而且 Low-e 材料做的双层釉面内墙具有较低廉的价格。

3. 环境与功能布局

福斯特的空间生态设计表现在了法兰克福商业银行开放空间的组织与设计能最大限度地通风与自然采光。良好的建筑形态并未使造型凌驾于空间之上，而是充分考虑到了实用性和舒适性，处理好了空间关系。

该建筑平面为边长 60m 的等边三角形，三角形平面不但能最大限度地接纳阳光，创造良好的视野，还可减少对北邻建筑的遮挡；同时三角形的曲线形使空间利用率达到最大。环三角形平面依次上升的半层高高架花园，使大厦又宛若三叶花瓣夹着一枝花茎。"花瓣"是办公区域，而"花茎"则是一个巨大的、自然通风的中庭。大厦也因此获得了"生态之塔"、"带有空中花园的能量搅拌器"的赞誉（见图 7-43）。

第七章 集成化设计案例分析

图 7-43 法兰克福商业银行室内装修与空间

中庭空间被细分为每 12 层一段，每一段包括三个四层楼高的空中花园，它们绕塔楼成 120°转角。这个空中花园，好像给塔楼外墙增加了一层"皮肤"，同时促进了日光和新鲜的空气通过三面的花园到达具有建筑整个高度的中庭以获得自然通风效果，使得塔内每间办公室都设有可开启的窗以享受自然通风，从而避免了全封闭式办公建筑的昂贵开支（见图 7-44 和图 7-45）。大楼群房内设有综合性商场、银行和停车场。

图 7-44 中庭空间

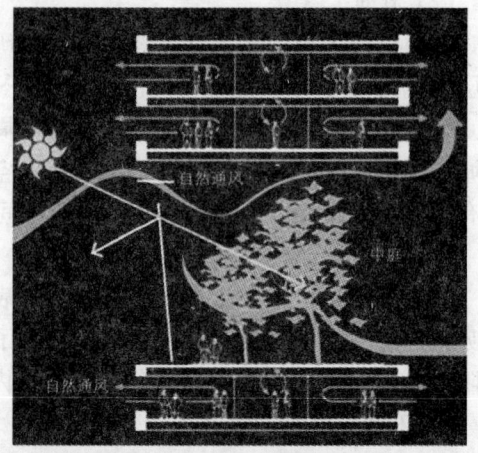
图 7-45 办公室热交换示意

同时，电梯间、楼梯间和服务用房被成组放置在大楼的三个角部，使散置的办公室和花园更具整体性。成组的巨柱支撑着横梁，办公室和空中花园都不受结构构件的干扰。

4. 结构原则

该建筑的结构体系是以三角形顶点的三个独立框筒为"巨型柱"，通过八层楼高的钢框架为"巨型梁"连接而成的巨型筒体，具有极好的整体效应和抗推刚度，其中"巨型梁"产生了巨大的"螺旋箍"效应。成组的巨柱支撑横梁，办公室和空中花园都不受结构构件的干扰。

大楼主体结构体系为剪力墙选择三角形也是为了克服已存在的塔楼的位置限制。银行结构设计的创新之处是它将核心筒分成三个部分并把它们放置在16.5m的办公室楼地板交叉的角点处，允许建筑在整个高度上都保持中空，这些中空空间由许多的在塔上面成螺旋状下降的空中花园连接到外面。结构上每12层的重复导致了需要巨型的外包混凝土钢角柱和维仑第尔钢框架来架空空中花园。为了防火，中庭每隔12层就有水平的玻璃幕墙分割（见图7-46和图7-47）。

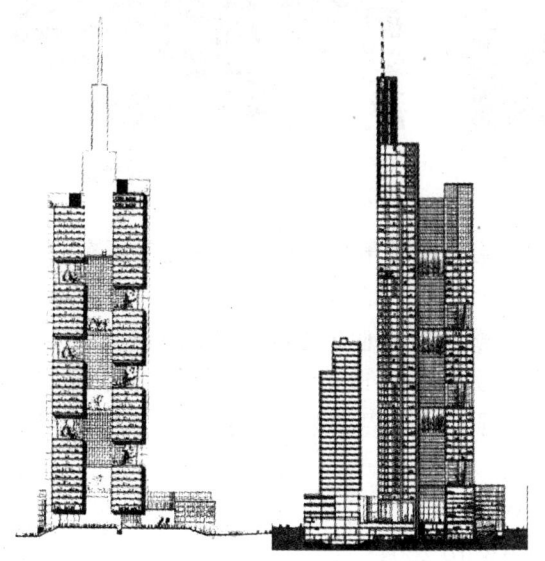 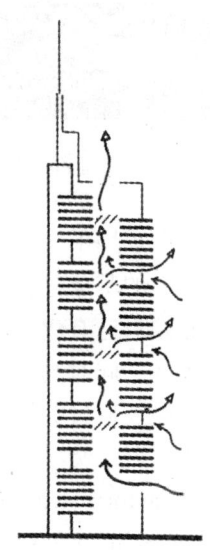

图7-46　法兰克福银行剖面图　　　图7-47　热压通风示意图

二、RES总部办公大楼

1. 基本资料

地点：英国沃特福德郡（见图7-48）。

建筑规模：总建筑面积2500m^2。

建筑设计：金·斯特奇。

竣工时间：2003年。

造价：530万英镑。

英国RES总部办公大楼又称为波弗特庭院（Beaufort Court），是通过对一座面积为2500m^2的建于20世纪30年代的产蛋农场改造而成的建筑。原建筑形式的特征是马蹄铁形的饲养场，这是为了尽可能多地利用阳光。这种马蹄形"阳光家禽间"的聪明设计意味着不需要额外的人工采光、采暖和通风也能保持较高洁净标准（见图7-49）。此后该建筑被废弃数十年，直至RES于2000年买下该地并于2001年从三河区委员会获得了重新开发的建筑许可证。重新改建从2002年开始，2003年11月RES的员工搬进了新办公楼。

第七章 集成化设计案例分析

图7-48 RES总部办公楼鸟瞰

图7-49 原有建筑

项目改建中采用了一系列混合的可再生能源策略来满足这幢建筑所有的能源和供热需求。三角形的基地包含了 $7hm^2$ 位于大都市绿化带中的农场。为了满足新建筑的功能要求，必须对已有建筑进行巨大调整，然而地方规划管理部门要求建筑的外观必须基本保持不变。同时马房和马蹄形建筑都需要改造以满足现代办公、展览、会议、作物储存的功能。通过一系列改造，该项目是世界上第一个能源充足、零排放的商业建筑，并赢得了以下奖项：

(1) The Eastern Region RIBA Award；

(2) RIBA Schuco Sustainability Award 2004；

(3) The Peter Parker Award in the Business Commitment to the Environment Awards 2004；

(4) BCO Best Refurbishment in South England and South Wales 2004。

2. 设计原则

设计中首要面对的问题就是将原有的鸡场空间进行转变与扩大，变为RES的零能耗公司总部。这其中包括经济性分析、可再生能源措施以及采用具有最佳实践效果的生态策略。该项目，RES获得了欧盟框架内的资金资助，约合70万英镑。除了可持续性能，该项目还需要为愿意参观或学习该建筑及其能源系统的参观者或组织提供便利。基于这些要求，该项目的设计原则包括：

(1) 提供充足的总部运营空间，以满足商业需求与房地产市场的要求。

(2) 提供展览、会议空间与相关设施，以满足RES公司和参观者的使用需求。

(3) 将能源和稀有资源的使用减少至最小，为当地经济发展提供助力，并满足当地社区的要求。

(4) 完全使用本地的可再生能源资源满足建筑能源消耗。

(5) 实现项目社会、技术、美学性能的无缝连接。

3. 可持续性能

正式基于上述的设计策略，该项目采用了以下一系列技术措施，实现了"零能耗"

目标。

(1) 节能

波弗特庭院是一幢能源完全自给自足，同时二氧化碳零排放的建筑。建筑所有的能耗和制冷由基地内的风力发电机供给。太阳能光电板产生热和电，生物质能作物，热能存储和地下水冷却系统，构成了其整体的节能体系。

因为是初次开发，许多装备必须定做，所以投入了大量的设计和研究开发工作，特别是作物储存间顶部的太阳能光电板。这是由 ZEN 太阳能设备制造公司（ZEN Solar and Shell）监督并在荷兰手工制作的，以满足场地预定系统太阳能设计需求。

高标准的能源效率和几种类型的清洁、可再生能源以满足大楼供热、制冷和电力需求（见图 7-50）。据统计，大楼每年的电力能耗为 115MWh，供热能耗 85MWh。

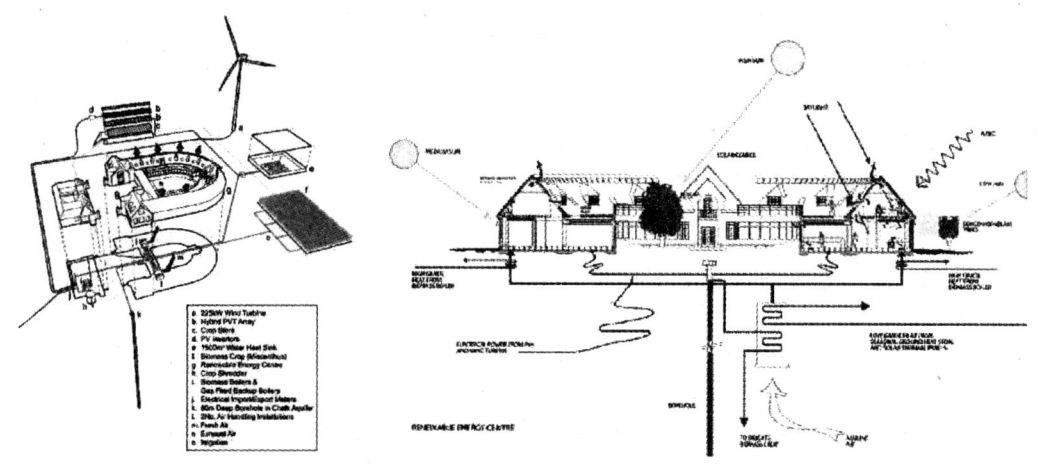

图 7-50　大楼节能措施示意图

1) 生物质能

建筑物的供热需求主要通过生物质锅炉满足。生物质由场地内 5hm² 的植物种植来获得。植物送入锅炉前将被干燥与粉碎，以提高燃烧率。场地每年可提供 60t 的干燥生物质，其热值约为 17MJ/kg。100kW 的生物质锅炉由 Talbott's Heating 公司提供，其能效利用率为 80%～85%，且满负荷可以下调 25% 而不影响能效比。锅炉排放的气体满足空气清洁法的要求。燃烧产生的 CO_2 能和每年作物生长过程中吸收固定的 CO_2 相平衡从而做到零排放。

2) 地下水制冷

地下水被用于建筑夏季的制冷需求。地下水采自 7m 深的地下含水层，温度约为 12℃。首先，地下水被用于换气装置中，以便为进入建筑的新鲜空气降温除湿，处理后地下水温升至 15℃。接着地下水将进入办公室的空调翅片管中循环，为室内空气降温。最后地下水将被用于灌溉场地内植物。

3) 太阳能光电光热利用

建筑包含约 170m² 的太阳能利用阵列，其中 54 m² 为太阳能光电板，116 m² 为太阳能光热板。太阳能光电板利用光伏原理，板后设有铜质热交换器吸收剩余的太阳能。

太阳能光热板与光电板外观一致,仅缺少光伏组件。建筑的太阳能光电、光热利用为建筑提供电力与热水。

4)季节性地下热存储

地下热存储主要包括一个约 $1500m^3$ 的水池,在夏季存储通过太阳能光电光热设备所产生的热水,以供冬季使用。水池上部盖有约 500mm 厚的发泡聚苯乙烯板,其侧边未作保温处理。其周边的土壤依然可以充当保温层,同时还可以利用土壤的蓄热能力为水池提供额外的蓄热。同样由于是初次使用,热能储存也是设计中的重要单元。地下热能储存的原始容量设计为 $2500m^3$。所有的装置都必须专门设计,包括热能储存设备的顶部覆盖层,在合适的解决方案出现前,耗费了大量时间进行开发和研究。然而原始容量投资花费过高,因此经过仔细计算后,容量减小为 $1500m^3$,同时保持其原有性能。

5)风能利用

大楼采用了一个 225kW 的风力发电机,高 36m,风轮直径为 29m。风力发电机能产生无污染的能源,并将多余电能输入至电网以供附近的居民和公司使用。预期每年可产电能 250MWh,超过了预期的大楼电力耗能,剩余能量(等同于 40 户家庭的年耗能)可以充入国家电网。需要注意的是,该项目风力发电机应用前,进行了风力发电机的安装和现场定位测试,包括风速控制和其对场地的影响。测试发现首选位置并不合适,因为附近区域的电视天线都朝向基地并受其影响造成信号堵塞。这导致某个方向 5~6km 电视信号较差。因此,决定使用替代位置,也就是现在所在的位置,靠近英国最繁忙的公路,每天有 17 万辆车经过这里。

为了减少能源的使用,大楼还使用了一系列主动式系统(机械通风、人工制冷、供热和照明、智能管理系统)和被动式系统(太阳能供热、自然通风和采光、遮阳和高热容的围护结构)。一套监测程序将显示能源预测是否正确。RES 积极鼓励员工使用公交系统、自行车和共用私家车上下班,制订了一套绿色交通计划包括铁路季票贷款、合用小汽车、提供无息贷款购买自行车以及为使用自行车提供津贴。

(2)节材

除了实现可持续目标的必要改造,原农场的外表基本保留。与众不同的瓦片屋顶和马厩双塔保持原样,同时地坪的高度降低了以便使内外院落相连(见图 7-51)。草皮种植在办公室的屋顶上,提供更好的热绝缘性。

(3)节水

在夏天,大楼利用地下水对建筑进行冷却。经过建筑制冷使用后的地下水被用于场地内植物的灌溉,减少了建筑总体的水

图 7-51 办公楼外景

需求。

(4) 节地

场地占地约 7hm²、呈三角形,居于城市绿化带中。场地边界比较明确,南向是 M25 号高速公路,西向为伦敦至格拉斯哥铁路干线,东北是私有公路。原有农场沿南北轴线布置。项目改造中,未对场地造成更多的破坏,加建建筑位于内部马蹄形庭院中,其外部未加以扩建,除开辟了少量室外停车场与蓄热水池外,场地内原有空地基本保持原状。

4. 其他

教育和信息传播是该项目的一个重要部分并于 2004 年设立了一个专门机构为愿意学习可再生能源、可持续建筑和环境设计的学校、专业人员、社会机构和组织提供服务。

三、英国巴克莱卡公司总部

1. 基本资料

地点:英格兰北安普敦(见图 7-52)。

建筑规模:总建筑面积 37500m²,可容纳 2300 员工的办公大楼。

建筑设计:Fitzroy Robinson Limited。

竣工时间:1996 年。

造价:3700 万英镑。

图 7-52 英国巴克莱卡公司总部大楼外景

2. 可持续性能

巴克莱卡公司总部是当代英国低能耗混合模式写字楼的典范,该建筑经英国 BREEAM(Building Research Establishment Environmental Analysis Method)检测,被评为"优等"。

(1) 节能

大楼采用"混合模式"的能源策略,即外部固定的太阳能控制系统、水源热泵系统。穿过地板槽的机械通风系统,湖水冷却的空气调节系统,构成了大楼高效的节能体系(见图 7-53)。

第七章 集成化设计案例分析

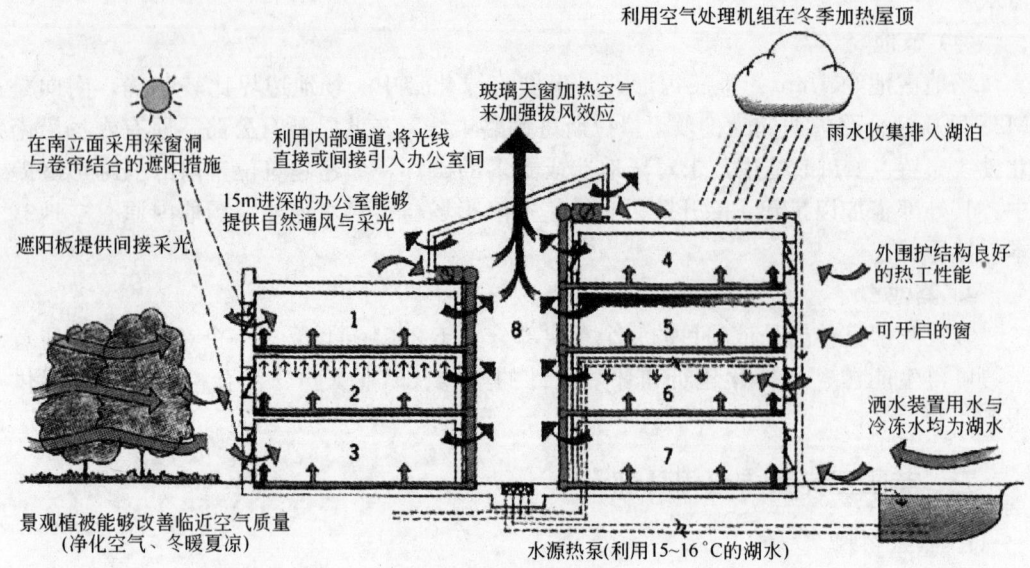

图 7-53 体现混合能源策略的剖面

大楼的能源主要是电力,其次是天然气。大楼设计成在三种季节条件下运营:春秋两季,自然风通过打开的窗户吹进来,经过办公室 15m 深的办公区吹进门庭;夏天用机械风通过地板的缝隙输送,到了晚上还能起到净化的作用,变冷的顶棚的梁也能降温,这些梁是被湖水冷却的;冬天由四周的散热器供暖,散热器的热量来自于一台燃气锅炉。

人工采光设备由高频整流器和感光设备组成,照明效果不亚于来自窗和门庭的自然光。

(2) 节材

根据该地区温带气候的特点,大楼主立面即北立面采用玻璃幕墙,满足冬季采暖的需求。带口槽的混凝土框架有混凝土拱腹和高高的顶棚,这样就能让自然冷风吹进来调节大楼内部的温度。办公楼设计也使用了可再生材料,坚硬的内核就是使用的可分解材料。大楼所用的木料是可再生资源,并避免选用那些危险的挥发性化学材料。

(3) 节水

大楼统一使用低流量 6L 的抽水马桶。

3. 环境与功能布局

大楼位于英国中部北安普敦近郊的一个商业园区内,那里气候宜人,夏季温暖,冬季寒冷。这座大楼最初是计划用作巴克莱卡公司 2300 名员工的办公楼,但附加条件是这座大楼随后得租给另一个使用者,成为 3 个独立的部分(见图 7-54)。

该方案包含两排 15m 宽的开敞办公区——有自然采光和自然通风(见图 7-55),中间则是 9m 宽的带形玻璃中庭,或者说是"玻璃之街",北面还建有一个人工湖。大楼的主立面铺满大面积的玻璃幕墙:南面墙壁有突出的石头(混凝土和石质面层),窗户和遮光板则深深的嵌在墙里，带凹槽的混凝土框架有混凝土拱腹和高顶棚，这样就能引进自然冷风，调节大楼内部的温度。

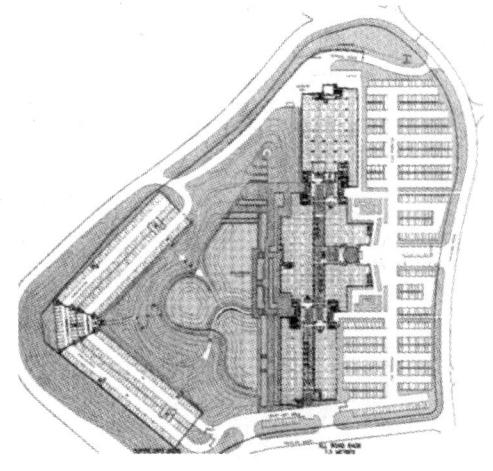

图 7-54　总平面

图 7-55　大楼主入口

四、英国 BRE 未来办公大楼

1. 基本资料

地点：英国沃特福德郡（见图 7-56）。

建筑规模：总建筑面积 2000m²，3 层高办公大楼。

建筑设计：Feilden Clegg Architects。

竣工时间：1996 年。

造价：300 万英镑。

2. 可持续性能

BRE（Building Research Establishment）未来办公大楼位于英国气候温和的南方——沃特福德偏远市郊。获得英国 BREEAM 认证的最高等级，该楼为 21 世纪的办公建筑提供了一个绿色建筑样板。该大楼设计新颖，环境健康舒适，不仅提供了低能耗舒适健康的办公场所，而且用作评定各种新颖绿色建筑技术的大规模实验设施。

图 7-56　英国 BRE 未来办公大楼外景

（1）节能

该办公楼采用了最先进的节能策略，展现了英国对于能源利用的合理规划，同时该楼也是 BRE 对于环境研究的尝试。

能耗：供热 47kWh/(m²·a)；人工照明 9kWh/(m²·a)；制冷 2～3.5kWh/(m²·a)；

第七章 集成化设计案例分析

一般电力消耗23kWh/(m²·a)；机械通风0.5kWh/(m²·a)；总能耗83kWh/(m²·a)。

层高3.7m，比常规的办公室要高。起伏的混凝土板结合抬高的通道板提供平坦的地板表面和服务，为空气流动提供的低阻力大空间。并可安装地板下的暖气系统和制冷管道。外部空气由BMS控制运转的窗户可以直接进入室内（在板内的"高点"）或进入建筑内的空间（在板内的"低点"）。南面有5个玻璃通风烟囱可以提供太阳能辅助供暖；它们有低速度螺旋推进风扇，来帮助在热的静止的空气条件下利用烟囱效应通风（见图7-57）。在过渡季节，建筑通过敞开的窗户通风。在寒冷的天气中，它由地下管道和周边散热器加热，散热器由冷凝锅炉和一个低氧化氮锅炉联合发动。新鲜空气通过BMS控制的高窗补给。窗户在炎热天气提供辅助通气和夜间降温。地板层如需进一步的降温则由就地开凿的地洞中的水源提供（见图7-58）。

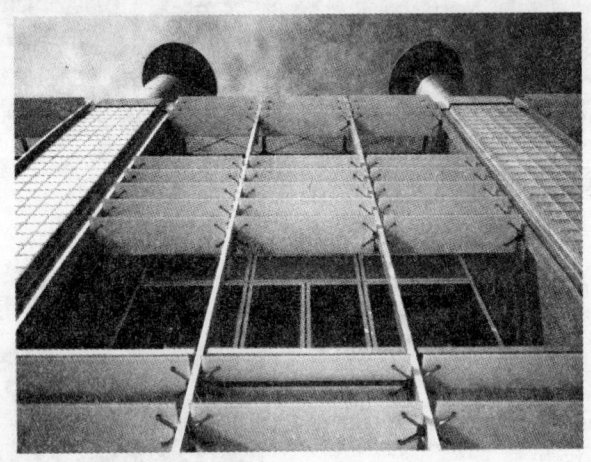

图7-57　BRE大楼通风烟囱

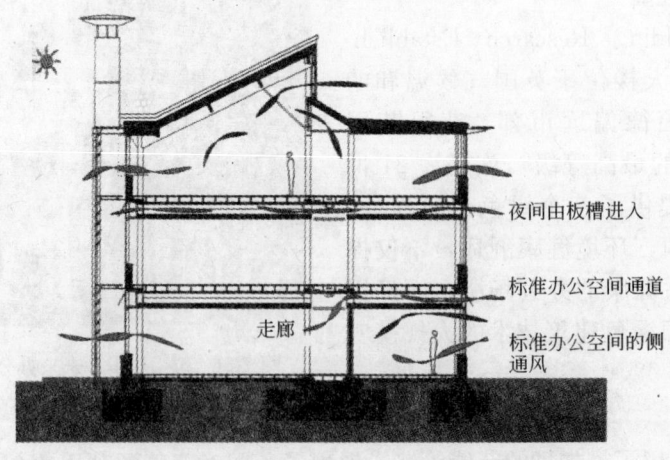

图7-58　BRE大楼内部热压通风示意图

采用高额率荧光灯，使用新的可调光 T5 灯，并可由住户控制，也应用了光传感器与高频荧光灯合成一体，以将人工照明需求量保持在最低的限度内（见图 7-59）。

（2）节材与节水

巧妙利用先前占据该处的建筑 95% 的材料，加以再加工或在循环利用；建造中的 8 万块再生砖均来自于粉碎了的混凝土板，并且使用了再生红木拼花地板，90% 的现浇混凝土使用再循环，利用骨料，水泥拌合料中使用磨细粒状高炉矿渣，取自可持续发展资源的木材，使用了低水量冲洗的便器，采用了对环境无害的涂料和清漆，这种方法是在英国首次使用。

图 7-59　大楼室内采光

3. 功能布局

办公区有 3 层，由东到西紧密排列，为开敞的分格式平面布置，另外还有会议室，半面布置是不对称的，有个朝南 7.5m 的空间，一个中央走廊和一个朝北的 4.5m 的空间。

五、伦敦市政厅

1. 基本资料

地点：英国伦敦皇后大街（见图 7-60）。

建筑规模：总建筑面积 17000m²，可容纳 440 人工作，还有一个容纳 250 人的礼堂。

建筑设计：福斯特事务所。

竣工时间：2002 年。

图 7-60　伦敦市政厅

第七章 集成化设计案例分析

2. 可持续性能

伦敦市政厅是英国首都最重要的新建筑物之一，它的设计力求能够表达国家民主制度的实施过程的公开性，同时也显示了作为一座公共建筑，在整体上的可持续性和保护环境方面的潜能。

(1) 节能

大楼为球体造型，与同体积的长方体相比，表面积减少了25%，更有利于节能（见图7-61）。

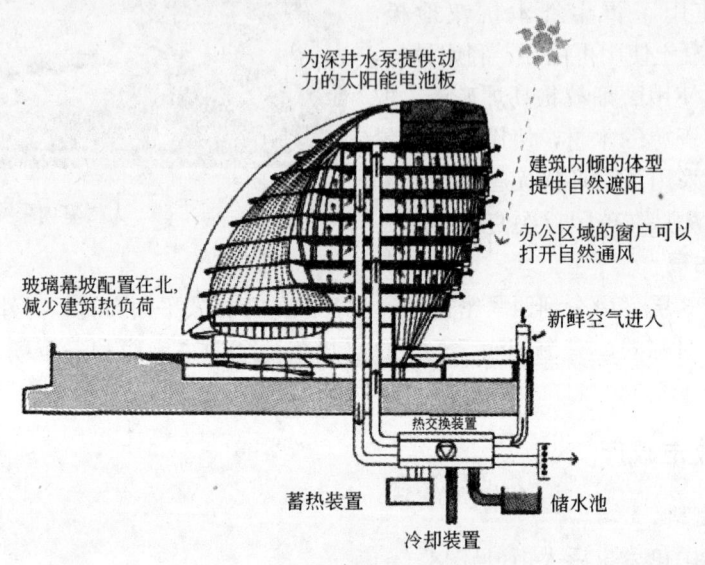

图 7-61 市政厅整体节能体系

建筑采用自然通风，所有办公空间的窗户都可以打开。采暖系统由计算机系统控制，这一系统将通过传感器收集室内各关键点的温度等数据，然后协调采暖，建筑内部的热量将在中心汇集起来，加以循环利用，通过这些措施以最大限度地减少不必要的能耗。

此外，建筑物还采用了一系列主动和被动的遮阳装置。建筑物斜着朝向南面，采用这种朝向可以在保证内部空间自然通风和换气的同时，巧妙地使楼板成为重要的遮阳装置之一，建筑朝南倾斜，各层逐层外挑，外挑的距离也经过计算，刚好能自然地遮挡夏季最强烈的直射阳光。

通过上述各类节能技术的综合使用，可以保证建筑并不需要常规的冷气设备，同时在比较寒冷的季节也不需要额外的采暖系统。通过实验可以证明这些措施的有效性。大楼的采暖和冷却系统的能源消耗仅相当于配备有典型的中央空气调节系统的相同规模办公大楼的1/4，是真正意义上的"绿色环保建筑"（见图7-62和图7-63）。

(2) 节材

大楼主体结构为钢结构，辅以钢筋混凝土结构。大楼的垂直交通体系由电梯和平缓的坡道组成，为人们高效率利用这座建筑内的各个设施提供了最大限度的便利。外墙采用具有很强开放性格的透明玻璃幕墙，同时面砖采用低反射陶瓷面砖。

第二节　国外可持续公共建筑案例分析

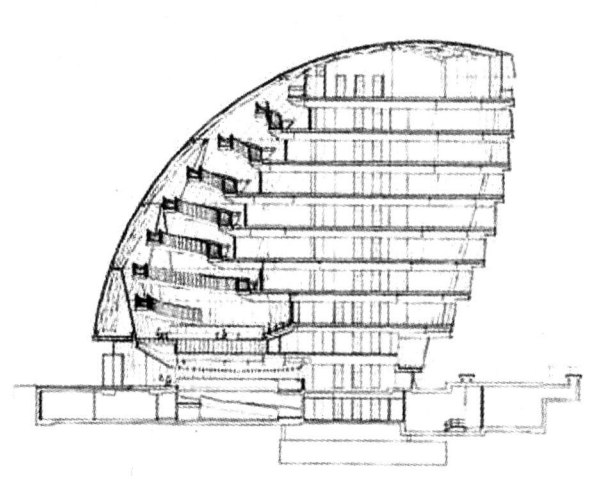

图 7-62　大楼剖面图

图 7-63　议会大厅室内

（3）节水

建筑冷却系统充分利用了温度较低的地下水，以降低能耗。大楼内设有机房，从地层深处抽取地下水，向上通过管道输送到冷却系统中，循环冷却建筑后，一部分送到卫生间、厨房、花园等处供冲洗、灌溉使用，其余则再次进入地下被自然冷却。

六、德国新国会大厦

1. 基本资料

地点：德国柏林（见图 7-64）。

建筑规模：建筑长 137m、宽 97m，面积 61116m²。

设计：福斯特事务所（新），保罗·瓦洛特（旧）。

竣工时间：1999 年（新），1884 年（旧）。

造价（改建）：60000 万马克。

图 7-64　德国新国会大厦外景

2. 可持续性能

古老的柏林国会大厦在增建、改建后，通过使用再生能源，回收废弃物，以最小的环境代价，创造出舒适的环境。建筑充分利用了自然光照明和通风、混合式能源使用系统，从而减少了能源消耗，提高了能源效率，降低了维护管理费用。

（1）节能

20 世纪 90 年代，国会大厦的改建中，考虑生态学问题是招标的重要要求之一。大厦的采暖和能源系统结合了太阳能技术、机械通气、使用地层作为冷热储藏、热电厂、废热发电和使用可再生材料。

屋顶上的太阳能设备占地面积 300 多平方米（见图 7-65），此外还有两座热电厂，其原料为生物柴油。这些电厂和太阳能设备可以提供国会大厦及其周围的议会建筑能量的 82%。通过这些和一些其他措施，国会大厦的年二氧化碳释放量可以从约 7000t 降低到 400～1000t。

图 7-65　屋顶采光天棚与太阳能光电装置

大厦的穹顶也结合节能技术，为大会场的照明和通风带来便利（见图 7-66 和图 7-67）。其 U 值为：穹顶玻璃 $1.4W/(m^2 \cdot K)$；石墙 $0.15W/(m^2 \cdot K)$。通过 360 个漏斗状排列的镜子将日光引入会场，通过太阳追踪装置及可调整的遮阳系统，提供充分的、柔和的自然光照明，同时防止太阳辐射热增加室内的热负荷。而在冬季和夏季

图 7-66　大厦穹顶内部仰视

第二节 国外可持续公共建筑案例分析

图 7-67 穹顶下部的会议厅

的早晨和傍晚,太阳高度角比较低,遮阳系统可以移动到适当位置,获得适宜的直射光。

在漏斗的内部,热气可以被引导到建筑的最高处,通过拱顶中心的一个圆洞排出。在其通道上还有一个热回收设备,将部分余热吸收回来。拱顶圆洞下有一个排雨水的装置。瓦洛特为建筑通风而建造的通风管被重新启用。

采用地下水源热泵作为空调系统冷热源。地表 300m 深处的地下水通过吸收式冷冻机使用电厂的余热加热,用以冬季取暖,同时,另一个 60m 深处的水库则在夏季起到冷却降温的作用。

(2) 节材

大厦原有部分为厚重的石材外墙,新建部分主要以钢、玻璃为主。

整体布局非常近似瓦洛特设计的帝国大厦原形,除了原先的半球形屋顶改成钢、玻璃结构外,建筑形体基本无大改动,全楼的内部组织也尊重原始思路。设计屋顶时,一方面要体现大厦的身份与地位,又要弱化屋顶带来的权力象征。因此,把直径为 40m 的玻璃穹窿在视觉上处理到只有历史原型的 1/2 高度。穹顶高 23.5m,穹顶最高处离议会大厅为 47.5m。

七、温哥华会展中心

1. 基本资料

地点:加拿大温哥华(见图 7-68)。

建筑规模:新扩建 46450m^2,新扩建部分为旧馆面积的 3 倍。

设计:Musson Cattell Mackey Partnership; Downs/Archambault & Partners; LMN Architects。

竣工时间:1987 年。

造价:615 万美元。

第七章　集成化设计案例分析

图 7-68　温哥华会展中心外景

2. 可持续性能

温哥华会展中心新馆是世界上第一座荣获 LEED(能源与环境设计建筑评级体系)金牌认证的建筑,是可持续环境设计与绿色建筑发展的先驱(见图 7-69~图 7-71)。

图 7-69　会展中心内部

图 7-70　东翼旧馆

图 7-71　会展中心幕墙

（1）节能

作为 LEED 金牌认证的可持续建筑,温哥华会展中心拥有堪称加拿大最大的"生态屋顶"。整个屋顶占地 2.4hm^2,种植了来自西北地区的 20 多种植物,总计约 40 万棵当地花草树木；此外,该屋顶选用约 230mm 厚的火山岩石、表层土壤及砾石培植植物,拥有 43km 的灌溉管道,利用排水与雨水回收系统收集水源,用以灌溉,因而被称为"活着的屋顶"。

会展中心没有配备空调降温系统,而是通过精密的外墙设计,自然采光、天然通风体系和海水降温系统最大化降低温室气体的排放。采暖需求通过配置热量恢复储存系统来达到最小化,例如用收集的雨水作为储存室内热量的介质。中心有一套先进的能源管理系统，所使用的能源均为不列颠哥伦比亚省的绿色能源。通过减排、再利用与回收，达到"零废物"排放的目标。

(2) 节材

建筑主体材料为钢和水泥，并采用大面积的玻璃幕墙。室内的装饰大量采用不列颠哥伦比亚省的本地木材，尤其以受到过虫害的松树为主。

(3) 节水

由于温哥华受北太平洋暖流的影响，再加上会展中心临水而建，因此，建筑体现出浓郁的海洋生态环境设计理念及节水特征。整个建筑拥有海水冷暖和现场水处理系统，厨房与厕所污水现场处理系统，以及雨水回收系统。

3. 功能布局

会展中心最初是为1986年世界博展会而建的加拿大展览馆，即现在所谓的东翼。这个帆船状屋顶的建筑物，通过人行天桥与新的西翼相连。"温哥华会展中心"有总面积为43757m^2的会议厅、房间、展出空间和舞厅。会展中心新的西翼，不仅提供31400m^2的新的会议空间，还有一个24280m^2的"绿色"屋顶，这是北美最大的非经营性屋顶。

八、梅纳拉大厦

1. 基本资料

地点：马来西亚雪兰莪州（见图7-72）。

建筑规模：建筑占地面积6503m^2，建筑面积10340m^2；建筑共15层，总高度63m。

建筑设计：杨经文。

竣工时间：1992年。

2. 可持续性能

(1) 节能

建筑物在内部和外部采取了双气候的处理手法，使之成为适应热带气候环境的低能耗建筑（见图7-73）。下面是该建筑的生态节能措施：

图7-72 梅纳拉大厦外景

1) 应用植物是杨经文常用的手法，是一种经济而有效的手段。在这座大厦中，植物栽培从楼底层的扇形侧护坡开始，沿着深凹的大平台一直螺旋而上，创造了一个遮阳挡雨而且富含氧的环境，为使用者创造了接触自然、享受自然的空间，提供了舒适的环境和新鲜的空气。建筑形体虚实交替，内部光影变化丰富。

2) 窗户的处理也是建筑热环境、光环境控制的一个重要环节。在梅纳拉大厦中，杨经文考虑到了朝向的影响，将受日晒较多的东西朝向的窗户都装上铝合金遮阳百叶，以控制光线的射入，而南北向采用镀膜玻璃窗以获取良好的自然通风和柔和的光线。为了避免光线的直射造成的不舒适，办公空间被置于楼的正中而不在外围，这样的设计保证了良好的自然采光。

第七章　集成化设计案例分析

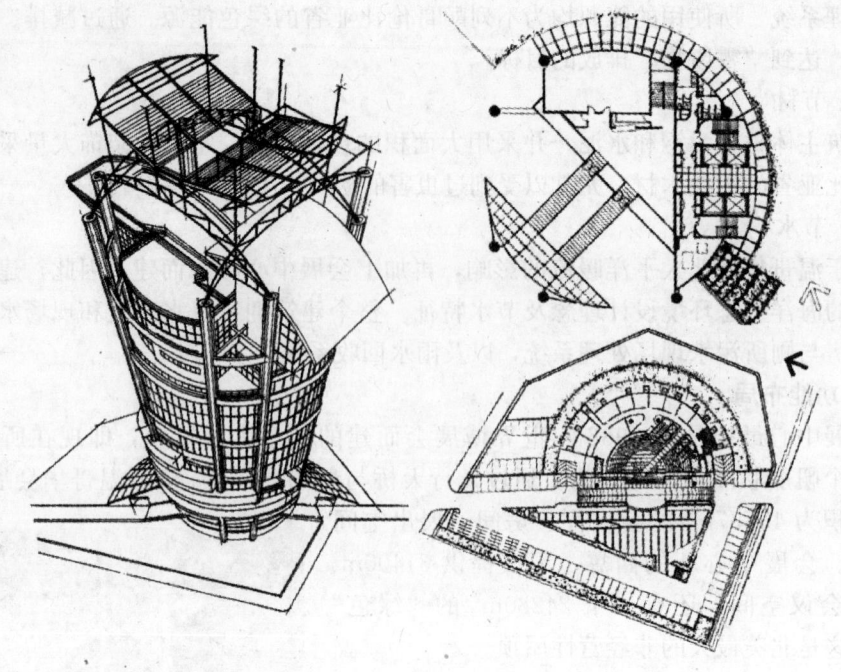

图7-73　大厦总平面、入口平面和鸟瞰图

3）考虑到太阳能的问题，为了将来可能安装太阳能电池，在遮阳顶提供了一个圆盘状的空间，被一个由钢和铝合金构成的棚架遮盖着。

4）生物气候理论设计方法中对于地面层的处理通常是将地平面与地面层作为过渡区域。在湿热地区地面层应对外界尽可能开放，使之成为自然通风的空间，与外部环境相接的过渡空间。在商厦入口天篷的处理和大堂内景中可以感触到这种手法。

在自然通风方面，通过组织气流来强化自然通风。办公空间都带有阳台，并设有落地玻璃推拉门，推拉门可根据所需风量，控制开口的大小，来调节自然通风量。大楼采用了生态气候学理论的"服务核"处理手法：因为东西向能耗高于南北向50%，这里把电梯厅、楼梯间和卫生间组成的"服务核"设在一侧以防晒，并使其获得了自然通风和采光。屋顶上装有可调的遮阳板，并设置了游泳池，这也是杨经文的生物气候理论体现的内容之一。

(2) 节材

钢筋混凝土结构框架和砖填充，软钢桁架结构的天窗。东西朝向的窗户都装上铝合金遮阳百叶。

九、爱知县世博会日本馆

1. 基本资料

地点：日本爱知县（见图7-74）。

建筑规模：占地面积8029m^2，建筑基地面积4147m^2，楼面面积5947.05m^2。

第二节 国外可持续公共建筑案例分析

工程设计：彦本裕。

竣工日期：2005年。

图 7-74 爱知县世博会日本馆外景

2. 可持续性能

日本馆作为主办国的展馆，全面地演绎和展示了爱知世博会的主题——自然的睿智，是新材料和新环境技术结合的日本最顶尖的绿色建筑，获得 CASBEE 的 S 认证。

（1）节能

整个建筑采用最尖端技术的新能源系统、有降低空调负荷的竹笼、超亲水性光触媒钛钢板流水降温屋顶、通过植物叶子蒸腾给周围带来清凉的绿化墙和可重归土壤的外墙和砖等（见图7-75～图7-77）。

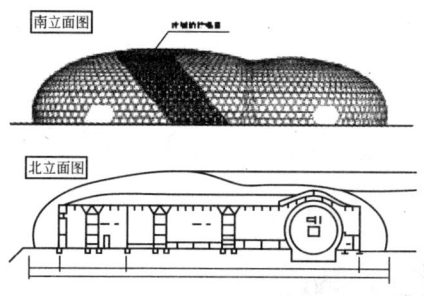

图 7-75 日本馆剖面

图 7-76 竹制墙体铺设

日本馆的外观犹如一个蚕茧状的巨大竹笼，这是受蛹、茧和地球大气层的启发而设计的。"竹笼"长90m、宽70m、高19m，它可以使阳光变得柔和，保持展馆通风、凉爽怡人。展馆的内层是一个双坡屋面、屋顶部高低错开的木结构二层建筑。其南侧外墙采用了一种与竹子同属一科的植物（Kokumazasa）来绿化，由于植物叶子表面的蒸发作用，不仅起到了冷却建筑外墙的效果，

图 7-77 施工现场

而且降低了建筑整体周围的温度。"效果比较模拟试验"显示,有无此绿化相差7℃。

(2) 节材

爱知世博会日本馆是世界上最大的竹建筑,共用日本九州及关东地区产的真竹2.3万根,竹子经过特殊的烟熏处理,克服了易劈、易腐等缺点,重量轻,再利用性能优异。同时,竹纤维的吸声性能和隔热性能优越。

另一方面,该馆将真竹作为建材,制成了"束柱"、"组合柱"、"编成材"以及"箱型梁"用在结构构架上。"束柱"是把9根间伐材(中间一根直径170mm,周围8根直径100mm)用竹制的暗榫连接在一起,做成断面像花一样的柱子。而"组合柱"是用4根束柱结合在一起,构成了一个高18m的框体柱子。此外,这些间伐材也可以被粘接集合成一种叫做"编成材"的大断面柱子(300mm)。"箱型梁"是断面为105mm的间伐材被组装成梯子形状,两侧用12mm厚的木板夹住,这样就形成了一种高强度的轻质箱形梁。这些创新设计不仅有效利用了绿色建材,而且为室内创造出特别的装饰效果。

第三节 国内可持续住宅、居住区案例分析

一、苏州万科金域缇香小区

1. 基本资料

地点:江苏省苏州市苏州工业园(见图7-78)。

建筑规模:总用地面积47000m²,总建筑面积104000m²。

建筑设计:深圳万科房地产有限公司、中国建筑科学研究院上海分院。

竣工日期:2011年。

图7-78 苏州万科金域缇香小区鸟瞰

2. 可持续性能

该项目定位为绿色建筑(居住建筑),按照绿色建筑三星级标准设计,充分采用相关绿色生态节能技术,达到绿色建筑三星级指标要求,并且该项目已通过住房和城乡

建设部三星级绿色建筑评价标识设计标识认证。

(1) 节能

1) 自然通风设计

该项目利用场地自然条件,合理设计建筑体形、朝向、楼间距和窗墙面积比,使住宅获得良好的日照、通风和采光。通过计算机对该项目的五个户型进行室内自然通风的模拟分析并进行优化,取得了良好的自然通风效果,使建筑内部空气质量得到明显改善,在提高舒适度的同时降低能耗。居住空间拥有良好的自然通风,在过渡季节不使用空调也能达到良好的热环境。

各户型主要功能房间外窗可开启面积与地板面积比基本大于8%,通风开口面积与地板面积比均大于24%,通风开口面积较大,且各户型主要功能房间的通风换气次数均在$2h^{-1}$以上。

2) 照明设计

公共场所的照明如门厅、走廊采用节能灯,楼梯间采用声光控节能灯,自行车库、电信间等采用T8细管荧光灯,并配用节能型电子镇流器。有效节省了电量的使用。

3) 围护结构设计

通过对多种可能的窗墙比组合进行模拟计算分析,确定建筑外围护结构选型。外窗采用PVC塑料单框普通中空玻璃(5+9A+5),外墙采用膨胀聚苯板保温多孔砖KP1,分户墙采用加气混凝土砌块,楼板设置细石混凝土加钢筋混凝土保温隔声,并铺设木地板,双层金属门板中间填充20mm厚玻璃棉板,同时外窗设计铝合金卷帘进行外遮阳(见图7-79)。

4) 声环境设计

为避免室外噪声对室内环境的影响和不同类型房间之间的相互影响,提升居住空间的声环境品质,对门窗、楼板、地面、分户墙均采用构造措施做隔声降噪处理,并对噪声进行计算机声学模拟以精确指导建筑噪声控制设计,探索营造舒适居住环境的途径(见图7-80)。

图7-79 铝合金卷帘外遮阳

图7-80 外窗隔声设计

第七章 集成化设计案例分析

(2) 节材

在建筑设计选材时考虑使用材料的可再循环使用性能。在保证安全和不污染环境的情况下，可再循环材料使用重量占所用建筑材料总重量的10%以上。

该项目高层建筑采用PC结构体系（预应力混凝土叠合板），经优化分析，属于高性能建筑结构体系。预应力混凝土叠合板具有抗裂性能好、施工进度快、造价低等优点，并且已获得了大量的工程应用。预应力混凝土叠合板用于楼盖设计中，既具有现浇结构的整体性，又具有预制构件的拼装性，且不需支模和设置支撑。预应力混凝土叠合板预制部分在工厂生产，易于保证质量，便于产业化生产。预应力混凝土叠合板采用的是高强混凝土与高强钢筋，大大节约了材料。所有这些优点，使得预应力混凝土叠合板带来更大的经济效益及社会效益。

(3) 节水

该项目收集屋面、路面以及绿化区域的雨水，经雨水管收集汇合后流至雨水收集池，净化处理后用于景观补水、汽车库地面清洗、浇洒和绿化用水。绿化灌溉采用手动灌溉和自动喷灌灌溉相结合的节水灌溉方式，草坪区域设置自动灌溉系统，并结合雨量传感器进行工作。

该项目中室外透水地面面积约$8344m^2$，由地库顶板以外绿化面积、地库顶板以上绿化面积(覆土深度≥2.0m)、覆土深度≥1.5m且≤2.0m的绿地和植草砖面积三部分组成。室外透水地面面积比高达56%。增强了地面的透水能力，形成理想的室外开放绿化空间，缓解了区域热岛效应，且增加场地雨水及地下水涵养，减轻排水系统负荷（见图7-81）。

图7-81 透水地面

(4) 其他措施

建筑智能设计：从小区智能化设施的统一性及系统设备的兼容性及后期系统的扩容等方面考虑，系统设计包括：住宅报警装置、访客对讲装置、周界防报警装置、闭路电视监控、电子巡更装置；预留自动抄表装置、住宅内安装水、电、气等具有信号输出的表具，并将计量数据传至居住小区物业管理中心；车辆出入与停车管理装置；紧急广播与背景音乐；物业管理计算机系统；设备监控系统。控制网络中有关信息，通过小区宽带接入网传输到小区物业管理中心计算机系统中，用于统一管理。

二、昆山康居住宅小区三期

1. 基本资料

地点：江苏省昆山市（见图 7-82）。

建筑规模：占地面积 105000m²，总建筑面积 194000m²。

建筑设计：中国建筑科学研究院上海分院。

图 7-82　康居住宅第三期效果图

2. 可持续性能

昆山康居住宅小区三期绿色建筑设计，针对当地的地域、气候特点，采取适宜的技术，以较低的增量成本达到了控制建筑生命周期内能耗的设计目标，打造了一个绿色、环保、舒适的住宅小区，是一个成功的低成本绿色建筑的实例。该项目已通过住房和城乡建设部绿色建筑一星级绿色建筑评价标识设计阶段评审。

（1）节能

1）环境与绿化保护

项目选用了对种植适应当地气候和土壤条件的乡土植物，选用少维护、耐候性强、病虫害少、对人体无害的植物。主要绿化乔木 50 种，共 1794 株；绿化灌木 25 种，共 1100 株。

大量绿化种植使住区绿地率达到 39.4%，同时还在住区非机动车道路和其他硬质铺地上增加了透水地面，使室外地面透水面积比提高到 53.1%，增强了地面透水能力（见图 7-83）。

2）围护结构节能设计

多层住宅的外墙采用 EPS 膨胀聚苯板，使得多层住宅外墙的传热系数为 0.97W/(m²·K)。高层住宅则采用了砂加气块的自保温围护结构节能体系，墙体总传热系数为 0.58W/(m²·K)。所有屋面均采用了 XPS 挤塑聚苯板，外窗全部采用断热铝合金低辐射中空玻璃窗(5+9A+5)，传热系数为 2.7W/(m²·K)。

围护结构的节能设计削减建筑使用过程中对空调和采暖系统的能耗负担，使得建

第七章 集成化设计案例分析

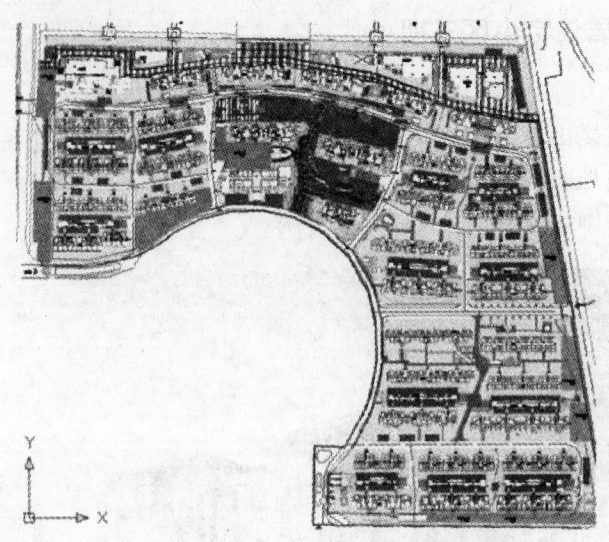

图 7-83 小区绿化平面图

筑的年耗热量指标为 $19.85W/m^2$、耗冷量指标为 $15.62W/m^2$,低于夏热冬冷地区参照建筑的限值,并且达到了节能 50% 的目标。

3) 节能照明

在该小区的公共场所和住宅内公共部位采用了高效灯具和低损耗镇流器等附件,设置照明声控、光控、定时、感应等自控装置,在有自然采光的区域设定时或光电控制。

小区办公区域或其他公共室内场所采用高效荧光灯。在相同功效情况下,寿命可延长 2~3 倍,真正实现了节能环保的绿色照明,节能率为 30%~70%。

所有公共灯具均没有电子镇流器,综合节能约达 30%。使用电子镇流器,电源供电电流仅为电感镇流器时的一半。电子镇流器可以在深夜人、车稀少,不需要高强度照明时,可以准确地按设定时间将灯的功率降低一半,在原电子镇流器高效节能的基础上,再节能 25%~40%,达到双重节能效果。

(2) 节材

该项目在施工过程中全部使用预拌混凝土,减少水泥和砂石的消耗。同时,在施工过程中尽量减少建筑废弃物的产生,并对部分废弃物进行回收利用。

在建筑设计选材时尽量使用可循环材料,该项目的可再循环材料使用重量为 13047t,占所有建材总量的 11.3%。

(3) 节水

该项目对小区雨水进行综合收集。收集的雨水经净化处理后用于水景补水和绿化浇灌(见图 7-84)。通过对雨水的收集和利用,该项目的非传统水源利用率可以达到 2%,年节省费用 26444.75 元,年节约自来水 $10950m^2$。

采用的绿化节水喷灌为微喷技术,是一种新型灌水技术,兼备滴灌和喷灌的优点。能准确地控制灌水量,低压、低流量供水,灌水间隔短,只湿润作物根区部分土壤。

雾化程度类似牛毛细雨,雨滴直径只有0.5~0.6mm。比地面灌溉省水75%,比喷灌省水15%~20%。微型喷灌只要根据不同地形把微喷头放置好,即可喷灌。喷灌半径为5.5m,喷头选用地埋式,布置间距以40~50m为原则,根据现场实际情况调整。

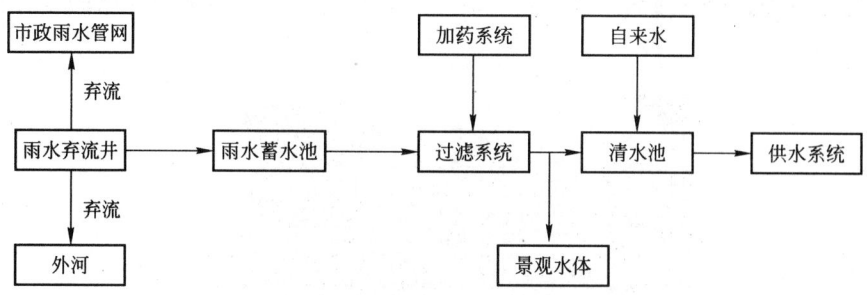

图7-84 雨水收集处理流程

三、北京当代万国城·MOMA

1. 基本资料

地点:北京市东城区香河园路1号(见图7-85)。

建筑规模:小区占地12.13hm², 总建筑面积6633000m²;其中地上建筑面积4910000m²,地下建筑面积1723000m²,住宅建筑面积4757000m²。

建筑设计(MOMA):迪特马·艾柏利。

竣工时间:2006年。

造价:350000万元。

2. 可持续性能

当代万国城是一个以高档住宅、公寓为主,办公、商业服务为辅的大型建筑群体,由塔楼、板楼、会所设施及规划建设绿地和水域组成,是城市中心区的大型高档居住社区。其中由奥地利建筑师迪特马·艾柏利(Dietmar Eberle)设计的两栋塔楼由于采用了先进的技术而受到了普遍关注。

图7-85 北京当代万国城·MOMA外观

(1) 节能

同一般建筑相比,MOMA约节能2/3,其U值为:外墙$<0.4W/(m^2·K)$;屋顶$\leqslant 0.2W/(m^2·K)$;玻璃$<2W/(m^2·K)$。

为了创造舒适、稳定的室内环境,MOMA采用了顶棚辐射采暖和制冷系统,该系统的采暖和制冷管道隐藏在结构楼板里,夏天通冷水(20~22℃),冬天通热水(26~28℃),水温通过楼板以辐射的方式向室内释放或吸收热能,使室内温度始终保持在

20~26℃的舒适水平。同时，建筑采用了全置换式新风系统，新风取自楼顶80m处的高空，经过过滤、冷凝、加热、调湿等处理后，从各房间底部的新风口以很低的速度(0.3m/s)和略低于室内的温度(18~20℃)送出，送出的新风形成一个新风湖沉在地面，经居住者和其他室内热荷载加热后缓慢上升，由设在厨房和卫生间的排气孔排出(见图7-86)。

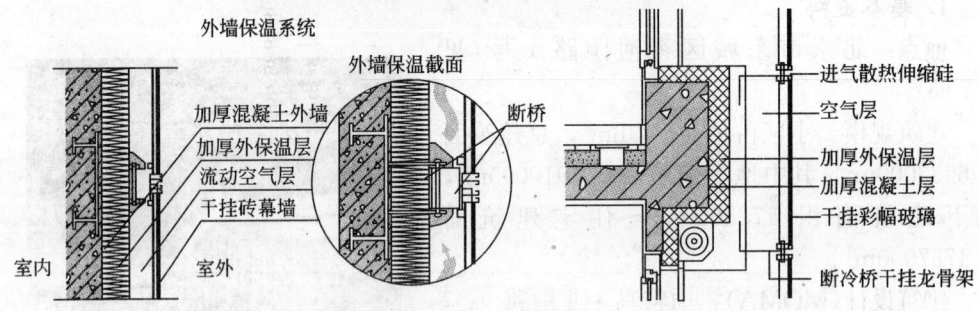

图7-86　MOMA顶棚采暖系统、外墙保温、外窗节点构造

MOMA 的410mm厚外墙、密封双层玻璃窗、200mm厚楼板有效隔离了噪声。建筑内部的管道集中在竖井内，它们在楼板中经过而不穿透，最大限度地减少了孔洞传声。卫生间采用后排水管路系统，无漏水、不串味、无噪声。厨房水槽排水口处接有"休斯敦"食物垃圾处理器，有机食物垃圾采取自动粉碎处理，其他无机垃圾则采用袋装收集处理。

(2) 节材

MOMA采用核心筒剪力墙承重结构体系，内部空间布局灵活，设备管线布置集中。

MOMA采用外墙外保温方式，保温材料选用加厚苯板，覆层选用干挂的彩釉玻璃，玻璃与保温层之间留有空气层，并专门设计了雨水导流孔洞以利于对保温层进行隔热和干燥。窗户采用了铝合金框和热量进易出难的金属镀膜Low-e玻璃，它的中空层由6mm加大到12mm，中间填充导热系数极低的惰性气体——氩气；中空玻璃里设有隔条，隔条里充满硅胶分子筛，它能将水分抽出，保证氩气的干燥。玻璃的表面镀有金属层，能通过可见光而阻挡远红外线，并能隔绝紫外线辐射，起到了良好的隔热、隔声和保护健康的作用。建筑的外遮阳设施采用了隔热金属卷帘；楼板为混凝土楼板，内敷各种管道，上铺架空木龙骨和复合木地板。

隔墙采用12mm的轻钢龙骨石膏板，内部填充防火隔声岩棉，隔声效果良好。分户墙空气声隔声≥40dB；楼板撞击声隔声≤40dB。

（3）节水

小区设置了中水处理系统，对优质杂排水进行回收处理，然后用于浇灌绿地、冲洗园区道路、洗车和补充人工湖蒸发掉的水分等，节约了水资源。

3. 环境与功能布局

当代万国城位于东城区东北二环路以外、东直门外斜街以北的香河园路1号，地处国贸商圈和北京市中央商务区（CBD）附近，西南侧为使馆区，周边写字楼及商业中心林立，共有10余路公交车通过，地段繁华。

当代万国城规划建设用地面积为12.13hm^2，规划的高架京顺路从东西方向穿过小区，将其分为南、北两区。在拟建的19栋楼宇中，有12栋位于南区（其中包括两栋26层的MOMA塔楼），7栋位于北区，托儿所、幼儿园及娱乐场馆等配套建筑也位于北区（见图7-87）。

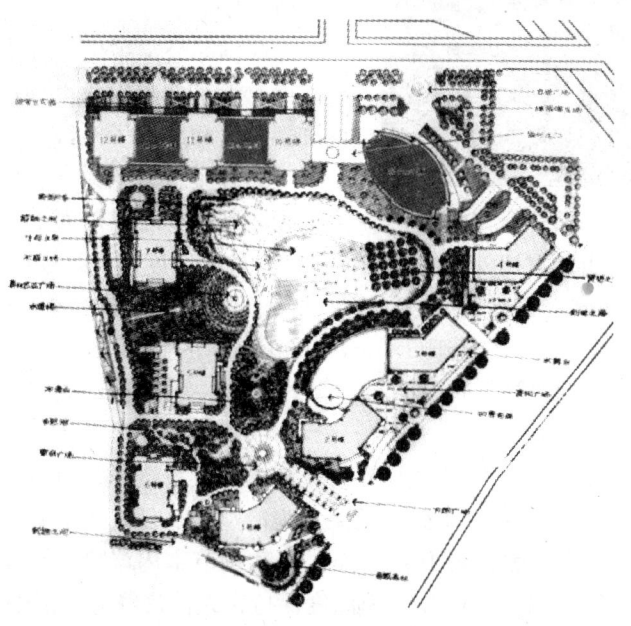

图7-87 小区万国城总平面

MOMA提供了多种户型以适应不同需要，小到150 m^2，大到300 m^2。每套户型都设计了大客厅和大卫生间，并沿东、南等日照方向设置了多道落地长窗，以丰富室内光影变化，并起到拉长室内空间的效果。这些长窗根据阳光投射方向采用了不同的八字形或梯形窗套，以更多地引入自然光。户内安排了一系列家务和储藏空间，功能合理。住户可以通过私人电梯厅或楼梯间入户，交通便捷。住宅设计符合无障碍设计规范。MOMA外立面选用了黑白两色的彩釉玻璃和紫铜窗套，富有视觉冲击力。

四、北京锋尚国际公寓

1. 基本资料

地点：北京市海淀区(见图 7-88)。

建筑规模：占地 2.6hm², 包括 4 栋 18 层塔楼、2 栋 8~9 层板式小高层，容积率 3.0，总建筑面积约 1000000m²。

建筑设计：北京威斯顿设计公司、新加坡雅斯柏建筑设计事务所。

竣工时间：2003 年。

2. 可持续性能

锋尚国际公寓作为全球可持续发展联盟(AGS)在中国房地产领域的第一个技术支持项目，首次在中国全面应用欧洲发达国家的高舒适度、低能耗优化设计体系，在社会上引起了极大反响。

（1）节能

锋尚国际公寓采用了高舒适度优化设计体系，由 6 大子系统组成：外墙子系统、外窗子系统、屋面和地下子系统、顶棚辐射采暖制冷子系统、健康新风子系统、防噪声子系统。公寓采暖、制冷年能耗仅为 12.4W/m²。

图 7-88 北京锋尚国际公寓外景

锋尚国际公寓十分重视外围护结构的设计，外墙厚度做到了 500mm，其 U 值分别为：外墙 0.37W/(m²·K)；屋顶 0.2W/(m²·K)；外窗 2.17W/(m²·K)。100mm 厚的外墙聚苯板保温层深入地下 1.5m，300mm 厚的屋顶聚苯板保温层、金属镀膜 Low-e 中空玻璃，密封措施，可调式外遮阳设施等一系列被动式设计有效控制了建筑内部能耗。

锋尚国际公寓采用了顶棚辐射采暖制冷系统，该系统通过预埋在每一层楼板中的均布聚丁烯(PB)盘管，依靠封闭循环低温水为冷/热媒(夏天送水温度为 20℃，冬天送水温度为 28℃)，以冷、热辐射方式工作，自动调节室内温度。该系统高效节能、无气流感、温度均衡、无噪声，能让室内温度保持在人体最舒适的范围内(20~26℃)。

锋尚国际公寓采用了"下送上回"的新风输送方式，经过统一空气净化和冷热处理后的新风由房间下部的送风口送出，形成一个新风湖沉在地面，人呼出的废热空气上升，经由厨房、卫生间的排风口排走。送风过程无明显风感，无噪声、无扬尘。新风系统中，冬季排出的较高温度的废气和从室外进来的新冷空气通过非混合式热交换器后，送入各个房间，可回收 60% 的热量，节省了制热费用(夏天同理)。

锋尚国际公寓的厚外墙、密封双层玻璃窗和 200mm 厚楼板有效隔离了噪声。卫生间采用瑞士吉博力后排水管路系统，无漏水、不串味、静音排水无噪声。厨房水槽排水口处接有食品垃圾自动粉碎机，可以将丢弃的食品绞成碎末，顺下水道直接排入化粪池，以保持厨房清洁。公寓地下一层设有分类垃圾周转箱，对垃圾进行分类回收，避免二次污染。

（2）节地

小区采用了围合式规划，在 2.6hm² 的用地范围内，规划出 6000 m² 的中央绿地，其中辟出 2000 m² 的人工湖，人工湖设计引入了湿地理念，对湖底和四周的土壤进行了特殊改良，湖的边缘与草地自然过渡，为社区居民创造了舒适的公共活动空间。绿地南北两侧板楼首层局部架空，扩大了中央绿地的外延。

（3）节材

锋尚国际公寓外墙由结构外墙、外保温板、空气隔离层、干挂砖幕墙共四层结构组成，保温隔热性能良好，高于北京现行节能标准 3 倍，室内冷热不易散失。饰面层采用瑞博兰干挂幕墙砖、镶拉丝金属线。外窗采用德国 schüco 断桥隔热铝合金窗框和内部填充氩气的 Low-e 中空玻璃，外设德国 ALULUX 铝合金外遮阳窗帘，并配以意大利进口隐式卷轴尼龙纱窗卷帘，Low-e 玻璃在冬季能将大部分热量留在室内，外遮阳卷帘在夏季能阻挡 80% 的热辐射，整套外窗保温隔热性能良好，且隔声效果可达 40dB。

（4）节水

小区设置了中水处理系统，对洗浴用水进行回收处理，然后用于浇灌绿地、冲洗园区道路、洗车和补充人工湖蒸发掉的水分等，节约了水资源。

五、北京奥林匹克花园一期

1. 基本资料

地点：北京朝阳区东坝边缘住宅集团中区（见图 7-89）。

建筑规模：一期开发用地约为 18hm²，容积率为 0.9，住宅以 4～5 层的花园洋房为主，总建筑面积 1280000m²。

建筑设计：中国建筑设计研究院。

竣工时间：2003 年。

图 7-89 北京奥林匹克花园一期外景

2. 可持续性能

北京奥林匹克花园规划建筑面积为 70 万 m² 左右，共分五期实施，是以体育、运动、健康为主题的住宅社区，已获得国家"健康住宅"称号及住宅"3A 等级"认证。

(1) 节能

小区的节能特色体现在密封的围护结构、外墙外保温、断热喷塑铝合金中空玻璃门窗、南北朝向等，其中 U 值分别为：外墙 0.49W/(m²·K)；屋顶 0.6W/(m²·K)；窗户 3.0W/(m²·K)。这些被动式举措控制了建筑内部能耗。

住宅室内冬季采用壁挂式燃气炉加散热器系统分户采暖，夏季采用户式中央空调制冷，每户温、湿度可自我调节。住宅提供了整体厨卫装修，进行了隐蔽、暗藏式管道设计。

小区的垃圾实行分类收集，统一处理。小区庭院采用太阳能电池为公共部位照明供电，公共部位照明采用红外感应灯及触摸延时开关，利用 CBUS 系统进行照明强度的控制，从而有效降低照明能耗。

(2) 节材

建筑采用短肢剪力墙结构体系，抗震性能良好。墙体采用陶粒混凝土空心砌块，楼板为钢筋混凝土楼板。储藏室、阁楼的隔墙采用纸面石膏板，卫生间隔断采用轻骨料混凝土砌块，布局灵活。

建筑楼板为 120mm 厚钢筋混凝土楼板，上铺 20mm 厚挤塑聚苯乙烯板和 40mm 厚陶粒混凝土垫层，面层为 10mm 的地砖或木地板。外墙、分户墙和分室墙采用 190mm 厚的陶粒混凝土空心砌块砌筑，外墙采用 40mm 厚挤塑聚苯板外保温，外贴黏土劈裂砖。窗户采用断热喷塑铝合金中空玻璃窗，户门为 40mm 厚的密封式金属防盗门。隔声方面，经测试，分户墙空气声隔声值为 44dB，分室墙空气声隔声值为 30dB；外墙空气声隔声值为 37dB，户门空气声隔声值为 18dB，楼板撞击声隔声值为 62dB。保证了住宅良好的隔声效果，同时，小区采用建筑装修一体化方式，并选用符合国家标准的环保建材进行了统一的内部装修。

(3) 节水

住宅采用了 3.8~6L/次的节水型卫生器具；同时，小区设有中水回用处理系统，生活污水经适当处理后，用于人工湖补水、绿化浇灌等。

3. 环境与功能布局

整个社区依规划路网，分为 9 个相对独立的组团，一条奥林匹克大道贯穿其中。奥林匹克大道全长 1.2km，宽约 40m，总占地面积约 5 万 m²，是社区中央集文化、商业、绿化、运动等多功能为一体的休闲步行街。社区内每个组团由 3~4 个院落组成，不同院落通过住宅的错落形成不同的空间形态，并通过组团绿化与奥林匹克大道相联系（见图 7-90）。

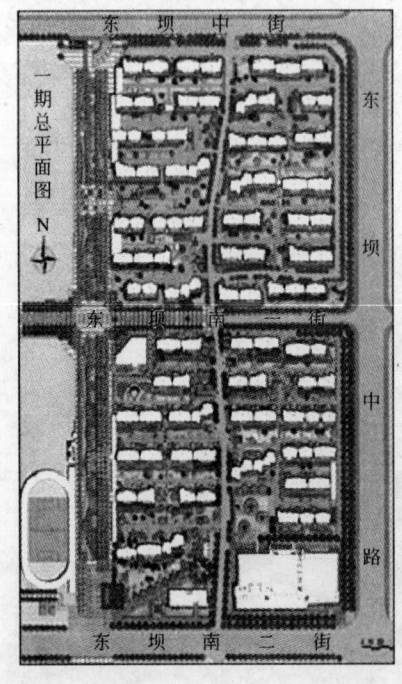

图 7-90　小区总平面

小区实现部分人车分流，主要机动车道贯穿组团中间，半地下停车场散布于道路两边。奥林匹克大道、组团绿化相结合共同构成小区的步行系统。

小区将体育休闲设施和景观相结合，分别设置了公共、半公共休闲活动场所，并根据老年人、青少年和儿童的特点，分别设置不同的活动设施和活动区域（见图7-91）。

图7-91 小区内景

小区为单元式住宅，一梯两户，层高3m，内部采用小错层设计以丰富室内空间，每户设有玄关和相应的储藏空间。端单元增加了转角窗和八角阳台，以突出个性。复式和跃层住宅安排了双主卧，家有老人的住户可免去老年人上下楼的不便。厨房和卫生间直接采光，通风良好；户内设有独立的餐厅，采光、视野良好。

六、北京金地格林小镇

1. 基本资料

地点：北京经济技术开发区18号地块（见图7-92）。

建筑规模：占地24.56hm^2，容积率1.2，总建筑面积356200m^2。

建筑设计：中国建筑设计研究院、核工业部第二设计院。

竣工时间：2004年。

图7-92 北京金地格林小镇外景

第七章 集成化设计案例分析

2. 可持续性能

金地格林小镇是一个以 Townhouse、Rowhouse、多层和中高层共同组成的形式多样化的低密度住宅小区,它以独具特色的景观规划打造了宜人的北欧小镇风情。

(1) 节能

市政热源采暖,Townhouse 另外采用了户式中央空调;中水处理系统;静音无机房电梯。南北朝向;附加的保温隔热层;密封的围护结构;使用无害的材料及装修。

小镇建筑均为大面宽、小进深和大面积外窗,为住宅创造了良好的自然采光、通风条件,有利于照明、空调节能;在引入市政热源采暖的同时,Townhouse 使用热泵冷暖型小型家用中央空调作为补充。

小镇建筑均为南北向,且采用密封的围护结构、外墙外保温、断热铝合金中空玻璃窗、这些被动式举措控制了建筑内部能耗。其 U 值分别为:多层住宅外墙为 $0.69W/(m^2 \cdot K)$,小高层住宅外墙为 $0.67W/(m^2 \cdot K)$,屋顶为 $0.59W/(m^2 \cdot K)$。

小区采用了噪声很低的无机房电梯,对设置空调室外机的位置采用了相应的防振隔声措施。会所中央空调采用变频超低噪声型冷却塔。另外,为了有效降低卫生间管道的流水噪声,选用了能减缓水流速度的螺纹减噪管。

(2) 节材

多层住宅采用了砖混结构,240mm 厚黏土多孔砖承重墙;中高层住宅采用了短肢剪力墙结构,200mm 厚现浇混凝土承重墙。

材料方面,中高层住宅:130mm 厚现浇混凝土楼板,上铺 35mm 厚细石混凝土垫层;外墙和内部承重墙为 200mm 厚现浇混凝土墙,外墙采用 60mm 厚聚苯板外保温。

多层住宅:楼板做法同中高层;外墙和内部承重墙为 240mm 厚黏土多孔砖,外墙采用 50mm 厚 WM 现抹聚苯颗粒外保温。

Townhouse:150mm 厚现浇混凝土楼板+15mm 厚重密度玻璃棉+防裂钢丝网+50mm 厚细石混凝土垫层;墙体做法同多层。

所有住宅内隔墙均选用 100mm 厚 GRC 多孔墙板,采用断热铝合金中空玻璃窗,立面外贴砖红色陶面砖。

隔声方面,经测试,分户墙空气声隔声值为 52dB,分室墙空气声隔声值为 28dB,外墙空气声隔声值为 27dB,户门空气声隔声值为 23dB,楼板撞击声隔声值为 55dB、74dB。

(3) 节水

小区设有中水回用处理系统,生活污水经适当处理后,用于冲厕、浇灌、洗车等用途。总面积为 6000 m^2 的浅水水景可汇集大量雨水。小区除入口广场及主要道路以外,硬地铺装采用渗水性良好的地砖以加强雨水渗透。

3. 环境与功能布局

金地格林小镇位于北京经济技术开发区西部生活区的中心,西面毗邻体育公园、北京二中国际学校和开发区体育中心,东北临接面积达 20hm^2 的开发区中心公园(见图 7-93)。

第三节 国内可持续住宅、居住区案例分析

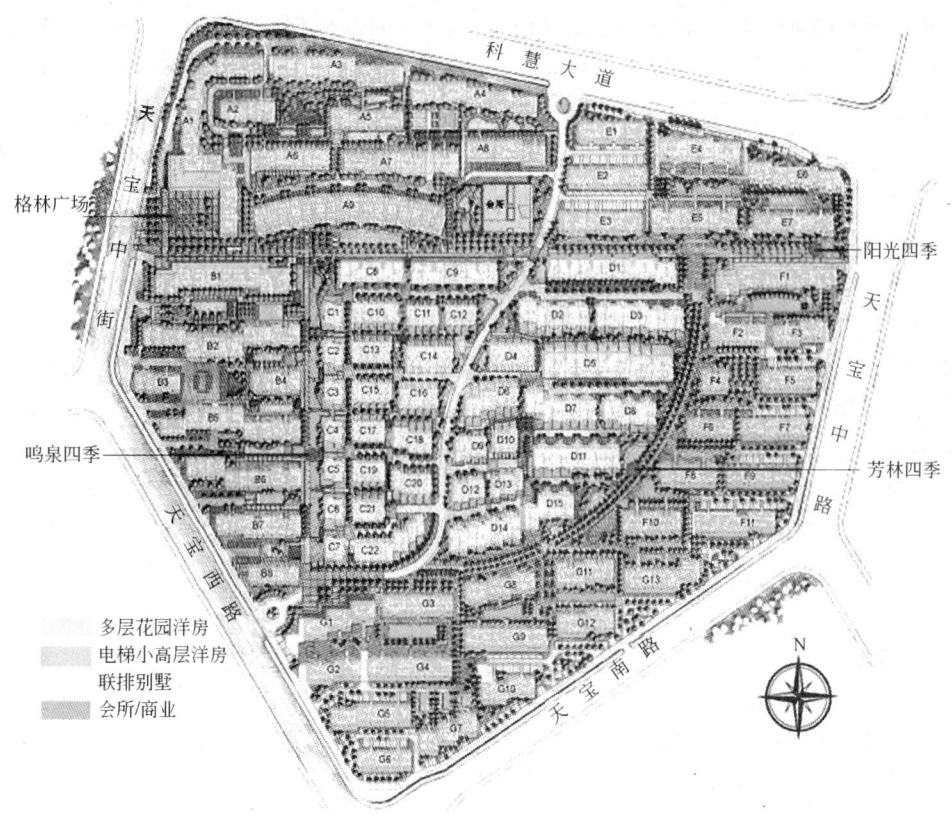

图 7-93 格林小镇总平面

小区提供了 Townhouse，Rowhouse，多层和小高层四种住宅类型。其中 3～4 层的 Townhouse 和 Rowhouse 集中布置在小区中央，被三条景观带所环绕；4～5 层的多层住宅和 8～9 层的中高层住宅布置在周边。小区内还设置了 4500m^2 的以健康运动为主题的会所和专门为老人、儿童设计的活动场地。

小区采用了线状景观规划方式，主要的景观节点沿着三条景观带呈线性分布，这三条线性景观带分别以阳光、水景、林荫大道为主题，大量采用成年高大树木，并且在小区内设计了约 6000m^2 的浅水水景区域。通过这种规划方式，格林小镇创造出一种开放、沟通的景观，用景观将社区划分成互有关联的各个组团，加强了景观环境的共享性、近宅性，形成了独具特色的"景观街区"。小区对基地内既存植被（主要是杨树、柳树）进行了保留利用，共保留树木约 200 棵（见图 7-94）。

图 7-94 格林小镇内部景观

小区道路交通系统采用外环机动行车的方式（内部只保留一条行车量相对较小的Townhouse区专用车道），最大限度地实现了人车分流。最外环交通车道及尽端式短支路解决多层、中高层住宅的机动车行车、停车问题，内部Townhouse专用曲线干道与尽端式宅前支路解决Townhouse区域的机动车行车、停车问题。整个道路系统清晰、顺畅、分级明确。小区停车位基本满足1：1。

小区住宅设计类型丰富，套型多样，提供了40多种户型，面积从$70m^2 \sim 250m^2$不等，满足了住户多种需求。

小区住宅户型设计采用了大面宽、小进深、大外窗，自然采光，通风条件优越；同时尽量采用了退台设计，突出居住的个性空间并形成立体绿化。每户均有南向玻璃阳光室和开敞阳台，日照充足。顶层户型有开敞的私家空中花园，底层户型有独立的花园小院，使人们充分亲近自然。

套内空间公私分区、动静分区、洁污分区，除个别最小户型外，每户都设有独立的餐厅、主卧卫生间，大户型还有工人房，所有户型都安排了一定的储藏空间。

七、武汉蓝湾俊园

1. 基本资料

地点：武汉市武昌区临江大道76号（见图7-95）。
建筑规模：小区占地$11.5hm^2$，容积率1.77，总建筑面积$204500m^2$。
建筑设计：国家住宅工程中心、武汉建筑设计院。
竣工时间：2003年。

图7-95　武汉蓝湾俊园外景

2. 可持续性能

蓝湾俊园是武汉市目前惟一利用工业余热为居民冬季提供采暖，且大面积供应热水的小区，它被列为全国住宅建筑节能示范小区。该项目积极支持高新技术和产品在项目中的应用，为住宅建设提供了宝贵经验。

(1) 节能

武汉地处夏热冬冷地区，从气候着眼，小区内住宅全部采用南北朝向，内部气流通畅，与武汉地区夏季主导风自然衔接，强化了夏季夜间通风，从而充分利用室外冷空气降温，减少空调运行时间和能耗，提高室内空气质量。同时，小区内建筑利用平面上的相错布局，在体形上自然形成遮荫，遮挡夏日的东西日晒，并与建筑间的绿化树木一起，构成阻挡冬季北风的屏障。

小区建筑的体形系数控制在 0.35 以下，窗墙面积比为 0.3~0.5，采用外墙内保温（AJ 保温材料）和节能密闭窗，其 U 值分别为：墙体 $1.412W/(m^2 \cdot K)$；屋顶 $0.735W/(m^2 \cdot K)$。屋面平铺聚苯乙烯保温板，建筑耗热量指标达到了 $22.8W/m^2$（根据武汉地区节能标准，建筑能耗应 $<30.5W/m^2$），远低于不采取保温措施时的建筑能耗 $42.2W/m^2$（见图 7-96~图 7-98）。

图 7-96　小区高层住宅

图 7-97　小区多层住宅

图 7-98　小区会所

小区内自建热力站，利用工业蒸汽为居民冬季供热。户内采暖采用分户计量系统，用户可自主调节用热，避免浪费。此外，小区还利用市政热源设置了集中热水供应系统，提高了居民生活品质。

(2) 节地

蓝湾俊园是在原国棉六厂旧厂址的基础上建设的，临江有市级文物保护建筑——钟楼及周边古树，设计中对这些旧址、旧建筑进行了重点保护，其东面设计为低层环抱状的现代造型住宅，住宅与钟楼之间保持 70m 距离的内聚空间，在节约用地的同时，也丰富了小区的外部空间组织。

(3) 节材

小区住宅采用异型柱框架-剪力墙和异型柱框架结构体系，车库部分采用框架结构体系，基础采用独立桩基，内墙采用轻质隔墙。剪力墙墙肢和异形柱柱肢厚度均为 200mm，二层及二层以下混凝土为 C30，二层以上为 C25，梁宽均为 200mm。

结构构件采用钢筋混凝土，内墙采用轻质砌块。外墙内保温采用 AJ 建筑保温隔热材料，屋面平铺50mm聚苯乙烯保温板。选用大连实德中空玻璃塑钢窗，铝合金散热器。据检测，分户墙隔声值为42dB，分室墙隔声值为32dB，外墙隔声值为42dB。

（4）节水

小区设有中水回用处理系统，生活污水经适当处理后，用于冲厕、浇灌、洗车等用途。总面积为6000m²的浅水水景可汇集大量雨水。小区除入口广场及主要道路以外，硬地铺装采用渗水性良好的地砖以加强雨水渗透。

3. 环境与功能布局

蓝湾俊园位于武昌区临江大道76号，东靠积玉桥，西临长江，环境优美，交通便利，按城市区位等级划分属于一类地区（见图7-99）。

图7-99 小区总平面

小区基地原为国棉六厂厂址，整个住区以中心公共活动绿地空间为界，划分为南北两个居住组团，建筑形态以"自由的曲线"形成了住区独特的区域标志。曲线型住宅围合成多种形态的生活院落，流畅的空间院落顺利地引导江面凉风，有利于夏季消暑。

小区绿地空间既宽阔又内聚，其间穿插带状绿化和景观节点，形成丰富多变的视觉感受。

小区住宅以小高层为主，两栋高层点缀其间，其整体设计采用由低到高的台阶式布局，以尽量增加住户观赏江面景观的机会，同时丰富建筑空间。

住宅户型以起居室作为组织家庭活动的中心，做到明亮、宽敞、视野开阔。户内设置入口过渡空间，供人换鞋和进行视觉过渡。厨卫空间合理设置排油烟及卫生间排气系统，以避免串气、串味、串声。住宅进行了无障碍设计，除4层住宅外，均设置电梯。

八、重庆天奇花园

1. 基本资料

地点：重庆市北碚区(见图7-100)。
建筑规模：占地22000m²，容积率1.61，总建筑面积36870m²。
建筑设计：重庆建筑大学承担设计及科研攻关，重庆市节能办公室组织实施。
竣工时间：2000年12月。

图7-100 重庆天奇花园外景

2. 可持续性能

天奇花园针对重庆夏季闷热、冬季湿冷的特点，通过设计改善了室内热环境，紧紧围绕环境与节能两个主题，为用户创造了一个既有舒适的热环境，又节省能耗的高水平建筑。其被国家计委和建设部列为"九五"国家科技攻关项目—全国建筑节能示范小区。

(1) 节能

重庆市属亚热带季风气候，夏季高温高湿、冬季阴冷潮湿，是典型的夏热冬冷地区，气候条件恶劣。因此，天奇花园作为夏热冬冷地区的节能示范工程具有典型的意义。

小区建筑全部南北朝向呈线状局部锯齿形布置，重视组织夏季夜间气流，强化夜间通风。小区内建筑物东西紧靠，以便相互利用，作为遮阳，遮挡夏季的东、西日晒，减少空调负荷，并且和建筑物间的绿化树木一起，构成阻挡冬季北风的屏障。

小区建筑的体形系数控制在0.27~0.32之间，窗墙面积比在0.28~0.35，采用外墙内保温(外部为KP1型承重多孔页岩砖，内抹保温砂浆)和单框双玻钢窗，U值分别为：墙体1.00W/(m²·K)；屋顶0.63W/(m²·K)；窗户3.0W/(m²·K)。墙体采用KP1型承重多孔页岩砖加20mm厚保温砂浆，隔墙采用脱硫石膏砌块。

屋面为蓄水覆土种植屋面，再采用节能型热泵空调器。

天奇花园采用上述节能措施后，由外围护结构传热引起的全年空调采暖用电量为14.8kWh/m²，再加上空调除湿的新风用电量7.10kWh/m²，采暖新风用电量13.48kWh/m²，总用电量为35.41kWh/m²，低于《重庆市民用建筑热环境与节能设计标准》限制指标38kWh/m²，达到了节能目标。

(2) 其他措施

疏导基地和建筑群体通风：在规划设计中，合理、高效地利用自然通风是节能的一个重要手段，在夏热冬冷地区尤其如此。重庆地区常年和夏季主导风向为北偏西15°，为减少夏季空调运行时间和保证春、秋季不使用空调时的室内热舒适性，在群体空间布局上，采用前后错列、斜列、前短后长、前疏后密等方式以疏导气流。同时，经过基地西北面城市森林禁伐区对气流的净化、过滤，可有效改善环境空气质量。

选择热辐射强度较低的朝向：尽管基地与南北向呈一定角度，但总体布局仍然以南北向为主，呈锯齿状布局。这是因为南北朝向的建筑外围护体系所受到的太阳辐射最少，有利于建筑的隔热降温，同时锯齿状的布局丰富了建筑群体外部空间形态，创造安宁又不失活泼的居住外环境。

天奇花园的环境设计中注重对环境节能功能的发掘，创造对节能有利的微气候条件，具体措施有：

1）增加绿化种植面积，考虑地面绿化、屋顶绿化、墙面垂直绿化与阳台绿化的整体结合，可有效调节环境温度；

2）减少硬质铺地，采用生态铺地设计，使场地具有可"呼吸"的特点。

3）采用高大落叶乔木（当地产黄桷树）遮挡阳光辐射和疏导通风。

六大科技智能系统：防盗报警系统、闭路电视监控系统、火灾自动报警系统、楼宇对讲系统、水电气三表远程计费系统、停车场智能管理系统。

3. 环境与功能布局

小区内建筑物南北间距宽阔，利于自然采光和冬季日照。小区内气流顺畅，并与嘉陵江—缙云山局地气流自然衔接；室内通风气流与小区内气流相环接；从而使环境气流、小区气流和建筑换气气流合理组织，避免局部涡旋或滞流造成空气质量恶劣和夏季热量滞积。重视组织夏季夜间气流，强化夜间通风，利用室外冷空气降温，以减少空调运行能耗，并提高室内空气质量。

小区建筑以南北朝向呈线状排列，局部锯齿形布置。住宅单体设计中，均考虑南向起居厅，每幢住宅楼之间日照均满足1:1日照间距。住宅单元采用一梯两户设计，并保持适度进深（控制在14m以内）。

九、南京万科金色家园

1. 基本资料

地点：南京莫愁湖东侧（见图7-101）。

图7-101 南京万科金色家园外景

建筑规模：占地面积 59543m²，住宅建筑面积 144400m²。
建筑设计：澳大利亚伍兹贝格公司、南京民用建筑设计院。
竣工时间：2007 年。

2. 可持续性能

南京万科金色家园紧依风景秀丽的莫愁湖，高档住宅让每一个住户都能看到美丽的湖景，站在窗前，"水面荷花堤上柳，半城山色半城湖"的景色尽收眼底。小区内围绕着会所、游泳池展开了一个大型庭园，游泳池边层层叠落的小瀑布流向湖面，与湖连为一体，营造了与水为伴、与水相融的意境，小区获得 2004 年南京最佳人居环境小区奖。

南京的气候属于亚热带湿润气候，夏天较热。为了既获取有利的景观，同时也要解决节能和通风问题，最终将技术定位在遮阳方面。

遮阳形式以专项研究报告的结论为基础，经过反复模拟分析，并考虑到出挑过大的阳台可能影响到客厅的正常采光以及无法满足冬季的日照要求，对阳台进行了调整：1)西南向阳台设计成挑出较远的水平大阳台，挑出约 2.3m，实现"自遮阳"，同时成为主要观赏莫愁湖景致及休闲的阳台；2)作为次要的观景阳台，西北向的阳台进深减小，出挑 1m；3)在西北向采取三滑轨铝合金推拉百叶与混凝土扁柱形成的挡板式遮阳，来达到西向遮阳的效果(见图 7-102)。

 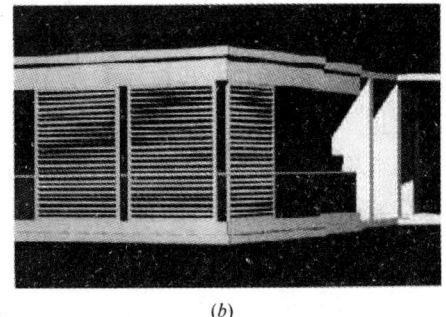

(a) (b)

图 7-102 小区遮阳设计
(a)推拉百叶遮阳；(b)阳台遮阳方案

综合考虑了立面景观协调、观景视野、后期维护等因素后，住宅在推拉百叶的设计上采用了以下技术措施：粉末喷涂铝合金材料、三滑轨、铝合金百叶可调角度、具有防脱落措施、防撞设施、便于安装和拆卸、满足安全需要等。其中，采用了三滑轨形式后，单扇推拉百叶的宽 1m，高 2.5m，即使在可旋转百叶成 90°时三扇推拉百叶也能够处于重叠状态。

值得提出的是，项目在设计时，通过专业机构的介入，采用应用软件模拟分析，深化遮阳设计。模拟结果表明：西南方向的阳光由于高度角较高，所以被上层的阳台板遮蔽较多，阳光直接射入室内的时间较短，对室内环境的影响较小。西北方向的太阳光由于高度角很低，上层的阳台板已经不能形成有效的遮蔽，造成阳光几乎可以毫无遮拦地射入室内。特别是这个时间段从 14：00 就已经开始，因此阳光射入室内的持续时间较长，并且正处于太阳辐射强度的峰值期间，所以对室内环境的影响非常大，是遮阳设计的主要分析对象，应该通过对推拉百叶遮阳的布置和计算来有效地控制阳光的进入。

除此之外，该项目中起居室与阳台连接的大面积落地玻璃门窗采用了普通双层中空玻璃；起居室西北向外窗和主卧室、次卧的西南向外窗采用了Low-e中空玻璃窗。

3. 环境与功能布局

金色家园占地$59453m^2$，住宅面积$1444000m^2$，沿莫愁湖水岸线展开，小区通透的围墙与湖水仅以公园环湖路绿化带相隔。两个绿化带将社区分为三个部分。小区人车分流，车库为地下车库，停车率为50%，平台花园在车库上，建筑架空层与平台花园形成连续空间。建筑形象现代感强，色彩鲜明，有精美的细节和挺拔高贵的气质，玻璃的阳台栏杆，大面积的窗户，优美的飘架和精致的架空层墙柱体现了建筑的高品质。每一户朝向湖面，并有良好的采光、通风，并具有科学的布局。

多层次的景观设计：沿湖景观区、观湖平台、梯间花园，体现湖边的环境设计倾向。每栋建筑设4.5m的架空层，除景观以外，还有文化的内涵，使业主在日常生活中受到文化气氛的熏陶。

在住宅内部设计中，让西、北向的房间获得最美丽的湖景，1.8m宽的阳台、转角落地玻璃、7.1m宽厅、180°弧形落地玻璃，而南向的房间则拥有最充足的日照，南北各得其利，优势互补。除此之外，所有主要房间都可以欣赏到园区内的景观，感受自然之外的人文。住宅用色以浅黄和暖灰为主，格调鲜明亮丽；大量运用凸窗，使得建筑的层次进一步丰富。阳台栏杆、空调百叶和墙面条纹，组成建筑外观中绵绵不绝的机理。门窗的划分疏密有致，对内有使用、观景的便利，对外增加了建筑韵律。住宅底部架空，既构成有亲和力的活动场所，又将各个室外场地连成一体。

十、保利·麓谷林语

1. 基本资料

地点：湖南长沙市大河西先导区麓谷高新工业园（见图7-103）。

建筑规模：总占地为1185亩（$790000m^2$），内有235亩（$156667m^2$）绿化保留山体，规划建设用地为824亩（$549878.75\ m^2$），建筑总面积为$1380000m^2$，综合容积率2.1。

绿色建筑顾问：中国建筑科学研究院上海分院。

2. 可持续性能

"保利·麓谷林语"位于长株潭城市群"两型社会"综合配套改革试验区——长沙大河西先导区的核心地域，坐落在风景秀美的岳麓山下，自然天成的生态环境，得天独厚的人文优势更是宜于人居的生态新城，是目前试验区内最大的资源节约、环境友好型节能、环保示范住宅小区。

（1）节能

强化被动式设计，结合实用型节能环保技术，如外墙自保温、热桥内保温、门窗

第三节 国内可持续住宅、居住区案例分析

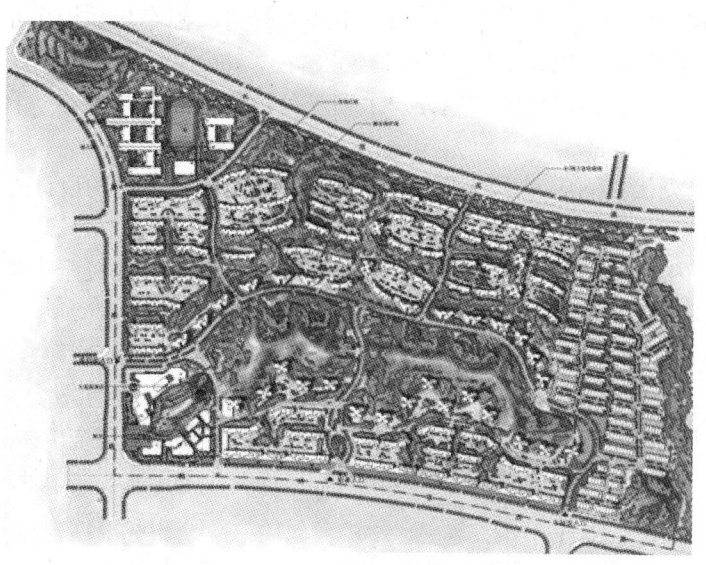

图 7-103 麓谷林语总平面图

节能、自然通风采光、雨水利用、东西向墙做垂直绿化隔热等（见图 7-104）。突出可再生能源的利用，大规模使用地源热泵和太阳能光热技术，降低建筑运行能耗，倡导无污染再生能源的高效使用。

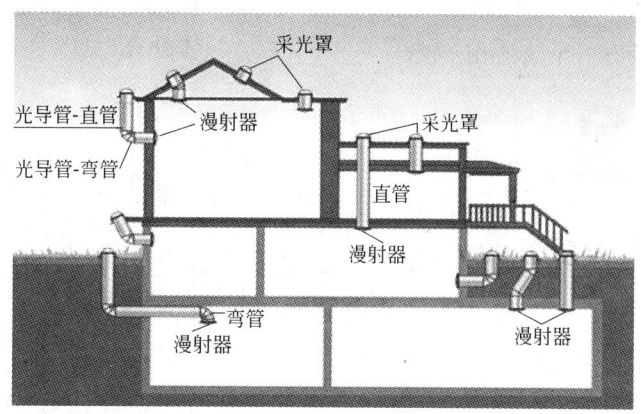

图 7-104 别墅采光节能体系

1) 地下室自然采光、自然通风、园林入地下室：地下室采用现浇预应力钢筋混凝土平板结构，降低地下室层高，取消消防排烟风管、风机。非人防区地下停车库利用局部设置下沉式绿化天井，同绿化景观结合设置采光通风天井。地下入口大堂采用自然通风、自然采光设计，减少设备及日常使用费用。

2) 可再生能源室外照明：园林区采用太阳能光伏照明庭院灯，园区路灯采用太阳能风能风光互补型路灯。

3) 光激励无源疏散指示标识系统：利用自然光激励指示标牌储能满足 6h 疏散指示。

4) 自洁式透水砖、自嵌式植生挡墙：室外人行道、停车场、沿山步道等处采用自洁式透水砖铺装路面，山脚采用自嵌式植生挡墙。

5) 太阳能光热：高层住宅采用分户水箱—分户集热—间接换热—自然循环式太阳能热水器系统。

6) 太阳能光伏：酒店和学校采用太阳能光伏与建筑一体化的设计。

(2) 节材

所有住宅内、外墙采用蒸压砂加气混凝土砌块及轻集料混凝土砌块，分户墙采用闭孔混凝土多孔砖。这些原料大部分来自于工业废料。

(3) 节水

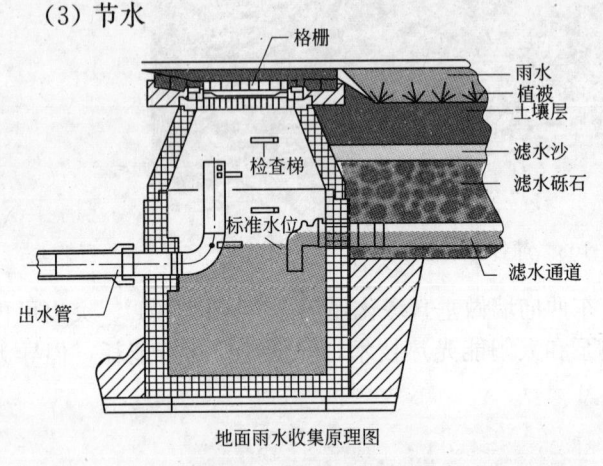

图 7-105 地面雨水收集

1) 雨水收集与利用系统：利用该项目环绕山体的优势，收集山上的雨水，简单处理后用于绿化浇灌、道路清洗等，节约自来水，合理利用水资源(见图 7-105)。

2) 人工湿地处理技术：利用雨水收集池附近的空地，设置垂直潜流，人工湿地进行中水处理，处理后的水作为整个小区园林绿化浇灌、道路冲洗、景观水体补充(见图 7-106)。

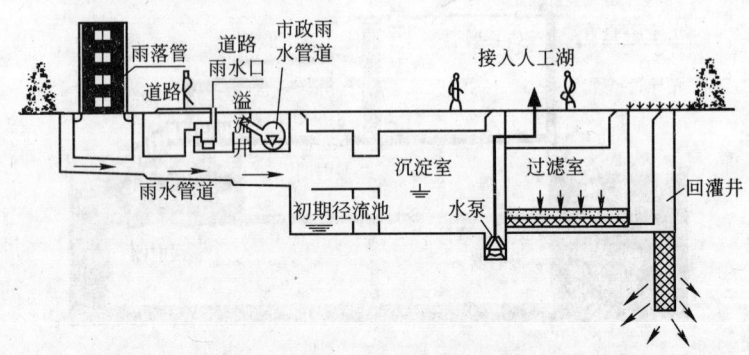

图 7-106 人工湿地处理

3. 环境与功能布局

住区公共服务设施设置 20000 m^2 的集中商业区，50000 m^2 五星级酒店(包括 10000 m^2 地下室)，48 班九年制学校，12 班幼儿园一所，6 班幼儿园一所，3 班托幼两所。小区主入口采用 7m—3m—7m 的景观车道，内部主要车行道呈流线性布置，宽度为 7m，联系各个组团的主要出入口。组团道路以方便到达每户住宅为原则，力求减少路面的宽度，增加绿色景观的范围，因此设置 4m 宽的道路宽度(见图 7-107)。

第三节 国内可持续住宅、居住区案例分析

图 7-107　小区内部景观

十一、宁波湾头城中村安置房

1. 基本资料

地点：宁波湾头半岛区金星岛内（见图 7-108）。

图 7-108　小区效果图

　　建筑规模：共 32 栋高层住宅，配套商业、物业用房、社区中心和地下车库等；净居住面积 298326.21m²；分别为 11、23、29 层高层住宅。

　　建筑设计：宁波市房屋建筑设计研究院有限公司。

　　绿色建筑设计：中国建筑科学研究院上海分院。

　　竣工时间：2012 年。

　　造价：180000 万元。

2. 可持续性能

湾头项目是政府"拆迁安置"项目,其投资及定位,决定了在项目的绿色建筑实践过程中,充分考虑项目的属地化特点及由此而决定的切实可行的绿色建筑技术体系的运用。

(1) 节能

根据节能模拟分析,冬、夏季能耗如表7-1和表7-2所示。

冬 季 能 耗   表7-1

HDD18 (℃·d)	设计建筑动态分析计算结果	节能综合指标限值	参照建筑动态分析计算结果
	采暖年耗电量(kWh/m²)	采暖年耗电量(kWh/m²)	采暖年耗电量(kWh/m²)
1677	22.46	30.0	24.17

夏 季 能 耗   表7-2

CDD26 (℃·d)	设计建筑动态分析计算结果	节能综合指标限值	参照建筑动态分析计算结果
	空调年耗电量(kWh/m²)	空调年耗电量(kWh/m²)	空调年耗电量(kWh/m²)
136	26.75	23.5	25.04

U 值分别为:墙体 $0.92W/(m^2·K)$;屋顶 $0.79W/(m^2·K)$;窗户 $3.2W/(m^2·K)$;首层楼板 $1.75W/(m^2·K)$。

各住宅建筑的朝向为南偏东15°,满足夏热冬冷地区建筑朝向要求,日照满足当地有关标准要求。绿地率为40%、室外透水地面面积比为54.1%,缓解城市热岛效应。朝向、窗墙比满足公共建筑节能标准规定要求,建筑体形系数稍大于节能规范要求,但根据能耗模拟计算,建筑整体能耗符合节能要求。

光源以荧光灯(节能灯)为主,采用电子镇流器,功率因素在0.9以上。灯具效率应满足国家要求,灯管要求用T5或T8节能型灯管。公共区域照明采用集中控制,住宅建筑的楼梯间等非应急照明采用节能自熄开关以利节约能源。

大寒日满窗日照的有效时间不少于2h,住宅具有良好的日照条件。

建筑物前后间距最小18m,最大限度地减少因建筑遮挡而造成的居民采光受限,主要功能房间(卧室、起居室、书房)的窗地比大于夏热冬冷地区1/7的要求,有效的增加了室内自然采光;对室内进行了自然采光模拟,调整开窗的位置和大小,形成良好的自然采光环境。

主要功能房间的通风开口面积占地板面积比大于夏热冬冷地区8%的要求,并对每个户型的通风流场进行了分析和专业模拟,形成良好的自然通风。

外墙采用25mm建筑保温砂浆外保温系统,冷、热桥部位加强处理,避免结露现象产生。经计算,室内露点温度为10.2℃,热桥内表面温度为12.2℃,可避免结露。

(2) 节材

小区基本以剪力墙结构体系为主;全部采用预拌混凝土,减少现场搅拌的材料浪费和搅拌时产生的粉尘污染;使用钢材、铜、木材、铝合金型材、石膏制品、玻璃等可再循环使用材料；墙体采用节约土壤资源的烧结页岩空心砌块。

（3）节水

抽取江水进行利用，根据环境评测报告，该区域江水为Ⅲ类水体，国家Ⅲ类水体为生活饮用水地表水源二级保护区及游泳区，可直接和人体接触。因此，采用该江水作为绿化水源仅简单过滤，去除水中悬浮杂质，过滤后用于景观、道路浇洒补水。非传统水源利用率为10.5%。

室外地面面积为135255.52m^2，透水地面面积为66849.5m^2，由绿地、镂空大于40%的植草砖、植草板等组成。增加地下水渗透，减少地面径流。

3. 环境与功能布局

宁波湾头城中村改造安置房项目位于湾头区域规划的金星岛（江北区甬江街道姚江村）内，地块现状绝大部分是拆迁工业企业厂房，小部分民宅，地势平坦，没有需要永久性保留的建筑。建筑面积423997.06m^2，容积率为2.49，绿地率为40%。小区位于宁波市繁华地带，附近有姚江医院、宁波大剧院和日湖国贸中心等公共服务设施。交通流线组织便捷、道路分级明确，布局合理。

该项目由32栋住宅、配套商业、物业用房、社区中心和地下车库等构成，为典型的"拆迁安置房"（见图7-109和图7-110）。小区内设置有幼儿园、社区服务、会所以及商业服务等。合理开发利用地下空间，地下为车库、设备房。

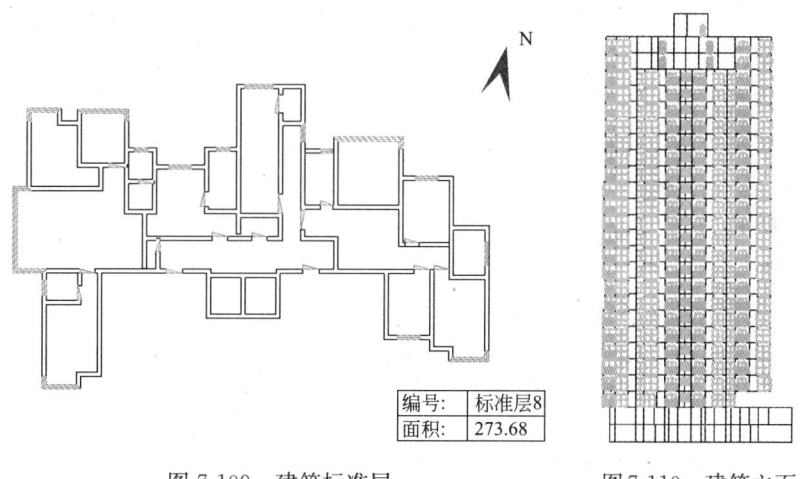

图7-109　建筑标准层　　　　　图7-110　建筑立面

十二、苏州朗诗国际街区

1. 基本资料

地点：江苏省苏州市（见图7-111）。

建筑规模：街区用地面积73500m^2，总建筑面积为180400m^2，由15栋小高层建筑错落排布而成。

建筑设计：上海联创建筑设计有限公司。

竣工时间：2010年。

第七章 集成化设计案例分析

图 7-111　苏州朗诗国际街区外景

2. 可持续性能

朗诗国际街区整合国际领先的建筑科技，采用最新十大绿色建筑体系，改变传统住宅观念和生活方式，小区内建有商业用房、物业管理、活动室等公建配套设施，是低能耗、高舒适度住宅。该项目 2007 年获得"绿色亚洲人居环境奖·建筑科技应用奖"；2008 年荣获第五届"绿色建筑金奖"；2009 年荣获"华夏奖"一等奖。

（1）节能

"恒温·恒湿·恒氧"的绿色建筑，"三恒住宅"：该项目不需要传统空调采暖系统，采用全新的辐射空调系统，提高人员的舒适性，全天 24h 持续置换新风，保证室内温度、湿度、含氧量基本恒定。

绿色建筑十大技术体系：该项目整合了地源热泵技术系统、混凝土顶棚辐射制冷制热系统、健康全新风系统、高效外墙保温系统、高效节能门窗系统、建筑外遮阳系统、屋顶地面保温系统、隔声降噪系统、排水噪声处理系统、吸尘排污系统十大科技系统，节能约 69%。

（2）节水

苏州朗诗国际街区可持续性能最大的特色体现在其完备、合理的体系。项目采用雨水回收利用系统设计，收集屋面、地面雨水，处理后用于景观、道路浇洒及景观水池补水（见图 7-112）。

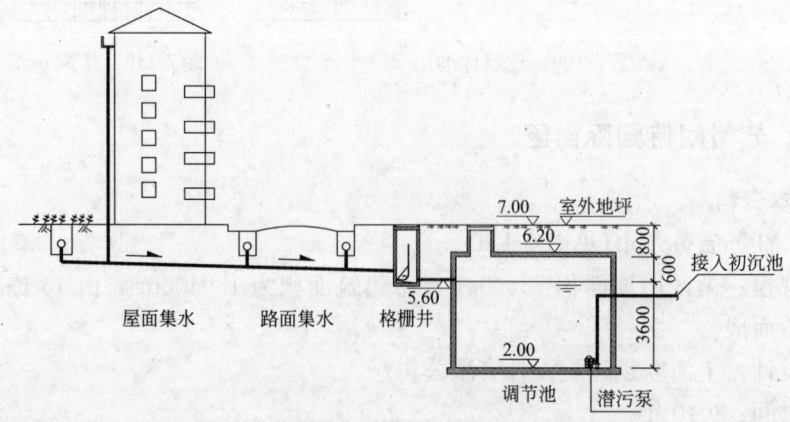

图 7-112　朗诗苏州雨水收集系统示意图

非传统水源利用：采用雨水回收利用系统设计，收集屋面、地面雨水，处理后用于景观、道路浇洒及景观水池补水。非传统水源利用率为10.63%。处理后的雨水需定期观测水质，并定期对各处理池进行清理打扫。

雨水回渗与集蓄利用：透水地面面积为41276m²，室外透水地面面积比为65.8%，增加雨水渗透量。该项目直接利用小区雨水管道收集雨水。由雨水水落管收集屋面雨水，雨水口收集路面和绿地雨水。小区屋面防水材料为非沥青防水屋面，以避免造成雨水水质的污染，选用坡屋顶结构，天沟和水落管采用UPVC塑料管材；小区道路两侧雨水口采用水篦，以拦截大块杂质，保持管道通畅。小区内的停车场占总面积的2/3，利用车库顶部的排水板（管）收集雨水，经管道汇入雨水系统（见图7-113）。

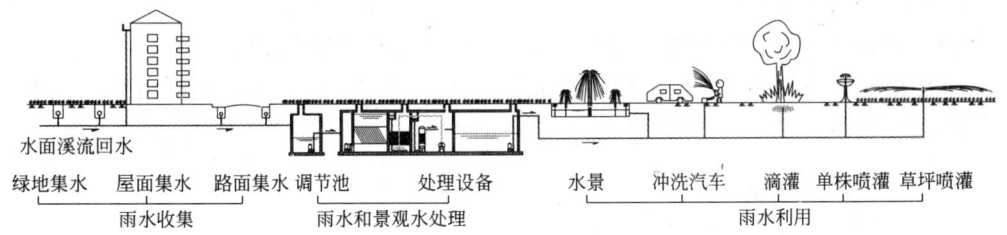

图7-113 景观用水循环与雨水回用工艺流程图

该项目水处理系统具有三种工作模式，兼有雨水和景观用水循环处理的双重功能。第一种模式：需要补给雨水时，可以从调节池将雨水提升，进入水处理系统，将雨水进行处理，达到水质标准的雨水进入景观水池；第二种模式：不用补充雨水时，可以进行景观水的循环处理，以保证景观用水的水质和景观效果；第三种模式：绿化用水时，直接启动专用绿化泵，经处理后的雨水直接进入绿化管网。

十三、扬州京华城中城

1. 基本资料

地点：江苏省扬州市西部分区京华城（见图7-114）。

图7-114 扬州京华城中城外景

建筑规模：总用地面积354042m²，总建筑面积87551.7m²，其中地上建筑面积73264.3m²，地下建筑面积14287.4m²。

建筑设计：宁波市房屋建筑设计研究院有限公司。

竣工时间：2014年。

2. 可持续性能

(1) 节能

根据当地气候和自然资源条件，充分利用太阳能作为可再生能源。可再生能源的使用量占建筑总能耗的比例大于10%。U值分别为：屋面0.74W/(m²·K)；外墙0.91W/(m²·K)；架空楼板0.96W/(m²·K)；外窗(东)3.5W/(m²·K)、(西)3.5W/(m²·K)、(南)3.2W/(m²·K)、(北)2.4W/(m²·K)。

该项目设计选用分户集热、储热、辅助加热式太阳能热水系统。

太阳能热水系统是以吸收太阳辐射能为热源，将太阳能转为热能以达到加热水的目的的整套装置，包括太阳能集热装置、储热装置、循环管路装置等(见图7-115)。

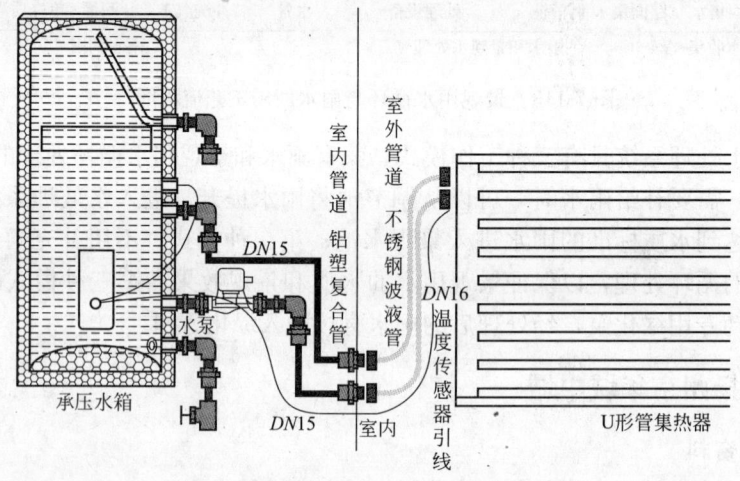

图7-115 太阳能集热器

由于太阳能热水系统在全年运行中受天气的影响很大，其独立应用存在间歇性、不稳定性和地区差异性，在太阳能应用中除利用集热器将太阳能转换成热能外，应采取热水保障系统(辅助加热系统)和储热措施来确保太阳能热水系统全天候稳定供应热水。

太阳能供热水系统按其集热、储热和辅助加热方式分为三种：

1) 单机太阳热水器，即分户集热、储热、辅助加热；

2) 集中式中央太阳能供热水系统，即集中集热储热、集中辅助加热或分户辅助加热；

3) 半集中方式，即集中集热、分户储热和辅助加热。

根据项目特点和实际情况，并遵循可再生能源利用相关法规和规范的相关规定，采用单机太阳热水器，即分户集热、储热、辅助加热太阳能供热水系统提供居民生活热水。考虑太阳能具有不稳定性的缺点，受昼夜、季节等自然条件限制，以及晴、阴、雨、云等随机因素影响，因此设置分户太阳能热水系统，太阳能集热器垂直放置在房屋的阳台栏板外侧，太阳能储热水箱也放在阳台上，集热器与水箱之间的冷热水管道采用不锈钢波纹管，接入和接出的冷热水管采用PPR管。

太阳能热水＋辅助加热系统：系统正常情况下优先使用太阳能，太阳能水温不足时由住户加热装置进行辅助加热。

热水箱补给水由用户自行接入，采用进户自来水直接供给，太阳能循环泵与温度传感器联锁，集热器与水箱温差达到8℃时启泵，温差小于2℃时停泵，且温度大于55℃时停泵，温度可由用户自行设置。

(2) 节材

建筑物无大量装饰性构件，造型要素简约。在建筑设计选材时考虑使用材料的可再循环使用性能。在保证安全和不污染环境的情况下，可再循环材料使用重量占所用建筑材料总重量的10%以上。

内装修楼地面构造交接处和地坪高度变化处均位于齐平门扇开启面处；卫生间和有防水要求的地面设置防水层；厨卫间、阳台和有防水要求的楼板地面标高比室内其他房间地面低30mm并找坡1%，坡向地漏或泄水孔；楼板周边除门洞外，向上做200mm高的混凝土翻边，与楼板一同浇筑；卫生间和卧室紧邻的墙面均做防水涂膜；除表面贴面材者外，所有墙柱阳角均做水泥砂浆护角线；管道井、烟囱随砌随抹1：2水泥砂浆。室内外各项不露明的金属件均刷红丹两道，凡埋入墙内之木构件均满刷沥青二道。

(3) 节水

通过技术经济比较，合理确定雨水集蓄及利用方案。结合当地雨量充沛的特点，收集屋面雨水作为非传统水源。收集的雨水经过净化处理后用于绿化浇灌用水、景观补水用水。

3. 结构原则

建筑物的外墙采用190mm普通混凝土空心砌块用M5砂浆砌筑，内墙采用190mm(100)A06加气混凝土砌块，墙体采用专用砂浆砌筑，30mm厚EPS聚苯板保温层；冷桥部位采用30mm厚聚苯板加强保温处理；外窗采用断热铝合金中空玻璃，外窗的抗风压、气密性不低于4级，水密性不低于3级；屋面为坡屋面，屋顶采用35(45)mm挤塑聚苯板进行保温；架空楼板采用25mm厚聚氨酯泡沫塑料保温。

基础板底、梁底纵向受力钢筋为40mm厚保护层，基础板顶、梁顶、梁侧及柱纵向受力钢筋均为30mm厚保护层。

第四节　国外可持续住宅、居住区案例分析

一、英国贝丁顿零能耗项目(BedZED)

1. 基本资料

地点：英国伦敦萨顿市(见图7-116)。

建筑规模：小区占地 1.65hm²，总建筑面积 10388m²，82 套居住单元，加上大约 2500m² 的工作场所/办公室和社区公用设施(包括一个幼儿园、护理站、咖啡店/商店及运动俱乐部)。

建筑设计：比尔·唐斯特建筑师事务所。

竣工时间：2002 年。

造价：1570 万英镑。

图 7-116 英国贝丁顿小区外景

2. 可持续性能

贝丁顿零能耗发展项目(简称 BedZED)由英国著名的生态建筑师比尔·邓斯特设计(见图 7-117)。这个项目被誉为英国最具创新性的住宅项目，其理念是给居民提供环保的生活的同时并不牺牲现代生活的舒适性。其先进的可持续发展设计理念和环保技术的综合利用，使这个项目当之无愧地成为目前英国最先进的环保住宅小区。由于其在可持续发展方面做出的突出贡献，在这个项目的设计和运作中，世界自然基金会(WWF)为其提供了资助，并且萨顿市政府也以低于正常价格的地价作为鼓励。

图 7-117 小区总平面

(1) 节能

建筑师通过各种措施减少建筑的热损失(见图 7-118)，并尽可能使用太阳能获得热量，探索出"零采暖"的居住模式。选用紧凑的建筑形体，以减少建筑的总散热面积。同时，为了减少表皮热损失，建筑屋面、外墙和楼板都采用 300mm 厚的超级绝热外层；窗户选用内充氩气的 3 层玻璃窗；窗框采用木材以减少热传导。此外，建筑门窗的气密性设计和混凝土结构，都保证了极好的保温性能。同时在建筑得热方面，退台的建筑形体减少了相互遮挡，以获得最多的太阳热能。而每户面南的玻璃温室是其重要的温度调节器：冬天，双层玻璃的温室吸收了大量的太阳辐射热量来提高室内温度；而夏天将其打开则变成开敞阳台，组织建筑散热。在此基础上，充分利用建筑内部灯具等各种设施、人体及其活动和生活用热水产生的热量，就可以完全满足建筑内部采暖所需。根据入住第一年的监测数据，小区居民节约了采暖能耗的 88%。

除了零采暖设计，BedZED 还采用了自然通风系统来最小化通风能耗（见图 7-119）。经特殊设计的"风帽"可随风向的改变而转动，利用风压给建筑内部提供

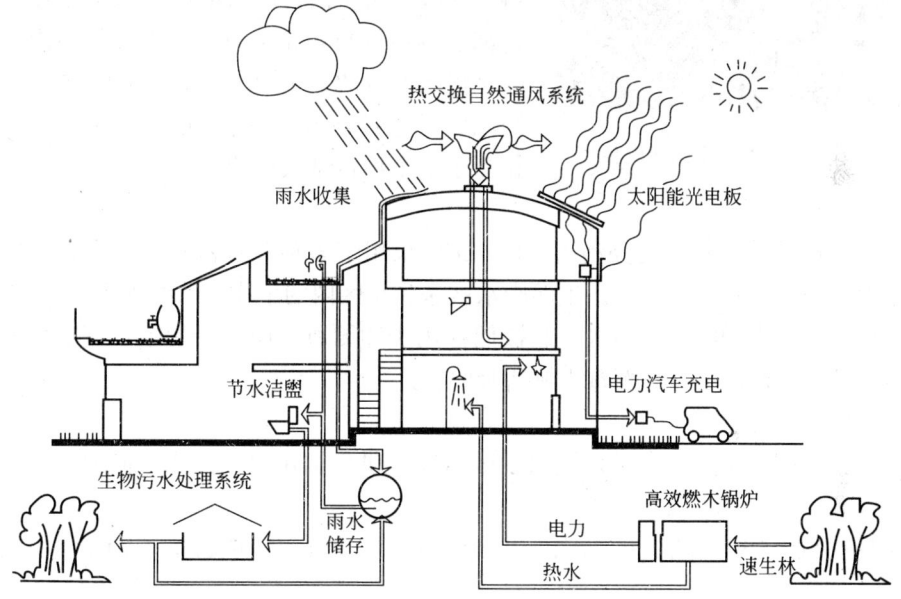

图 7-118　住宅可持续发展策略示意图

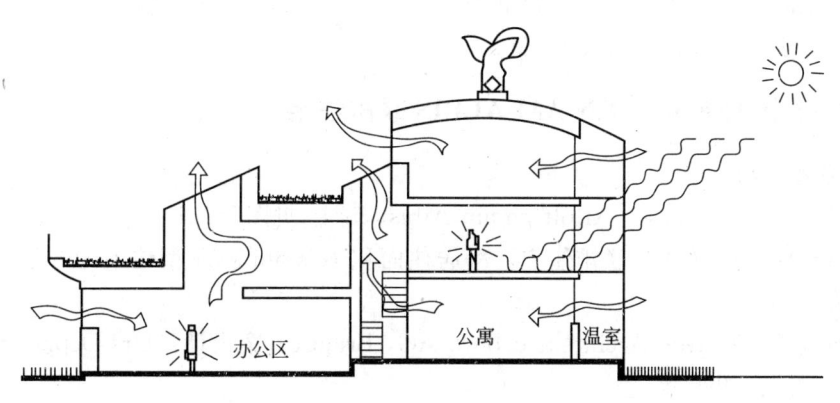

图 7-119　夏季自然通风散热

图7-120 风帽和太阳能电板

新鲜空气,同时排出室内的污浊空气。而"风帽"中的热交换模块利用废气中的热量来预热室外寒冷的新鲜空气(见图7-120)。根据实验,最多有70%的通风热损失可以在此热交换过程中挽回。

(2) 节材

为了减少对环境的破坏,在建造材料的取得上,制定了"当地获取"的政策,减少交通运输,并选用环保建筑材料,甚至用了大量回收或是再生的建筑材料。项目完成时,其52%的建筑材料在场地56.3km范围内获得,15%的建筑材料为回收或再生的。例如项目中95%的结构用钢材都是再生钢材,是从其56.3km范围内的拆毁建筑场地回收的。选用木窗框而不是UPVC窗框则减少了大约800t的制造过程中的CO_2排放,相当于整个项目排放量的12.5%。

(3) 节水

为了实现对水资源的充分利用,BedZED采用了多种节水器具,并有独立完善的污水处理系统和雨水收集系统。生活废水被送到小区内的生物污水处理系统净化处理,部分处理过的中水和收集的雨水一起被储存用于冲厕所。而多余的中水则通过水坑渗入场地下部的砂砾层中,重新被土壤所吸收。

(4) 其他措施

贝丁顿社区采用热电联产系统为社区居民提供生活用电和热水。同时,该系统以可再生资源——木材为燃料。

"绿色交通计划"减少居民汽车出行的需要;推行公共交通;提倡合用或租赁汽车。

根据入住第一年的监测数据,小区居民节约了热水能耗的57%,电力需求的25%,用水的50%和普通汽车行驶里程的65%。而环境方面的收益更多,每年仅CO_2排放量就减少147.1t,节约水1025t。

二、瑞士 AFFOLTERN AM ALBIS 联排住宅

1. 基本资料

地点:Loorenstrasse, Affoltern am Albis,瑞士(见图7-121)。

建筑规模:10栋4户联排住宅,净居住面积10596m^2:A型住宅为3层,B型C型住宅为4层。

建筑设计:Metron Architekt urbüro AG, Brugg(方案设计:Urs Deppeler)。

竣工时间:1999年。

造价:1091万欧元。

2. 可持续性能

该项目体现了瑞士 Metron 实践的目标：低造价、高密度、有着最佳环境和经济特性、高度舒适的住宅区。建筑的结构、立面及围护都是标准化的；内部空间布局适应每个家庭的需要，充分利用了基地特点（见图 7-122）。

图 7-121 瑞士 AFFOLTERN AM ALBIS 联排住宅外景

图 7-122 住宅外观

（1）节能

紧凑的形体；主动及被动太阳能的应用；使用当地木材，外围护构件采用耐候的天然木材；使用无害的材料及装修；保持雨水的绿化屋面等均是该小区节能技术的特色。

U 值分别为：墙体 $0.28W/(m^2 \cdot K)$；屋顶 $0.22W/(m^2 \cdot K)$；窗户 $1.4W/(m^2 \cdot K)$；首层楼板 $0.38W/(m^2 \cdot K)$。能耗：供热 $51kWh/(m^2 \cdot a)$；隔声：起居空间的隔墙空气声为 63dB，起居室地板撞击声低于 30dB。

该开发项目是 EC2000 可持续建设计划的一部分。每栋 4 户住宅有一套水源热泵，它可以通过 180m 深、100mm 直径的钻孔从 20℃的含盐地下水中汲取热量。这个系统不需要燃料输送，加热是通过散热器，每户有独立的温度自动调控器和计量表。所有住宅都配备了输送管，通过太阳能电池板的安装提供热水加热。项目对于确保全部使用无害材料格外重视，杜绝 PVC 材料：Fermacell 板隔墙内衬壁纸，涂刷涂料；地面采用实木、油毡或瓷砖。

（2）节材

墙板框架和预制楼板构件用当地云杉木制成（见图 7-123）。墙体在垂直断面上采用了 140mm 喷制纤维（容重 $60kg/m^3$）保温层，外立面采用了 20mm 软木纤维板。结构内表面采用了 Fermacell 纤维塑料板，它为横向稳定提供了抗剪强度。屋顶保温层采用了两层 80mm 岩棉（见图 7-124）。墙体可以透过水蒸气，以保持愉快、健康的室内氛围。楼板构件由露明的梁和三层板构成，加上一层现场浇筑的水泥板以增强吸声。阳台结构和通风层采用绿枞木。一个适于用在室外的本地树种，在没有装修和防腐处理的情况下生物危害性达到 3 级。

第七章 集成化设计案例分析

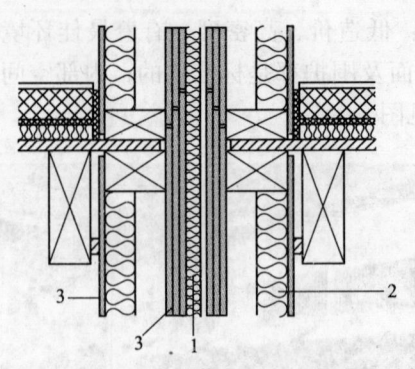

图 7-123 楼板、墙体节点详图
1—30mm 岩棉；2—60mm 岩棉；
3—Fermacell 板

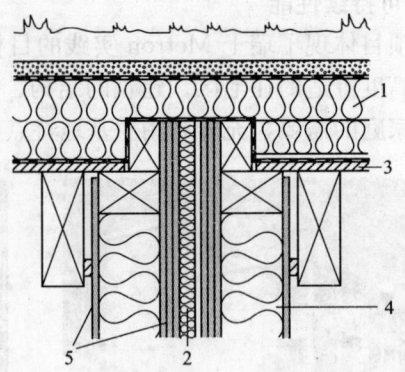

图 7-124 楼板、屋顶节点详图
1—两层 80mm 岩棉；2—30mm 岩棉；
3—现浇水泥板；4—岩棉；
5—Fermacell 板

（3）节水

在防水膜上面，平台屋顶有 70mm 大范围的综合绿化屋面，下大雨的时候，屋面可以保留部分雨水，这些雨水逐渐往下流，经过三个蓄水池，汇入河流。

3. 环境与功能布局

住宅区位于 Affoltern 村庄南面的一片安宁、洒满阳光的土地上，包括 10 栋 4 户联排住宅。两条平行的道路将基地划分为三部分，分别对应于三种不同的住宅类型。在基地中心，建有一座社区礼堂，面向一块开敞的空地，作为一处集会场所和公共空间。开放地段的上半部向西南方向倾斜，B 型、C 型住宅与斜面平行；河畔较低、较平的地段建有 A 型住宅，它朝向东南，与其他住宅垂直布置。这种平面布局有利于基地内的土方挖掘达到平衡。

尽管建筑布局较为密集，但内部空间相对宽裕。所有住宅都以相同的平面坐落在 6m 的网格上，但面积和层数不同。A 型住宅为 2 层，加上一层地下室。其他住宅有 3 层可供居住：B 型住宅利用斜坡得到额外一层，加上一层楼板下的车库；而 C 型住宅有一层阁楼，阁楼内有第二间浴室和私人平台，另外还有大面积的地下室，通过车库可以进入地下室。

前入口和厕所利用斜坡降低了半层，在住宅内提供了变化的自然光环境并在房间之间产生了有趣的高差。内部，玻璃隔断使得门厅与厨房之间视线通透，浴室上方的玻璃面向周围的景观。在每层都有阳台贯穿整个南立面，作为室内空间的延伸，并为起居场所和卧室遮挡直射阳光。

4. 结构原则

预制墙板搭建在混凝土基础结构上，精确的设计和高效的配合使得每栋 4 户住宅在一周之内就可以建成。每户之间的隔墙由两层木框架墙板构成，内填 30mm 岩棉。每块板由 13mm 厚 Fermacel 板、60mm 岩棉、60mm 空气层和另外 3 层 13mm Fermacell 板构成。这种构造起到了很好的隔声效果，并形成了有效的防火屏障。

三、奥地利 DORNBIRN 住宅楼

1. 基本资料

地点：汉莫林大街 12 号，6850 Dornbirn，奥地利（见图 7-125）。

建筑规模：居住面积 940m²；建筑共 3 层，外加地下室 1 层。

建筑设计：Hermann·考夫曼，Schwarzach。

竣工时间：1997 年。

造价：140 万欧元。

图 7-125　奥地利 DORNBIRN 住宅楼外景

2. 可持续性能

住宅楼是对 Vorarlberg 地区传统木结构建筑技术进行现代诠释的一个优良范例，简洁而不平庸，该设计将技术效率与环境处理结合在了一起。这栋建筑综合考虑了环境及经济要素以达到持久耐用的效果。创新的结构体系和能源设想，代表着这座 13 套公寓的住宅，向发展批量生产的住宅体系与高质量创新相结合迈出了扎实的一步。建筑的特点包括深思熟虑的简洁形体——为使热损耗降到最低而设计的建筑外壳，以及新的预制技术的使用——它可以使现场施工的时间缩短到 4 个月。

（1）节能

DORNBIRN 住宅楼是奥地利首批被动式住宅项目之一。它们有着紧凑的形体、非常厚的保温隔热层（350mm 岩棉）、密封的窗框及三层玻璃，因此这些公寓不需要进行传统供热。其 U 值分别为：墙体 $0.11W/(m^2·K)$；屋顶 $0.1W/(m^2·K)$；玻璃 $0.7W/(m^2·K)$；首层楼板 $0.12W/(m^2·K)$。

在这种密封的建筑外壳中，需要一套高效的通风系统来保障居民在冬、夏季的舒适性。为了确保 $8kWh/(m^2·a)$（一个非常低的值）的目标能耗量，新风被有步骤地导入建筑。首先，室外空气通过花园里的不锈钢进气口进入，经过一段埋设的冷却管，可以通过热交换进行热回收的双向通风：冬天升温到 8℃、夏天降温到同样程度，然后经过一个与通风系统结合的热交换器。必要的时候，在分配到各个公寓之前还可以

通过独立的热泵进行进一步加热。用过的空气通过厨房、浴室和厕所排出，新风被送入卧室和起居场所(见图 7-126～图 7-128)。

图 7-126　住宅首层廊道

图 7-127　住宅外廊

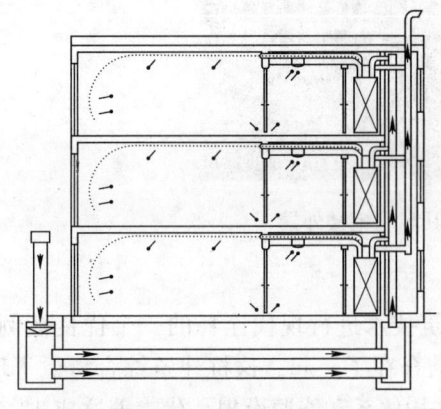

图 7-128　住宅剖面

屋顶上，一套 33m² 的太阳能集热板加上一个 2650 升的水箱，为建筑提供了大约 2/3 的热水。尽管采用了创新技术，这些现代、优美的住宅的建设成本与规模相当的传统建筑相比仅增加了 5%。这笔额外投资将在长期使用中得到补偿，因为 8kWh/m²·a(包括热泵)的数值仅为传统住宅典型能耗的 10%。

(2) 节材

由标准云杉构件组成的结构；胶合木柱；由木框架加三层板构成的预制箱形梁楼板构件；墙体采用预制木框架板加矿棉隔热层；镀锌钢材阳台及通道。

饰面层采用天然耐久的落叶松木，对此进行了周密的细节安排以达到长久的设计生命。为了削减斜拼转角的收缩和变形作用，覆层节点布置在离建筑转角大约 300mm 的地方，呈垂直状。窗开间的边缘采用木材，但更多露明的水平构件采用的是镀锌钢材。经测试，墙体空气声值 60～75dB，撞击声为 48dB。

3. 结构原则

该结构以 K-Multibox 体系为基础，由设计师、结构工程师和木材承包商共同开发。建筑在混凝土基础上有 3 层，采用了 2.4m×4.8m 的网格框架。胶合木柱和箱型楼板梁通过特制的钢件连接在一起，承受竖向荷载。预制楼板和屋顶构件对主要结构起到了加固效果。墙体由 6 种标准类型的预制板构成：实心板、转角板、门板、窗板和两种法国窗板，由此每套公寓可以根据这些成套标准构件进行独立设计。上层的浴室和厨房也是在工厂里预先装配的，它们和首层现场建造的浴室、厨房比较起来，造价上没有多大差异，但预制节省了很多时间。在东立面，通向钢制走廊的外部楼梯间采用平嵌缝断面玻璃罩面,加上一堵 Intrallam LSL(叠层木板)内墙。楼梯结构和走廊以及西立面的镀锌钢制阳台由混凝土基础支撑。

四、德国弗赖堡居住及办公大楼

1. 基本资料

地点:德国弗赖堡格罗比乌斯大街(见图 7-129)。

建筑规模:共 4 层,居住面积 1553m^2(住宅 1360m^2,办公 193m^2)。

建筑设计:Common & Gies。

竣工时间:1997 年。

造价:1227 欧元/m^2。

图 7-129 德国弗赖堡居住及办公大楼外景

2. 可持续性能

这栋建筑由 16 套公寓和 4 间办公室组成,设计师希望将居住和办公结合在一起以增加社会交往,同时注重舒适性与可持续性。它满足了被动式住宅标准。许多有益的环境设想包括节约用水和回收有机废物以产生沼气等得以实施,这些举措使得建筑在能源需求上实现了自给自足。

(1) 节能

不同的主动及被动措施使得建筑每年的供热能耗需求量降到了 13.2kWh/m^2。通过南向玻璃获得的太阳能、对结构热容重的利用、建筑围护结构附加的保温隔热层以及一套带有热交换器(效率为 85%)的机械通风系统都降低了供热需求。一台 12kW 的燃气热电联产发电机,加上带有 3400L 热水箱的 50m^2 太阳能集热板满足了其余需求。太阳能集热板可以在冬季供热并满足由 4~12 月份 100% 的热水需求。联合发电机以及一套安装在最高通道上的 3.2kW 的光伏组件共同提供了大约 80% 的电力。设计中采用了计算机模拟以求达到对阳光的最佳利用。这些措施结合在一起使得建筑在能量方面实现了自给自足,同时与传统新住宅相比,减少了大约 80% 的温室气体排放量。

U 值分别为:木框架墙 0.12W/(m^2·K);石墙 0.15W/(m^2·K);屋顶 0.1W/

$(m^2 \cdot K)$；三层玻璃 $0.6W/(m^2 \cdot K)$；首层楼板 $0.16W/(m^2 \cdot K)$。

供热能耗每年 $13.2kWh/m^2$；总能耗每年 $36.2kWh/m^2$。

（2）节材

建筑首先考虑使用简单、自然的材料：墙体采用砖，结构和窗框采用云杉木，饰面层采用绿枞木。预制的木框架立面板有着240mm的矿棉保温隔热层，室内的第二道保温隔热层根据用户喜好采用矿棉或纤维质材料，外立面的Agepan纤维板提供了进一步的保温隔热。整个建筑几乎没有使用PVC。平屋顶上布置了大面积的绿化（见图7-130～图7-132）。

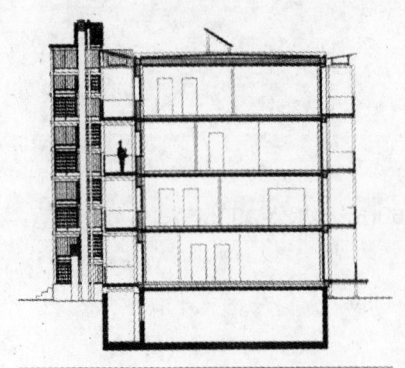

图7-130　住宅剖面

图7-131　住宅南立面

图7-132　住宅外廊

（3）节水

水和废物的处理同样经过设计以达到预期的环境目标。厨房和浴室的中水经过一套现场的通风式沙过滤系统净化后用于冲洗真空抽吸坐便器，这些坐便器本身仅使用相当于典型传统坐便器20%的冲水量。污水和有机废物收集在一个池子里，它们分解后产生的沼气为炊具提供了燃料，剩下的残渣用作肥料。雨水以及所有溢出的过滤后的中水流入一条沿基地南面边界道路铺设的沟渠。

3. 环境与功能布局

基地位于弗赖堡中心附近的军事用地上，形成了沃邦环境开发第一阶段的一部分。项目的合作开发者是通过沃邦论坛的社区发展会议认识的。他们的不同需求产生了非常个性化的设计方案：组团包括4间办公室、16套公寓（从单间公寓到跃层式公寓）、公共场所和1间艺术工作室。

开发小组中的几名成员是科学及生态学专家，他们的参与鼓励了最佳技术方案的开发，并确保了持续的技术投入，在这样的实验项目中是很重要的。建筑师、专业工程师和未来的居民团结在一起紧密合作以确保项目的成功。

为了最佳利用太阳能，建筑设计为由东向西的一个狭长的方盒子。窗户自由分布在立面上，这是居民积极参与设计过程的结果，它为简单的建筑形式增添了活力。通过北边的楼梯和通道可以到达建筑各层（共4层）。太阳能是通过南立面50%的玻璃面积得到的，在山墙和北立面上仅占20%的玻璃面积。建筑南立面通过通长的阳台进行遮阳，这些阳台在结构上独立于建筑的主体结构，基地周边道路两旁的成熟树木也提供了遮阳（见图7-133）。

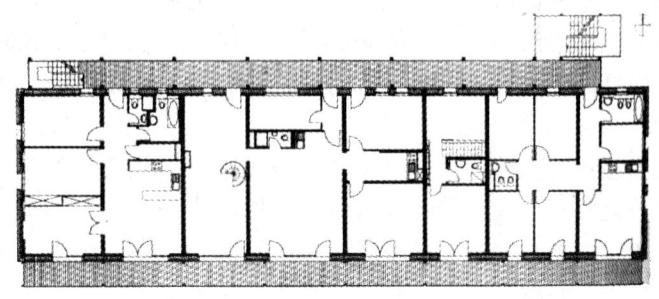

图 7-133　住宅平面图

4. 结构原则

建筑结构由横向的硅酸钙砖承重墙和预制混凝土部件（作为永久模板）浇注的混凝土板组成。这个体系是经济的，它提供了良好的隔声和可供保温隔热的高容重。建筑宽10m，顶棚净高2.65m，横墙之间采用4m、5m或6m的模数网格，可形成许多不同的公寓平面。北立面和南立面由非结构木框架构成，木材的低导热性限制了热损失，减少热桥效应的垂直I形梁的使用进一步降低了热损失。紧凑的形体、简洁的主体结构加上预制构件的使用大大降低了建设成本。

五、芬兰赫尔辛基VIIKKI住宅群

1. 基本资料

地点：芬兰赫尔辛基（见图7-134）。

建筑规模：总面积4797m²，共44套市政出租公寓。

图 7-134　VIIKKI住宅群外景

第七章 集成化设计案例分析

建筑设计：Arrak 建筑师事务所，Kiiskilä, Rautiola, Rautiola 有限公司，赫尔辛基；Hannu Kiskilä, Mari Koskinen, Marja Nissinen, Olli Sarlin。

竣工时间：2000 年。

造价：462 万欧元。

2. 可持续性能

这项工程是欧洲 Sunh(太阳能城市新住宅)项目的一部分，该项目意在针对节能及太阳能在可持续建筑中的应用开发出创新的、可再生的解决方案。作为欧洲试验项目的一部分，这项工程对建筑的热工性能进行了广泛研究。它使用了预制构件，用传统隔热材料达到了很高的热惰性，采取了新创的通风系统并使用了太阳能。

(1) 节能

混凝土楼板和墙体的高热容重、附加的保温隔热层、完整的玻璃温室加上填充氩气的低辐射双层玻璃共同促成了自然温度调节。这些措施和一套创新的空气循环系统结合在了一起。每套公寓都采用机械通风，加上一套在斯堪的纳维亚气候下尤其有效的热交换系统。夏天，空气从北立面进入，冬天则从南立面进入。后一种情况下，进入的空气通过反向运行的通风系统在温室里被加热，这由维护人员实现。建筑立面色彩的安排与这种能源策略相一致：南立面是灰色的，有助于在寒冷季节获得最多太阳能而在夏季不致过热；北立面采用白色以协助入射自然光。为了发挥混凝土热容重的保温功能，建筑采用了地板低温采暖系统，它利用了城市热力厂的温水回水网。共有 63 块太阳能集热板提供了 60% 的热水需求。每套公寓进行独立的能耗计量。

U 值分别为：墙体 $0.21W/(m^2 \cdot K)$；屋顶 $0.13W/(m^2 \cdot K)$；玻璃 $1.0W/(m^2 \cdot K)$；首层 $0.18W/(m^2 \cdot K)$。能耗为 $67kWh/(m^2 \cdot a)$，所获太阳能 $12.25kWh/(m^2 \cdot a)$。

(2) 节材

工程中使用的相对传统的材料，是在考虑了结构及热工特性加上它们整个生命周期的评价后选定的。承重的立面和木廊道在芬兰是首次出现，这得益于当地防火规范的改变。室外钢构件，如扶手、栏杆和楼梯，镀了一层锌。出于维护原因，木窗框没被采用，取而代之的是一套开发的复合系统，采用外面带有铝粉涂层的木框架覆层。建筑立面覆层采用了由再生纸和树脂制成的层压复合板。在楼梯间，吸声橡胶覆层的选用使得顶棚不必再加上一层矿棉。采用芬兰常见的预制构件满足了高质量的装修，并达到了节约材料成本和减少基地浪费的良好效果。

3. 环境与功能布局

这组建筑位于 Viikki 周边的一个居住区内，距离赫尔辛基市中心 7km。基地北面是一条马路，南面是一个城市公园。该项目是芬兰研究中心 VTT 一项历时两年的研究成果。市政当局对 Viikki 的发展同样有着严格规范。Tekes 技术公司对预制木材立面及若干项技术革新措施的开发进行了投资。

这组建筑被设计成典型的芬兰风格，以在它们之间形成开放的院落空间。院落南面，两层俯瞰着公园的联排住宅挡住了主导风向，北面矗立着一栋 4 层建筑，一个容纳了公用洗衣房和建筑服务设施的小房子坐落在东面。4 层建筑由跃层公寓组成，可通过首层或三层通道入户，这些通道将该建筑与容纳了楼梯、公用桑拿房及最小公寓的较小体块连接在了一起(见图 7-135～图 7-139)。建筑南立面是玻璃温室,顶层有平台。联排住宅也有朝南的深入私人花园的温室,这些花园围着厚厚的树篱和果树以鼓励发展生态系统。院落提供了与周围建筑共享的儿童游戏场所,这种半共享空间的安排形成了一种公共亲和力,促进了社会接触及社区氛围的发展。

图 7-135 住宅外观

图 7-136 联排住宅外观

图 7-137 住宅外观

图 7-138 住宅外廊

4. 结构原则

这组建筑坐落在桩基础和地梁上,有着方便进入的空间,空间内通风良好,可以随时驱散下面花岗岩散发的氡气。主要承重及横向稳定结构采用预制混凝土,加上带有保温隔热层及装修的预制构件,沿 6m 网格布置。楼板采用 265mm 的中空板,没有进一步的吸声措施。木框架立面及屋面有着附加的保温隔热层,它被建筑师称为"保护性羊毛衫"。屋顶在钢屋面覆层和胶合板拱架之间采用了450mm 纤维质保温隔热层,喷射在实心结构木梁之间。立面由预制木框架构件、保温隔热层及室内外覆层组成。阳台和通道结构采用胶合木加上

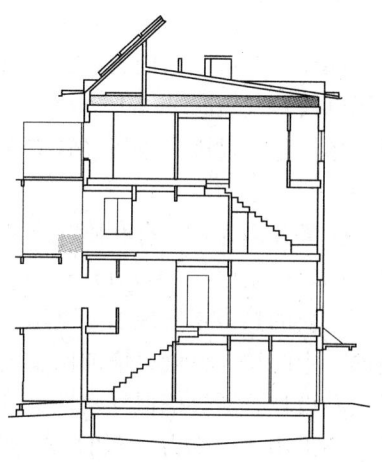

图 7-139 住宅剖面

45mm 防水 Kerto 层压胶合木板，使用高压松木支撑盖板，通过室外喷洒系统进行防火。

六、法国雷恩 Salvatierra 住宅楼

1. 基本资料

地点：法国雷恩（见图 7-140）。

建筑规模：居住面积 3100m²，40 套 2~6 室的实验公寓，加上 3 套传统公寓。

建筑设计：Jean-Yves Barrier，图尔斯。

竣工时间：2001 年。

造价：243.9 万欧元。

图 7-140 Salvatierra 住宅楼外景

2. 可持续性能

Salvatierra 公寓楼将先进的技术和节能措施与自然材料的使用结合在一起，创造了一个温暖、健康的环境。它采用了实际、有效的方法来实现使居民舒适的目标。

（1）节能

为了达到被动式住宅标准，一栋建筑必须在没有传统供热系统的情况下实现温度及气候控制。这座大楼供热能耗限制在 15kWh/(m²·a)，总能耗（供热、热水、照明、家用电器）限制在 42kWh/(m²·a)，与传统新建住宅平均能耗相比减少了大约 75%。这些指标是通过许多生物气候措施加上对建筑围护结构和技术体系的精心设计共同实现的。

U 值分别为：含有麻质纤维隔热材料的木框架墙 0.21W/(m²·K)；土墙 0.75W/(m²·K)；屋顶 0.2W/(m²·K)；玻璃 1.3W/(m²·K)；首层楼板 0.19W/(m²·K)。

土块的热容重实现了冬夏温度控制，同时窗户采用了 4-16-4 高透射、低辐射双层玻璃，中间填充氩气以增加保温隔热效果。建筑对细部尤其是楼板与立面的衔接进行了精心设计，通过确保气密性来减少热损失。除了这些生物气候特点以外，双向通风系统还采用了效率为 80% 的热交换器。从厨房和浴室废气中汲取的热量被用来使新鲜空气升温，这些新风通过分布在主要房间角落的通风口进入。剩余需求由地区热力厂解决，

第四节 国外可持续住宅、居住区案例分析

它同样可以利用屋顶上 $100m^2$ 的太阳能集热板来提供热水(见图 7-141~图 7-143)。

图 7-141 住宅北立面

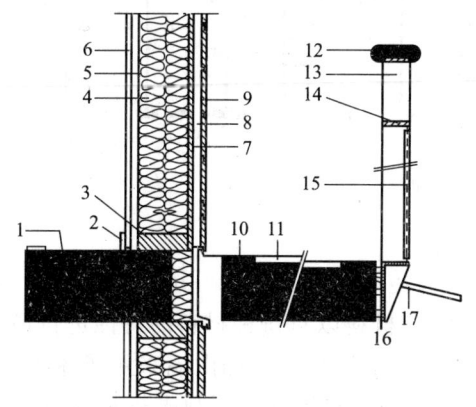

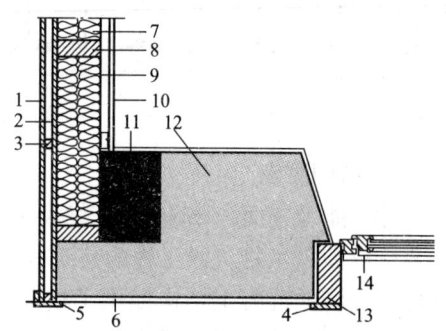

图 7-142 北向墙体大样

1—钢筋混凝土板；2—踢脚板；3—木龙骨；4—保温层；5—防潮膜；6—13mm 轻钢龙骨石膏板；7—饰面板；8—木龙骨；9—防水层；10—钢筋混凝土板；11—沥青；12—木扶手；13—竖直钢栏杆 10mm×80mm；14—水平钢栏杆 10mm×80mm；15—62mm×30mm 钢网栅；16—5mm 钢板；17—排水管

图 7-143 南向、西向转角大样

1—金属饰面板；2—防水层；3—龙骨；4—木质封边条；5—防水剂嵌缝；6—饰面层；7—保温层；8—木龙骨；9—防潮膜；10—13mm 轻钢龙骨石膏板；11—钢筋混凝土柱；12—生土墙；13—木方；14—木窗框

(2) 节材

这栋建筑强调使用自然、无害、可再生及可回收的材料，这使得它与其他 Cepheus 工程有所区别。木框架墙体有两层 80mm 的麻质纤维保温隔热层，它的热工特

性与矿棉相似。建筑上部饰面层采用搭接的云杉木板,下面几层采用 Eterclin——一种木纤维和水泥的混合物,有着良好的耐火性(按照法国规范达到了 M0 级)。饰面层及窗框采用着色的木料使人想起了该地区的传统住宅。黏土块在内外表面有泥土及大白打底的表面涂层。地面采用地砖或木装修,涂料经过环境认证,这反映了强调质量和居民舒适的建设合作团体的决策。

3. 环境与功能布局

Salvatierra 大楼是欧洲 Cepheus 被动式住宅项目中惟一的法国工程。该工程位于博勒加德开发区,由雷恩市官方和开发商"建造者联盟"合作发起。

这座大楼在 Cepheus 工程中规模最大,有着 40 套 2~6 间房的公寓。房间布局、形体和朝向的设计以及材料的选择都是为了最好地利用阳光取暖和进行自然照明(见图 7-144)。建筑下部 4 层公寓布局紧凑,以利于限制热损失并采用比较简单的结构,而上面两层则设计成带有南向平台的跃层公寓。为了避免形成黑暗的楼梯间,上层公寓通过北立面俯瞰着庭院花园的室外通道入户。

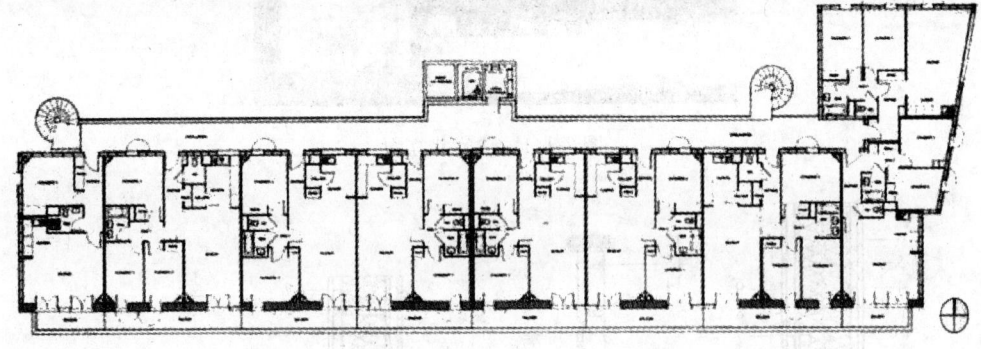

图 7-144 住宅平面图

4. 结构原则

除了能源方面,Salvatierra 代表了当代技术与传统材料的结合。Jean-Yves Barrier,一名广泛涉猎生物气候工程的建筑师,使用了混合材料以对每种材料的特性进行最佳利用。经济的混凝土结构提供了横向稳定性及热容重。北立面和山墙采用了木框架,它的保温隔热特性减少了热桥效应。南立面采用生土,在场外先压制成断面 700mm×500mm,长 600~1000mm 的土块。在这样一个工程中使用这种传统地方技术是对当地技艺的一种高度评价,也为它的复苏带来了希望。

七、日本 NEXT 21 大阪煤气实验集合住宅

1. 基本资料

地点:日本大阪(见图 7-144)。

建筑规模:占地面积 1542.92 m^2,总建筑面积 4577.2m^2,建筑高度 25.42m;地上 6 层,地下 1 层。

建筑设计:大阪煤气 NEXT21 项目委员会。

竣工时间:1993 年。

第四节 国外可持续住宅、居住区案例分析

图 7-145 日本 NEXT 21 大板煤气实验集合住宅外景

2. 设计理念

在寻找 21 世纪最令人满意的城市住宅形式的努力中,一批能源、环境、城市、建筑及设备系统的规划设计专家聚集在一起,提出他们在各自领域所遇到的不同问题以供讨论。NEXT 21 就是一个产生于上述过程的由不同领域的人合作发展的一个未来派实验集合住宅项目。为了使城市区域的生活更有吸引力,必须采用新的理念和技术来慎重考虑将来的住宅,这正是 NEXT 21 的出发点。这所公寓所采用的一些先进技术现在正受到居民实际居住经验的检验,人们进行了各种各样的实验来寻求与节能及生态相协调的最适宜的居住环境(见图 7-146 和图 7-147)。

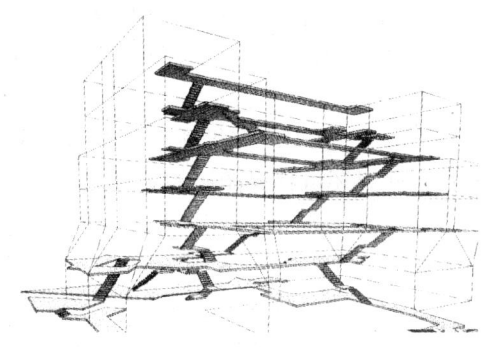 

图 7-146 整栋房屋形成三维街道小镇示意图   图 7-147 如同小镇小巷的走廊

经过向公众开放的 6 个月后,为了从 21 世纪的生活角度来考虑地球环境中的新关系——人与城市的关系,NEXT 21 作为 16 个家庭的生活环境进入一个新的试验阶段。通过权衡从居民那里收集的各种统计数据,对住宅状况进行评估。有效掌握技术的发展方向是 NEXT 21 的一个重要主题。

3. 可持续性能

建立高效的能源系统,包括:

1) 整栋住宅采用的能源系统:微型共生系统、多转换器、太阳能电池、冰蓄热吸附式冷冻机。

2) 家用能源系统：有固体高分子燃料电池的共生系统、锂二次电池。
3) 推进与自然和谐的生活方式。包括：能源信息提供系统、人与自然共生的方式。
4) 进行废弃物再利用，重点是厨房垃圾和污水处理系统。
5) 从实际来看，NEXT21把走廊和楼梯设计成如同一个镇子的小巷，使整栋房屋形成一个有三维街道的小镇。

八、美国 The Solaire

1. 基本资料

地点：美国纽约曼哈顿（见图 7-148）。

建筑规模：总建筑面积 35303m^2，共 293 个单元。

建筑设计：建筑设计：Cesar Pelli & Associates Architects；Schuman Lichtenstein Claman Efron Architects。

造价：12000 万美元。

2. 项目概况

The Solaire 位于美国纽约曼哈顿南部，是美国"9·11"以后在曼哈顿闹市区兴建的第一栋新的住宅建筑。市政当局曾经宣布，当时在建设中的这栋新的"绿色"高层住宅建筑是美国能源部选中的准备在 2002 年 9 月 23～25 日于奥斯陆举行的"可持续建筑 2002 年大会"上介绍的 5 个项目之一。

3. 可持续性能

(1) 节能

1) 用电高峰时可减少 67% 的用电需求，即比现行 NYS 规范效率提高 35%，具体措施是采用燃气吸收式空调系统、数控温度自动调节器、可控制的照明、低辐射玻璃（Low-e 玻璃）、高效保温隔热、变速泵和风扇，30%以上的自然光，以及节能良好的器具和设备。

2) 采用整合在外墙面的光电系统发电（见图 7-149），至少能提供建筑基本电负荷的 5%，并可供将来燃料电池之用。燃料电池和地源热泵还可补充能源的不足。

图 7-148 美国 The Solaire 外观

图 7-149 与外墙整合的光电池板

3）通过高效空气过滤系统和新风供给改善每个房间的室内空气质量，包括冬季为房间增加湿度。

4）建筑管理和监测系统可以控制及跟踪空气质量和能源运用情况。

5）用 DOE-2 能源分析方法检查玻璃系统、照明系统和机械系统的耗能情况。

6）建筑系遵照 BPCA 的绿色建筑指南设计，该指南包括能源效率、室内空气质量、节约资源和维护等。

（2）节材

至少 60% 的建筑废料可再生利用。大量采用含再生成分的建筑材料和在距离住区 800km 范围内生产的材料。同时，建筑材料不含甲醛和挥发性有机化合物，且具有很高的再生成分，或具有很高的快速更新资源。

（3）节水

收集雨水，用以灌溉屋顶花园。泵送设备用水比 1992 年能源政策法（the Energy Policy Act of 1992）所要求的减少 10%。中水再生循环利用。

污水经就地过滤和处理后供冲厕用水，同一般非绿色建筑相比，可节约用水 33%。